汾河流域水文系统演变研究

胡彩虹　吴泽宁　荐圣淇　平建华　著

中国水利水电出版社
www.waterpub.com.cn
·北京·

内 容 提 要

本书在野外调查、实测资料分析的基础上，采用统计学和数学模型模拟方法对汾河流域水文系统的主要影响因素变化特点、规律及成因进行了系统的研究，从气候变化、下垫面变化及人类活动方面剖析了汾河入黄径流锐减的原因，提出了一套统计学及成因分析的径流变化综合评价方法，阐明了1956—2012年气候变化及人类活动对汾河流域径流变化过程的影响程度。

本书可供水利、水土保持、水资源、地理等领域的科技工作者阅读，也可供大专院校师生和流域管理者参考。

图书在版编目（CIP）数据

汾河流域水文系统演变研究 / 胡彩虹等著. -- 北京：中国水利水电出版社，2020.11
ISBN 978-7-5170-8358-0

Ⅰ. ①汾… Ⅱ. ①胡… Ⅲ. ①汾河－流域－水文系统－研究 Ⅳ. ①P344.225

中国版本图书馆CIP数据核字(2020)第216190号

书　　名	汾河流域水文系统演变研究 FEN HE LIUYU SHUIWEN XITONG YANBIAN YANJIU
作　　者	胡彩虹　吴泽宁　荐圣淇　平建华　著
出版发行	中国水利水电出版社 （北京市海淀区玉渊潭南路1号D座　100038） 网址：www.waterpub.com.cn E-mail：sales@waterpub.com.cn 电话：（010）68367658（营销中心）
经　　售	北京科水图书销售中心（零售） 电话：（010）88383994、63202643、68545874 全国各地新华书店和相关出版物销售网点
排　　版	中国水利水电出版社微机排版中心
印　　刷	北京九州迅驰传媒文化有限公司
规　　格	184mm×260mm　16开本　12印张　292千字
版　　次	2020年11月第1版　2020年11月第1次印刷
印　　数	001—450册
定　　价	**80.00**元

前　言

自20世纪80—90年代以来，黄河流域内水土保持生态建设、煤矿开采以及交通设施建设等人类活动的加剧致使黄河水沙条件及其过程发生了明显的变化，水沙条件的变化成为研究和关注的热点，也是黄河治理开发与管理中迫切需要解决的重大课题。黄河流域是构成我国重要的生态屏障和我国重要的经济地带，也是我国打赢脱贫攻坚战的重要区域，长期以来，自然灾害频发，特别是水害严重，给沿岸百姓带来深重灾难。“黄河宁，天下平。”从某种意义上讲，中华民族治理黄河的历史也是一部治国史。黄河流域洪水风险、汾河等支流的生态环境以及水资源等问题依然是黄河流域突出的困难和问题。“十二五”国家科技支撑计划及“十三五”重点研发计划设立了专门课题对黄河流域水沙变化进行研究，课题分别为“黄河中游河川径流锐减驱动力及人为调控效应研究”和“黄河流域水沙变化机理与趋势预测”。“汾河入黄径流锐减原因分析”是“黄河中游河川径流锐减驱动力及人为调控效应研究”课题的子课题，以期以汾河流域为例进行研究，在理论和实践分析的基础上，提出在气候变化大背景下辨析人类活动影响下的黄河中游径流减少的机理及减少量的量化成果和方法，为黄河中游的其他支流分析研究提供参考。

黄河水文水资源科学研究院作为“十二五”国家科技支撑计划“黄河中游河川径流锐减驱动力及人为调控效应研究”（2012BAB02B04）课题的承担单位，组织黄河水利委员会科学研究院、北京师范大学、郑州大学和华北水利电力大学等单位有关科研人员联合攻关，课题组经过四年多的时间，对花园口以上近年降水和下垫面变化及其对河川径流的影响进行了研究，以揭示花园口等重要断面近年河川径流偏少的主要驱动力及其贡献，阐明现状下垫面情况下黄河的天然径流量及其未来发展趋势。

本书是在对“十二五”国家科技支撑计划“黄河中游河川径流锐减驱动力及人为调控效应研究”专题“汾河入黄径流锐减原因分析”（2012BAB02B0407）课题研究成果系统总结的基础上，经过补充和提炼而成的。

本书系统分析了汾河流域1956—2012年汾河流域水文系统内的输入、下垫面及输出各子系统变化的基础上，分析了变化规律，包括降水量、蒸发、径流量、土地覆被及煤矿开采等，采用流域水文模型模拟了流域内土地覆被变化、煤矿开采等对径流的影响，剖析了土地覆被变化、煤矿开采、水利工程等对径流变化的影响，探讨了黄河中游支流气候变化及人类活动对径流影响的评价方法，为流域径流变化分析及黄河流域治理开发与管理决策提供了新的科学依据和丰富的资料。然而黄河流域影响因素众多，黄河流域径流变化与这些影响因素之间往往呈非线性的响应关系，尤其是在全球气候变化大背景下，还有很多问题需要继续研究和探讨。本书中的项目研究方法及成果对于丰富径流变化研究领域的科学内容和促进其理论发展有积极作用。

本书是全体项目组人员的心血结晶，主要完成人包括吴泽宁、胡彩虹、平建华、荐圣淇以及研究生郭亚男、高申、顾盼、曹蓓、张照玺、延时颜、李楠、王登、温跃修、陈游倩以及姚依晨等，在此对全体人员的齐心协作表示衷心的感谢。本书得到了黄河水利委员会总工程师刘晓燕教授级高工及其他专家的指导，也得到了山西省水文水资源局、汾河水库管理局以及山西省煤炭地质水文勘查研究院相关专家和领导的帮助，在此一并致以诚挚的谢意。

由于时间有限，加之汾河流域径流形成及其过程的复杂性，尽管做了大量的工作，书中疏漏之处和不足之处在所难免，也仍有不少问题有待进一步深入研究，恳请读者批评指正。

作者

2019年2月

目　　录

第 1 章

绪论

1.1 研究背景

黄河流域径流量在 20 世纪 80 年代中期以后，呈现明显减少的趋势，2000 年以后，径流量变化更为剧烈，产流量急剧减少（张建云等，2007）。黄河中段流经黄土高原，由于人类对自然生态系统过度干扰，导致地处西北干旱半干旱地区的黄土高原产生一系列的生态环境问题，其中最为突出的是水土流失问题。20 世纪 60 年代以来，我国相继实施了水土保持生态建设、三北防护林体系建设、天然林资源保护、退耕还林还草、黄土高原淤地坝及梯田建设等一系列生态建设工程。这些重大工程多以植被恢复与重建为突破口，以期带动区域水循环的良性发展，促进社会-经济-生态复合系统的协调。这些工程措施极大地改变了黄河流域原有的下垫面条件，使得黄河流域的径流情势在过去几十年里经历了较大的变化，最为明显的是年径流量的减少，严重时甚至会出现黄河季节性断流以及断流（张建云等，2007；王浩等，2010；王怀柏等，2011；姚文艺等，2011；许炯心，孙季，2003；刘晓燕等，2014，2015，2016，2017）。

汾河是黄河的第二大支流，也是山西省最大的河流，汾者，大也，汾河因此而得名。汾河孕育了灿烂的三晋文明，被称为山西人民的母亲河（李英明等，2004）。2015 年汾河流域人口占山西全省的 38.5%，地区生产总值（GDP）占全省的 44.5%，是山西省生产力布局最密集、人口最集中的区域，在整个山西省社会经济的发展中具有举足轻重的地位。然而，汾河流域水文系统复杂，流域植被覆盖率低、水土流失严重，年输沙量大，汛期呈现“大水大沙”的特点。在全球气候变化的大背景下，20 世纪 80 年代以来由于降水量特别是暴雨的减少，以及水土流失治理的成效，汾河流域在径流减少的同时，水沙关系也发生了相应的变化。汾河径流量的锐减，不但加剧了汾河流域水资源的供需矛盾，而且使黄河中下游可分配水资源显著减少。另外，汾河入黄径流量的减少对黄河中下游河床演变产生重要的影响，导致黄河主河槽进一步萎缩，对河流健康产生不利影响。

本书以汾河流域为研究对象，收集整理了大量的汾河流域水文气象、地质等数据资料，旨在分析汾河流域水文系统演变及其影响因素的特点，深入研究该流域水文系统的变化特点及其径流锐减的成因机理，分析各影响因素对汾河径流锐减形成的相对贡献，为汾河流域水资源的合理开发以及雨洪资源利用方案的制定提供科学支撑。

1.2 研究综述

1.2.1 流域水文系统

水文学主要研究水的运动、分布和存储，从全球角度看，大气系统、海洋系统和陆地系统决定了水的这些特点。陆地水文更关注陆地系统，但也涉及大气和海洋系统中直接影响陆地系统水分运动的环节。陆地水文系统所关注的是降水、蒸发和径流等，也是将水分从一个系统运移到另一个系统的主要环节（见图 1.1）。流域水文系统包括 3 个子系统：植被系统、结构系统和土壤系统（见图 1.2）。在该系统中，降水作为输入，蒸发和径流作为输出，植被系统和土壤系统对应于截留、填洼和滞蓄等损失，这些损失补充大气系统或地下系统。被截留、填洼和滞蓄等损失的水量，主要受植物、地形地貌、土地利用和土壤性质等的影响，部分截留降水附着在拦截物上并对其湿润作用，最终以蒸发方式回归大气，填洼量和拦蓄的水量通过蒸发进入大气或下渗进入土壤，形成了多样的水运动和存储形式。因此，流域水文系统包括水文气候因素、植被土壤等下垫面因素以及输出的径流过程（Singh，2000）。

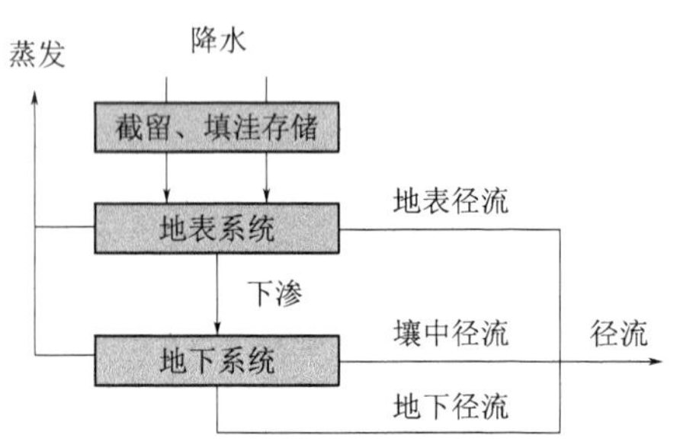

图 1.1 流域水文系统水分运动

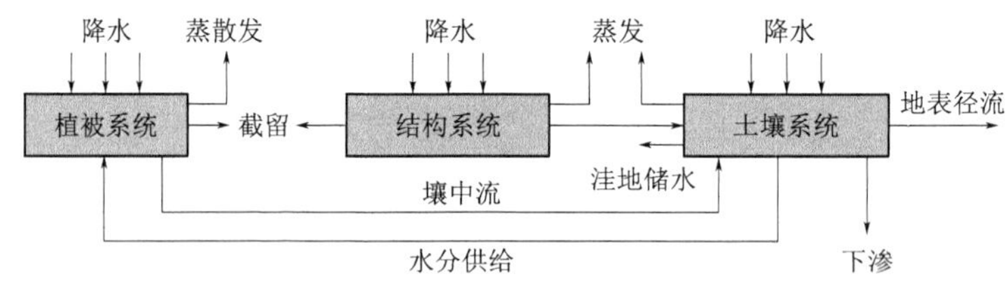

图 1.2 流域水循环水分运动细化（Singh 等，2000）

在气候变化的大背景下，除地球系统自然条件的变化外，流域或区域内社会经济快速发展、水利工程的兴建、地下水的开采、退耕还林等水保措施、矿山开采以及城镇化建设等人类活动导致流域或区域内下垫面条件不断改变，使流域或区域内降水径流等关系发生了巨大的变化。尤其在我国北方地区，张建云等（2007）的研究发现，近 50 年我国六大江河（长江、黄河、珠江、松花江、海河、淮河）的实测径流量都呈下降趋势，水文特征值发生了显著改变，径流下降幅度最大的是海河流域，径流组成及年内分配均发生了一定程度的变化。任立良等（2001）对中国北方的黄河、海河、辽河、松花江流域的长时间系列观测资料进行了分析，认为这些流域的径流都存在不同程度的减少，其中上游水库拦蓄和人类取用水增加是造成径流减少的主要原因。李慧赟等（2009）采用模糊聚类的方法对丰满上游流域 1942—2005 年不同时间分布类型的降水下人类活动对流域水文效应的影响进行了分析，结果表明：人类活动的影响是造成流域径流减少的主要原因，并且降水量越小，年内分布越分散，流域径流受人类活动的影响越剧烈。李二辉等（2014）应用 Mann－Kendall 秩次相关检验、流量历时曲线法、双累积曲线法等方法对黄河干流陕县站和河口镇站 1919—2010 年径流量演变过程进行了分析，结果表明：区域面平均降水量趋势性变化不显著，而上游及中游年径流量自 1985 年以来呈显著减少的趋势，中游径流量的降幅高于上游；定量分析了降水和人类活动对径流量的影响，上游和中游人类活动对径流量减少的影响程度分别占 88.1%和 84.9%，水土保持工程、生产生活用水等人类活动是引起黄河径流量减少的主要因素。因此，随着社会经济的不断发展，人类活动加剧，流域内水文系统的直接及间接影响等多种因素都发生了变化，致使水文系统内的过程、特征值、流域输出及其相互间的关系等都发生了变化，尤其是对于人类活动比较显著的黄河流域，加强对流域尤其是黄河流域水文系统的演变进行研究具有十分重要的意义。

现阶段对于气候及人类活动影响下水文系统的研究主要表现为：①采用流域水文模型研究气候变化和人类活动对洪水、水资源和水环境的影响，即用人类活动前的资料率定参数，用率定后的模型推求人类活动影响之后的流域水文过程，并与实测资料进行对比（王国庆等，2006；谢平等，2009；陈利祥，刘昌明等，2007；王忠静等，2008；权全等，2013；史晓亮等，2014；贺瑞敏等，2015）。②基于水量平衡原理分析影响径流的变化量，即在水文序列稳定性甄别的基础上，划分为基准期和影响期，以基准期为参照分析不同影响因素对径流的影响（谢平等，2009；彭涛等，2018；李万志等，2018；周帅等，2018；王登等，2018）。

然而，气候变化和人类活动等导致的水文情势变化，也使水文系统的不确定性增加（Milly et al.，2008），同时，人类活动对水文系统的影响逐渐加强，更增加了水文系统的非线性，因此，水文系统不再是单一的自然系统，而成为自然-社会共同作用下的水文系统，也加剧了水文系统的复杂性和非线性，为水文系统的研究提出了更多的问题。严登华、王浩等（2004）提出了“自然-人工”二元水循环模式，且认为“自然-人工”二元水循环演变等模式在动力条件、水循环结构和循环参数等方面均较自然一元水循环演变模式，能更为客观和科学地表达全球变化和人类活动影响下水循环的演变特征，“自然-人工”二元水循环的环节包括降水、蒸发、入渗、产流、汇流、补给和排泄等天然水循环环节，以及取水、供水、用水、耗水、排水、再生水处理和再生水利用等人工侧支水循环（或社会水循环）环节，是在对各水文环节进行有机整合的基础上形成的大气过程、地表过程、土壤过程和地下水侧支循环过程。然而，“自然-人工”二元水循环中缺乏人水系统间的互馈机制。Falkenmark（1977）强调“水与人类是一个相互作用的复杂系统”，Wagener 等（2010）呼吁重新定义水文学，加强水和人类之间互馈机制的表达成为水文科学发展的迫切需求（Montanari et al.，2013；Donoso et al.，2012），Sivapalan（2012）提出了社会水文学的概念，其定义为：考虑社会水文双向反馈机制，致力于解释、理解和分析人类活动改造和水循环中的水流、水量等的一门应用导向型学科。其中，人类和人类社会活动被认为是水循环动力的一部分，其目标是预测人-水耦合系统的动力学，因此，社会水文学涵盖了自然水循环和社会水循环，并且着重于人-水耦合系统的互馈方式和协同进化的动态过程，同时注重观测、理解和预测未来人-水耦合系统的协同进化的轨迹，可以认为二元水循环是社会水文学的基础（陆志翔等，2016）。近年来，国内也开展了这方面大量的研究（郭生练等，2016；田富强等，2018；刘烨，2016），对于降水径流关系的研究主要表现在通过水量平衡刻画水文过程，引入了几个社会变量（人口、人类用水和 GDP 等）来描述水文和社会的变化（Liu et al.，2013；Zhao et al.，2015）。其研究方法主要为基于水量平衡原理建立水量平衡变化和社会驱动力及其环境影响之间的联系，初步形成了一个社会水文学的水平衡框架。这些研究都基于传统水文学背景、进化背景和水资源利用管理背景，还处在一个探索阶段，对于如何刻画描述社会水文学也还有很大的挑战性。

因此，在气候变化及社会经济不断快速发展的大背景下，社会与自然相互作用的互馈机制以及社会驱动力的研究，是当今水文学及社会水文学的研究重点。在水文学中，降水径流的非稳定关系、水文模型参数的时空尺度变化、变化环境下水文模型结构和参数随时间和空间转移的可能性等依然是当今水文学科研究的重点和热点内容。

1.2.2 汾河流域水文系统

汾河流域地处中纬度大陆性季风带，为半干旱半湿润气候过渡区，作为黄河中游第二大支流，其特殊性也得到了众多学者的关注和研究。在降水量方面，采用不同长度系列及不同站点的降水量数据进行分析，根据 1956—2000 年、1957—2006 年、1959—2007 年和 1971—2010 年以及 1956—2013 年等系列的数据，采用不同的统计学方法分析了汾河流域降水的时空分布特点，这些研究（赵学敏等，2007；杨苹果和郑晓燕，2008；刘宇峰等，2011；张晨等，2018；李文红，2015）表明，汾河流域降水量空间分布不均匀，整体呈现自南向北递减，自下游向上游方向递减，山地大于盆地，迎风坡大于背风坡。降水量随着山地高度的增加而增加，随纬度增高同高程降水量渐趋减小；不同坡向降水量高程关系因水汽来源、山脉走向不同而存在差异。汾河流域全年、夏季和汛期降水量的空间分布总趋势相似，均为南多北少，山地多盆地少，降水量等值线大体呈东北—西南走向；春季和冬季降水量的空间分布趋势相似，均为自南向北递减，降水量等值线大体呈东西走向；秋季降水量自西南向东北递减，等值线呈西北—东南走向。时间上表明汾河流域年降水量变化整体呈现减少趋势，20 世纪 50—60 年代降水量丰沛；70 年代降水略微偏少，接近多年平均值；但从 80 年代开始，降水量开始下降；而 90 年代干旱化趋于严重，降水量下降幅度最大；从 2000 年开始降水量有增加趋势，近年来流域进入多雨期。受季风气候影响，汾河流域降水主要集中在夏季和秋季，比例较大；春季降水较秋季少；冬季降水比例最小。从各季节来看，除去汾河流域降水在春季呈现的趋势学者们尚存争议以外，研究得出的降水在夏季呈现减少趋势，在秋季、冬季呈现增加趋势的这一结论比较一致，并且夏季降水量趋于减少，也是年降水量趋于减少的主要原因。

近年来，由于国内不少河流相继出现断流的情形，黄河中游子流域的输出及入黄径流的变化特点及趋势分析也得到了广泛关注。国内不少学者对于汾河径流现状有着深入研究。张宇等（2016）通过对汾河流域河津站 1956—2013 年多年平均天然径流量进行统计分析后发现，汾河流域径流深与降水量基本对应，径流深南部大于北部，吕梁山脉的芦芽山、关帝山及汾河上游的分水岭部位为径流深高值区，盆地区为径流深低值区。1956—

2013 年平均降水量为 507mm，平均地表径流量为 20.4 亿 m^3。其中：1956—1979 年平均降水量为 529mm，平均地表径流量为 26.5 亿 m^3；1980—2000 年平均降水量为 477mm，平均地表径流量为 17.4 亿 m^3；2001—2013 年平均降水量为 515mm，平均地表径流量为 13.3 亿 m^3，降水量与 2012 年基本相近。在 1956—1979 年、1980—2000 年、2001—2013 年，水资源量均值是逐段减少的。2001—2013 年水资源量比 1956—1979 年水资源量减少近 30%。与 1956—1979 年系列相比，1980—2000 年系列地表径流量每年减少 9.1 亿 m^3，其中受降水因素影响减少 4.1 亿 m^3，占 45%；受地表产流条件影响减少 5 亿 m^3，占 55%。2001—2013 年地表径流量和 1956—1979 年相比，减少径流量 13.2 亿 m^3，其中受降水因素影响减少 1.4 亿 m^3，占 11%；受地表产流条件影响减少 11.8 亿 m^3，占 89%。从汾河流域上、中、下游三个区间资料整体比较，汾河各段总体呈衰减演变的趋势，上游径流量普遍偏低，下降趋势较为明显，由于近年来上游采取部分保护措施，年径流量下降趋势平缓；较上游情况相比，中游径流量普遍偏高，2008 年以来部分河段经过治理后略有上扬，但仍不能达到前期水平；下游段径流量与中游比较，下降趋势没有改变。兰跃东等（2012）在分析汾河径流量变化趋势的基础上，探讨分析了气候变化对径流的影响，结果表明：①自 20 世纪 50—60 年代丰水期之后汾河径流量总体呈递减趋势；②20 世纪 70 年代以来汾河水量偏枯和断流趋势发展仍是以北半球增暖效应为背景；③20 世纪 80 年代中期以来气候较前期变化，气温升高，尤其冬季最甚；降水减少，特别是汛期及夏、秋季最显著；④汾河流域气候变化及其对径流的影响较为显著，气候变化导致径流量平均每年减少 5.67 亿 m^3（24.9%），其中气温影响占 8.6%，降水影响占 16.3%。赵云等（2012）将汾河入黄站——河津站 1919—2009 年的实测径流序列和 1956—2008 年的降水序列作为分析的基本资料进行分析，结果表明河津站的实测径流呈显著减少的趋势，降水减少趋势不显著，其径流突变点出现于 1970 年。牛军宜等（2016）建立汾河河津站年径流量与当年降水量、上一年降水量之间的多元动态回归模型，并运用该模型定量分析了降水丰枯变化和产流条件改变对汾河径流的影响程度，发现在 1956—1973 年间的产流条件下，降水变化使得河津站年均径流量平均减少 22.71%；在 1974—2008 年间的产流条件下，降水变化使得河津站年均径流量在平、枯两种年份平均减少了约 18.95%；在 1956—1973 年间的年降水为平水或枯水条件下，产流条件改变使得河津站年均径流量减少了约 47.11%；在 1974—2008 年间的降水条件下，产流条件改变使得河津站年均径流量减少了约 55.20%。而流域内水文系统除了降水及输出径流量因素发生变化外，下垫面条件也发生了相应的变化。随着社会经济的不断发展，在自然因素、人类活动和政策的共同作用下，各种水土保持生态建设、城镇化建设、煤矿开采以及水利工程建设等措施的采取，使汾河流域土地利用结构和空间格局发生了改变。李京京等（2016）基于地形梯度对汾河流域土地利用时空变化分析的结果表明，1986—2010 年，土地利用类型以耕地、林地和草地为主，其中耕地减少和建设用地增加是主要变化类型。各地类在地形梯度上呈明显的层级分布，耕地、建设用地和水域主要分布在低地形梯度，草地分布在中区段，而林地集中分布在中高区段。同时，1990—2007 年汾河流域植被盖度整体降低，由中、中高植被向低、中低植被转移，且不同地区变化幅度明显不同（侯志华等，2012）。在气候变化及土地利用格局发生变化的情况下，汾河流域的径流也发生着相应的变化，王国庆等（2006）基于 SIM-

HYD 概念性降水径流模型，应用黄河中游汾河流域“天然”时期的水文、气象资料率定了模型参数，通过水文模拟还原了人类活动影响期间的天然径流量，进而分析了汾河流域径流情势的变化原因，结果表明：SIMHYD 降水径流模型对汾河流域天然月径流过程具有良好的模拟效果，就 1970—1999 年的平均状况而言，气候因素和人类活动对径流的影响量分别占径流减少总量的 35.9%和 64.1%，人类活动是汾河流域径流减少的主要因素。原志华等（2008）利用汾河河津水文站 1950 年以来的水文资料分析表明，汾河流域水沙的年际变化剧烈，且在 20 世纪 80 年代之后年径流基本都是枯水时段。从多年平均值来看，人类活动导致的径流减少量占径流减少总量的 75.91%，人类活动是汾河流域径流减少的主要因素。王登等（2018）采用水文变异诊断系统分析了汾河流域入黄控制站河津站 1956—2012 年的径流情势变化情况，结果表明：入黄径流有下降的趋势，并且在 1971 年左右发生突变，径流显著减少，入黄径流受到降水量、潜在蒸散发量和人类活动引起的流域属性改变的影响，在相对较长的时间尺度上，气候变化对径流的影响比人类活动更加敏感，径流量受降水量、潜在蒸散发量和流域属性的影响比率分别为 16.29%、－4.86%和 88.57%。

这些研究表明，汾河流域水文系统内的各个因素在不同程度地发生着变化，现阶段的研究多数是在分析径流变化趋势的基础上，粗略估算气候变化及人类活动对径流的影响，使得降水径流关系的变化不同步于降水和径流的变化趋势。汾河流域内水文系统处在不同的变化之中，而这些变化影响了局部水循环和水资源量及其构成，水土保持措施的实施、城市化建设以及煤炭的开采加强了水循环的垂向过程，引起地表截留量、土壤入渗量、土壤蒸发量以及补给地下水量发生了变化，使水循环的水平过程及垂向过程发生变化。而不同的研究由于所采用的方法及基础数据不同，导致分析结果不同，且现阶段的估算并不能说明在气候变化和种种人类活动措施下各个因素对径流的影响、相互作用机理及其影响量。因此，在大的全球气候变化以及流域内社会环境的变化下，对汾河流域内水文系统各因素及其相互之间关系的演变特点进行研究，力求从应用基础和关键参数上取得新的认识和成果，搞清楚流域内水文系统的演变特点，明晰流域内各子系统之间的相互作用关系，对于如何科学合理地规划和开发利用流域内有限资源，确保流域内资源、生态和环境可持续发展具有重要的意义。

1.3 研究内容及研究思路

本书研究技术路线如图 1.3 所示，全书共 7 章，第 1 章为绪论，第 2～7 章为全书的主题内容，其中主题内容由三部分组成，分别为汾河流域内水文要素变化特点分析（第 3 章）、基于模型模拟的径流形成过程模拟及其机理分析（第 4～6 章）和汾河入黄径流减少成因分析及贡献（第 7 章）。第 2 章对汾河流域概况进行全面的介绍，第 3 章对汾河流域内水文系统的各个要素特点进行分析剖析，主要采用统计学理论，为第 7 章的径流变化成因及机理解释提供基础，第 4～6 章分别采用不同的水文模型（包括SWAT模型、考虑土地利用变化下的蓄满-超渗模型、MIKE 模型和 GMS 模型）对不同影响因素对径流形成的过程进行模拟分析，包括土地覆被变化以及煤矿开采对径流和岩溶水的影响机理进行模拟分析，第7章在前期研究的基础上采取水量平衡原理和统计学方法对汾河入黄径流变化的影响因素贡献进行定量分析，并在最后一节提出应用前景及建议。

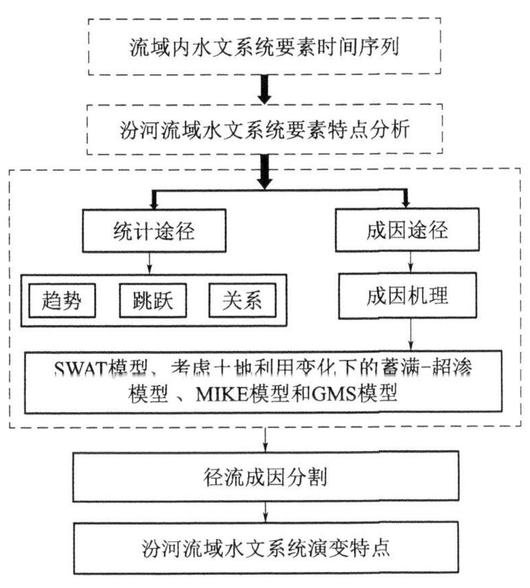

图1.3　本书研究技术路线

1.4　本书中的基础数据

1.4.1　DEM及土壤数据

研究中采用的数字高程模型（DEM）来源于中国科学院国际科学数据服务平台（http://www.gscloud.cn），分辨率为30m×30m。汾河流域上游海拔为1260～2785m，河流经山区进入太原盆地，太原盆地海拔为623～826m，盆地周边为高海拔山区；在义棠站经过866～1060m的低海拔山区进入临汾盆地，临汾盆地海拔为240～620m，再由荣河镇进入黄河，入黄控制站为河津站。

所采用的土壤数据来源于联合国粮食及农业组织（FAO）构建的HSWD土壤数据库，土壤分类形同采用FAO-90。并参考《山西土壤》（刘耀宗，1992）对获得的数据进行校正，流域土壤类型主要有饱和雏形土、松软浅层土、饱和疏松岩性土、石灰性雏形土、石灰性疏松岩性土、石灰性冲积土、积盐冲积土、不饱和雏形土、弱发育淋溶土和石灰性淋溶土。

1.4.2　水文气象数据

本书整理了汾河干流主要水文站静乐站1956—2012年、寨上站1954—2012年、兰村站1951—2012年、义棠站1959—2012年和河津站1919—2012年年径流量以及流域1956—2012年流域年降水量的数据，同时整理了静乐站1966—2012年的洪水径流和寨上站1961—2008年月径流数据以及静乐站控制断面以上流域内静乐、宋家崖、岔上等8个雨量站1966—2012年的日降水数据和时段降水量数据。水文数据和降水数据来自水利部水文局编制的《黄河流域水文统计年鉴》。另外还整理了古交矿区内9个具有连续降水观测资料雨量站的降水数据，分别是常安站（1971—2008）、梅同沟站（1963—2008）、水头站（1958—2008）、嘉乐泉站（1958—2008）、屯村站（1971—2008）、河口镇站（1963—2008）、邢家社站（1971—2008）、岔口站（1958—2008）和阁上站（1971—2008）。

气象数据来自中国气象数据网（http://data.cma.gov.cn/site/index.html），在中国地面气候资料日值数据集中提取需要站点的气象数据，包括日平均风速、日平均气温、日最高气温、日最低气温、日照时数、相对湿度和日平均水汽压。共整理了汾河流域11个气象站点1956—2012年的气象日数据。同时从Global Weather Data for SWAT网站（http://globalweather.tamu.edu/）下载SWAT模型需要的1979—2012年的气象数据。

1.4.3 地下水埋深数据

本书整理了2001—2012汾河流域地下水埋深数据。汾河流域共有199个地下水埋深监测站，所采用的地下水埋深监测站集中分布在太原和临汾地区。

第 2 章

汾河流域水文系统概况

2.1 流域环境

2.1.1 地理位置

汾河自北向南，纵贯大半个山西，汇聚源自吕梁、太行两大山区的支流，穿越太原、临汾两大盆地，至运城市新绛县境急转西行，于禹门口下游万荣县荣河镇庙前村附近汇入黄河，河口高程 368.00m，河道总高差 1302.00m，平均纵坡 1.12‰，干流直线长度 412.7km，河道弯曲系数 1.68。

汾河流域地处山西省的中部和西南部，位于东经 110°30′～113°32′，北纬 35°20′～39°00′，南北长约 412.5km，东西宽约 188km，呈带状分布，面积为 39471km^2，占全省国土面积的 25.3%，汾河流域包括全省 7 个地市的 45 个县（市、区），详见表 2.1（李英明、潘军峰，2004）。

表 2.1　　汾河流域内市、县名称表

地级市名称	县（市、区）名称
忻州	宁武、静乐
吕梁	岚县、交城、文水、汾阳、孝义、交口
太原	太原市区（市内 6 区）、娄烦、古交、阳曲、清徐
晋中	榆次、太谷、和顺、沁源、寿阳、祁县、平遥、介休、灵石、榆社
临汾	汾西、霍州、洪洞、古县、尧都、浮山、乡宁、襄汾、翼城、侯马、曲沃
运城	新绛、绛县、稷山、河津、万荣
长治	武乡

2.1.2 地形地貌

汾河流域的地势特点是北高南低，西南为吕梁山，东面为太行山，干流由北而南纵贯山西中部，支流水系发育在两大山系之间。流域西部吕梁山脉的芦芽山、野鸡山、关帝山、棋盘岭、五鹿山、白头山等山峰绵延构成长达 300km 的分水岭，与黄河大北干流众多支流为界；流域东部以五台山支脉云中山、系舟山，往南又以太行山支脉太岳山主峰霍山、灵空山、云台山等构成分水岭，与山西省境内东南部的漳河水系和黄河支流沁河为界；流域南端则以中条山和孤山、樱王山为分水岭，与黄河支流涑水河为界。

纵观汾河流域地形地貌，南北长，东西窄，流域除东西两侧分水岭地带为地势高峻的石质山区外，广阔的中间地带被厚度不均的大面积黄土所覆盖，丘陵起伏，地势较为平缓。汾河干流穿行于晋中、临汾两大断陷盆地范围之内，流域盆地持续下降，东西两侧山脉不断上升，形成悬殊的地面高差，河谷盆地与高山之间的过渡地带即黄土源面。流域地貌可划分为黄土丘陵沟壑区、土石山区和河川阶地区三大类型区。

汾河干流在流域内偏于西侧分布，地形以山地为主，丘陵山地面积占流域面积的70%以上。汾河上游以石质山区为主，河谷高程为 900.00～1500.00m。中游河段河谷高程为 700.00～800.00m，与两边山峰的相对高差最高可达 1800m；下游河谷高程约为 400.00m，而盆地两侧分水岭高程均为 700.00m 左右，接近分水岭地带为石质山区，地势较高，盆地与山地间为黄土覆盖丘陵缓坡和塬梁沟壑地带。

从地质角度来看，汾河流域山川在燕山期造山运动后基本形成，喜马拉雅期的运动断裂极为发育，地质构造在古构造运动的基础上继续发生和发展，从而形成现在的流域地形地貌，流域中、下游南北向和东西向的背斜构造在隆起上升，而向斜断陷盆地在持续下降，除隆起轴两侧为地势高峻的山地和河谷盆地地势较低以外，全流域一般地势较为平缓，且被深厚的第四纪黄土所覆盖。

2.1.3 水系

根据河流特征，汾河可分为上、中、下游三段，自宁武县管涔山雷鸣寺发源地至太原市兰村为上游，关于汾河中游与下游的分界主要有三种划分，本书采用第一种划分结果，即兰村至灵霍山峡入口为中游，自义棠进入灵霍山峡后，即为下游。汾河上游河长约 216km，流域面积为 7705km^2，流域内大多属于砂页岩、灰质岩或灰岩土石山区，约占流域面积的 90%；除此以外，流域内还有河川地、小型盆地和阶台地等，约占流域面积的 10%。宁化以上是管涔山林区，区域内植被优良，而宁化以下的植被状况一般，水土流失相对严重，特别是黄土地区最为严重，其中汾河水库的典型入库支流岚河地区则是汾河上游段水土流失最严重的地区。

汾河中游河长约 158km，流域面积约为 15526km^2，流域内有面积较大的盆地太原盆地，面积约为 5050km^2。该段支流潇河及文峪河是汾河的两条最大支流，它们分别在汾河中游段的东、西两岸汇入汾河干流，其中潇河属砂页岩地层土石山区及黄土区，流域内植被条件一般，水土流失现象相对严重；而文峪河的上游为关帝山林区，中游为浅山区。流域内植被相对较好。

汾河下游河长约 335km，流域面积约为 16595km^2。其中灵霍峡谷属砂页岩及灰岩地层土石山区，流域面积为 4200km^2，是汾河下游洪水的重要来源。灵霍山峡以下是临汾和运城盆地，该地区水资源相对丰富，光热条件较佳，土地肥沃，是山西主要的粮食产地。

汾河流域支流较多，干流沿途有大小支流 100 多条，流域面积大于 500km^2 的支流共有 17 条，其中，洪河、东碾河、涧河、杨兴河、磁窑河、象峪河、乌马河、龙凤河、涝河、团柏河的流域面积为 500～1000km^2；岚河、潇河、昌源河、文峪河、双池河、洪安涧河、浍河等的流域面积大于 1000km^2，见表 2.2。在众多支流中，文峪河是汾河最大的支流，其流域面积为4034.6km^2，河长158.6km；潇河次之，流域面积为3894.0km^2，河长147.0km；浍河为第三支流，流域面积为2060.0km^2，河长118.0km，岚河流域面积排列在第四位，不是很大，但泥沙含量却最大。

表2.2　汾河支流中流域面积大于1000km^{2}的河流特征

河　名	河长/km	流域面积/km^2	平均纵坡/‰	年径流量/亿m^3
岚河	57.6	1148.0	3.2	0.72
潇河	147.0	3894.0	2.85	1.8
昌源河	87.0	1029.7	6.86	1.8
文峪河	158.6	4034.6	3.67	2.8
双池河	68.7	1111.0	10.7	0.27
洪安涧河	58.0	1123.0	11	1
浍河	118.0	2060.0	4.4	0.82

流域内共有26个水文站，其中汾河干流上有9个水文站，自上游向下游分别为静乐、汾河水库、寨上、兰村、汾河二坝、义棠、赵城、柴庄和河津，其中，河津站为汾河入黄控制站，河津站控制流域面积38728km^2。

2.1.4　气象条件

流域气候特征同山西全省气候特征基本相近，流域地处中纬度大陆性季风气候区，属我国东部季风气候区与蒙新高原气候区的过渡地带，受极地大陆气团和副热带海洋气团影响，春夏秋冬四季分明。春季回暖迅速，雨水稀少，蒸发量大，干旱多风沙，时有沙尘天气；夏季天气炎热，气温高，雨量集中，常伴有暴雨、冰雹等灾害性天气；秋季气候凉爽，降温迅速，雨量相对减少；冬季严寒干燥，雨量稀少，经常有蒙古西伯利亚冷空气侵入。

流域大陆性气候比较突出，各地气温的年较差和日较差普遍较大，年较差为28～34℃，年均日较差为10～15℃，夏季炎热，冬季寒冷，且春季气温高于秋季。上游地区多年平均气温为20～24℃，中下游地区多年平均气温为22～28℃，极端最高气温可达到40℃以上，极端最低气温在－20℃以下。汾河流域的季风气候比较明显，冬季盛行偏北风，夏季盛行偏南风，冬夏盛行风向交替十分明显。除此之外，多山的地形决定了流域具有明显的山地气候特点，即河谷热、丘陵暖、山区凉、高山寒的气候垂直地带性。

根据山西省第二次水资源评价结果（范堆相，2005），汾河流域多年平均年降水量为504.9mm，多年平均气温为6.2～12.8℃，多年平均水面蒸发量为1567～2063mm，平均无霜期为140～200d，而且具有由南向北逐渐缩短、谷地多于山区的分布特点。降水表现为年内降水变化大，冬春少而夏秋多；大雨、暴雨多且集中，年降水量集中在汛期7—9月，大雨、暴雨的出现频率分别为15%和1%，集中发生在7—8月，尤其8月大雨和暴雨的可能性最大，而且降水强度大。年际降水变幅大，最大年可达794.5mm，最少年仅为240.6mm，极值比为3.30。

由于汾河流域降水量的年内分配极不均匀，历史上水旱灾害频繁发生，尤其是由于降水量不足所造成的干旱是流域时常发生的主要自然灾害，表现为频次多、持续时间长、造成灾害程度严重，有“十年九旱”之说。新中国成立后的1954—1955年、1957—1958年、1960—1962年、1965—1966年、1972—1974年、1992—1993年等都发生了连续的干旱。另外洪水灾害是汾河流域的又一大自然灾害，据历史资料统计，1501—2000年的500年间，汾河中游曾发生较大洪水（10年一遇以上）和大洪水（20年一遇以上）共42次，平均12年发生一次。

2.1.5　水文条件

根据各雨量站降水量的数据统计，汾河流域多年平均年降水量（1956—2012年）为503.0mm，降水量分布由东南向西北递减，但与地形高程有密切关系。夏季风带来的暖湿气流是降水的主要水汽来源，6—9月降水占全年降水总量的70%以上。

根据山西省第二次水资源评价结果（范堆相，2005），1956—2000年汾河上中游区多年平均年径流量为13.3亿m^3，下游区多年平均年径流量为7.4亿m^3，流域在1970年之前基本上构成一个丰水段，而在20世纪70年代后，尤其是80年代后，构成了一个较长时期的枯水段。据统计，汾河流域1980—2000年年平均地表水利用耗水率为64.8%，同期平均汇入黄河的水量为58471万m^3。汾河流域1956—2000年多年平均年径流量为20.66亿m^3，1956—1979年多年平均年径流量为23.57亿m^3，而1980—2000年多年平均年径流量为17.35亿m^3，进入20世纪80年代后，汾河径流量有减少的趋势，且年内分配极不均匀，汛期（6—9月）径流占年径流的比例均为55%～62%，越是丰水年，汛期径流集中程度越高。汾河干流主要控制站中兰村多年（1956—2000年）平均年径流量为3.8308亿m^3，石滩站为17.8940亿m^3，柴庄站为18.4302亿m^3，河津站为20.3598亿m^3（范堆相，2005）。但由于人类对水资源的过度开发，从1958年汾河中游部分区段开始断流，1996—2007年断流河段长度逐年扩大，因无清水流量，中、下游也成为纳污河，导致中、下游无鱼虾，近岸无水禽，水生态环境恶化（王秋霞，2017）。

汾河也是一条泥沙含量比较多的河流。在1960年之前，人类活动对于流域影响还很小，在这个时段内，流域上的径流、泥沙等水文要素基本上处于天然状况下（刘宇峰等，2010）。以河津水文站实测资料，1950—1959年多年平均年径流量为17.5亿m^3，年输沙量为0.70亿t；1960年之后，随着人类活动的影响，汾河流域上的水利工程大量兴建，工农业用水迅速增加，使得流域水沙发生了较大的变化，河津站1960—1979年多年平均年径流量减为14.1亿m^3，年输沙量减为0.25亿t，较前期（1950—1959年）年径流量和年输沙量分别减少19.4%和64.3%；20世纪80年代以来，河津站径流量锐减，到21世纪初期，河津站的实测多年平均年径流量仅为3.554亿m^3，泥沙由于缺乏输送载体，致使输沙量大大减少，仅为多年平均值的2.3%。

2.1.6　岩溶泉

汾河流域内有雷鸣寺泉、兰村泉、晋祠泉、洪山泉、郭庄泉、霍泉（又名“广胜寺泉”）、龙子祠泉和古堆泉等岩溶大泉，这些岩溶大泉的天然资源量达28.7m^3/s，年径流量为9.02亿m^3，可开采资源量为19.42亿m^3，是汾河清水径流的重要组成部分。岩溶大泉具有水质好、流量稳定的优点，是汾河流域城市和工农业的重要水源。流域内岩溶大泉基本情况见表2.3。

表2.3　　汾河流域岩溶大泉基本情况

泉名	出露地点	泉域面积/km^2	天然资源量/(m^3/s)	可开采资源量/(m^3/s)	水质类型
雷鸣寺泉	宁武管涔山汾河源	377	0.54	0.3	HCO_3～Ca·Mg
兰村泉	太原市尖草坪区上兰村	2500	4.49	3.09	HCO_3～Ca·Mg
晋祠泉	太原市西山悬瓮山下	2030	2.40	1.18	SO_4·HCO_3～Ca·Mg
洪山泉	介休市东10km的洪山镇	632	1.48	0.78	HCO_3·SO_4～Ca·Mg
郭庄泉	霍州市南7km处东湾村至郭庄村的汾河河谷	5600	7.63	5.71	HCO_3·SO_4～Ca·Mg
霍泉（广胜寺泉）	洪洞东北15km霍山前广胜寺	1272	3.82	3.19	HCO_3·SO_4～Ca·Mg
龙子祠泉	临汾尧都区西南13km的西山山前	2250	7.04	3.94	SO_4·HCO_3～Ca·Mg
古堆泉	新绛县古堆村	460	1.30	1.23	SO_4·HCO_3～Ca·Mg
合计		15121	28.7	19.42	

汾河流域八大岩溶泉现状开采量为4.99亿m^3，其中，岩溶水井开采2.39亿m^3，泉口提引水2.60亿m^3。其中，晋祠泉、兰村泉和古堆泉岩溶地下水开发利用程度分别为124.9%、114.8%和110.1%，均已断流，且处于严重超采状态；洪山泉开发利用程度大于80%，属于采补平衡泉域，但存在断流危险；其余岩溶泉地下水尚有开发潜力。近年来，人类活动改变了泉域内下垫面条件、包气带及含水层纵横层的水量运移，导致河川径流对岩溶系统渗漏补给量减少，这些因素导致泉水流量衰减，晋祠泉、兰村泉和古堆泉流量萎缩（郝林茹，2016），其中晋祠泉已于1994年4月30日完全断流。

2.1.7　煤矿资源

汾河流域也是山西省主要的采煤区域。流域内主要的煤田包括宁武煤田、西山煤田、沁水煤田和霍西煤田。

汾河流域地层发育较为齐全，由老到新有：太古界（中太古界、上太古界），下元古界，上元古界—震旦亚界，古生界（寒武系、奥陶系、石炭系、二叠系），中生界（三叠系、侏罗系、白垩系），新生界（下第三系、上第三系、第四系），缺少上奥陶系、志留系、泥盆系及下石炭系，其中含煤地层主要为古生界（二叠系山西组和石炭系太原组）。四大煤田煤炭资源总量统计见表2.4。

表 2.4　　汾河流域四大煤田煤炭资源总量

煤田名称	探明储量		预测资源量							
	面积/km²	保有储量/亿 t	埋深小于 1000m		埋深 1000～1500m		埋深 1500～2000m		合计	
			面积/km²	资源量/亿 t	面积/km²	资源量/亿 t	面积/km²	资源量/亿 t	面积/km²	资源量/亿 t
宁武煤田	1617.7	389.56	1174.40	179.61	341.10	78.90	299.70	69.10	1815.20	327.61
西山煤田	615.2	181.20								
沁水煤田	8008.2	788.93	4367.99	523.10	6034.4	691.43	7286.90	739.90	17689.29	1954.43
霍西煤田	2679.3	274.06	1441.65	111.51	689.80	55.59	324.80	22.28	2456.25	189.38
合计	12920.4	1633.75	6984.04	814.22	7065.3	825.92	7911.4	831.28	21960.74	2471.42

2.1.8　社会经济

汾河流域是山西省重要的生态功能区、人口密集区、粮棉主产区和经济发达区，在全省经济社会发展中居于十分重要的地位。

2000 年汾河流域内共有人口 1195 万人，其中城镇人口 391 万人；2010 年流域内共有人口 1430 万人，其中非农业人口 764 万人，占 53.4%。2015 年流域内共有人口 1411.5 万人，其中城镇人口 850.7 万人，农村人口 560.8 万人，国内生产总值 5694.0 亿元，其中第一产业、第二产业和第三产业分别为 286.6 亿元、2166.9 亿元和 3240.5 亿元，流域内耕地面积 1622.6 万亩，其中有效灌溉面积 427.4 万亩，粮食产量 504.5 万 t。2015 年汾河流域内流域人口占山西总人口的 51%，国内生产总值占山西国内生产总值的 44.5%，而耕地面积仅为山西全省 28.5%，2015—2016 年汾河流域内的社会经济情况见表 2.5。汾河流域面积仅占全省面积的 1/4，但养育着全省近 40%的人口，产生着全省近 45%的国内生产总值。山西省会太原市位于汾河流域境内，是山西省的经济、政治和文化中心。流域内大部分地区，尤其是中下游盆地，交通比较发达，有同蒲铁路、大运高速公路和太原机场等，对外交通较为便利。

表 2.5　　2015—2016 年汾河流域社会经济情况

项目	人口/万人	城镇人口/万人	国内生产总值/亿元				耕地面积/万亩	有效灌溉面积/万亩	粮食产量/万 t
			第一产业	第二产业	第三产业	合计			
2015 年	1411.5	850.7	286.6	2166.9	3240.5	5694.0	1622.6	427.4	504.5
2016 年	1428.5	869.9	296.9	2328.0	2983.5	5608.4	1670.9	875.6	549.0

汾河流域经济发展水平明显高于山西省平均水平，近年来经济发展比较迅速。流域内

有丰富的煤、铁、铜、铝等矿产资源，其中煤炭资源尤为丰富，2016 年工业产值占全省的 46.9%，是我国重要的能源重化工基地。汾河流域也是山西省农业发达的主要地区，农作物以种植小麦、玉米、水稻、谷子、豆类、薯类为主，主要的经济作物有蔬菜、棉花、油料、甜菜、药材等，林果种植、禽畜饲养、渔业生产也较发达；特别是临汾盆地，是山西省重要的粮、棉产区之一。

流域内还有晋中、临汾两个地级市和古交、介休、霍州、侯马、河津、汾阳、孝义 7 个县级市。此外流域内还有世界文化遗产平遥古城、国家历史文化名城祁县，老陈醋之乡清徐县、晋商故里祁县乔家大院、渠家大院，榆次常家庄园、灵石王家大院、太古三多堂（曹家大院）临汾尧庙、洪洞大槐树、汾阳杏花村等一批享誉中外的文物古迹和旅游胜地。

2.2 水土流失与生态建设

汾河从发源地到流入水库到黄河入口，沟梁相间，沟深坡陡，地形破碎，沟河面积占总面积的 48%，在谷地上沉积了深厚的第三纪红土及第四纪黄土，受水蚀和重力侵蚀作用，形成黄土丘陵的沟壑侵蚀地貌景观。除水域、居民、工矿交通等用地外，地面坡度 7°～35°的面积占 63.2%。土壤侵蚀地貌宏观上划为丘陵沟壑区、土石山区、河川阶地区三大类型区，按其微观特征，三大类型区可划分为 12 个亚区。全流域年土壤侵蚀总量为 23.68 万 t，年均侵蚀模数 4495t/km^2。年土壤侵蚀模数大于允许值 500t/km^{2}的流失面积 3688km^2，占流域面积的 70%。

20 世纪 50 年代以来，流域不断开展水土流失治理。1954 年提出了《汾河流域规划报告》，重点进行水库水源建设，新建改建了新老自流灌区的配套工程。1972 年提出的“山西省汾河流域规划”则推动了治山、治水和干支流河道的全面治理。直至 1975 年又补充了临汾（地区）汾东的区域规划。20 世纪 80 年代初，开始了对汾河流域规划的修订工作，于 1986 年提出了《汾河流域修订规划报告初稿》，并于 1988 年又编制了《山西省汾河水库改建可行性研究报告》，进一步论证了建下静游水库的合理性。20 世纪 90 年代初，黄河万家寨水库调节方式确定，万家寨引黄南干连接段需要设立供水调节水库，对 80 年代规划的上游水库方案又作了新规划，并对汾河水库以上河道进行了治理规划。1996 年提出有关汾河流域上游综合开发管理及汾河第三座多功能水库可行性研究工作的研究报告。2008 年之后，实施“千里汾河清水复流工程”，通过调引客水，实施汾河干流不断流的策略。2014 年 5 月山西省政府第 43 次常务会议要求启动汾河流域生态环境综合治理工作，2016 年 6 月水利部与山西省政府联合批复了《汾河流域生态修复规划（2015—2030 年）》，该规划涉及河流水系整治、水资源配置、地下水压采、植被修复、水土保持、泉域及源头保护、水污染防治等六大类 380 个项目，也是全国第一个由水利部主导批复的全流域生态修复规划。这些规划及报告涉及水土保持、山区治理、水资源配置、地下水和一些骨干工程的建设等。

汾河水库担负着太原市的防洪、工业、城市用水和太原及晋中地区 100 万 hm^{2}的农田灌溉任务，汾河水库上游流域面积 5268km^2，涉及宁武、静乐、岚县和娄烦四县 63 个乡镇，按自然地貌分为黄土丘陵区、土石山区和河川阶地区三大类型区，流域内水土流失面积 3688km²，占流域总面积的 70%，全流域年平均输沙量 2368 万 t，平均侵蚀模数 4495t/km²。到 20 世纪 80 年代初水库淤积已占到总库容的近一半。为了减少汾河水库淤积，1983 年汾河水库上游被列为省重点治理流域，每年用于水土保持的投资从 60 万元增加到 160 万元，并实行以小流域为治理单元，坚持全面规划，综合治理，连续治理，收到一定成效。截至 1987 年，兴修梯田 2747hm²，发展沟坝地 246.7hm²，营造水保林 1.92 万 hm²，建果园 487hm²，营造经济林 147hm²，种草 960hm²，建淤地坝 22 座，初步治理面积 238.4km²，占水土流失面积的 7%。1987 年 7 月下旬，山西省政府发出了《关于研究治理汾河水库上游水土流失问题的会议纪要》，通过了《汾河水库上游水土保持综合治理规划纲要》，要求达到"治穷致富，拦沙保库"的目的，决定从 1988 年起，连续十年投资 2 亿元（年均投资 2000 万元），综合治理汾河水库上游水土流失。十年治理成效显著，新增水土流失治理面积 15103 万 hm²，其中建设基本农田 3113 万 hm²，增加植被面积 1119 万 hm²，入库泥沙减少 44.2%。1998 年，省委、省政府又提出"治理母亲河，绿化两座山"的战略目标，并决定 1998—2008 年开展汾河上游二期水土流失综合治理，到 2004 年的 17 年内共完成治理面积 1691km²，大大减少了入库泥沙量。

截至 2013 年年底，汾河流域已完成水土流失初步治理面积 11669km²，治理度 47.05%。共建设基本农田 32.5 万 hm²；营造水土保持林草 71.2 万 hm²，其中，乔木林 40.8 万 hm²，灌木林 13.5 万 hm²，经济林 13.2 万 hm²，人工种草 3.7 万 hm²；封禁自然修复面积 13.1 万 hm²；建设淤地坝 1870 座，其中，骨干坝 169 座，中型淤地坝 163 座，小型淤地坝 1538 座。通过多年综合治理，大量坡耕地改造为梯田，并配套了农田道路和水利设施，有效地提高了土地生产力，农村生产生活基本条件得以改善；林草植被面积率增加到 21.33%，生态环境明显趋好，蓄水保土能力不断提高，有效拦截了入河泥沙，水土流失明显减轻（冯小明，2016）。2017 年，汾河流域水土流失治理面积达 130 万亩，造林绿化 82.8 万亩（新华网，2018）。

2.3　土地覆被

流域内历史上曾有茂密的森林覆盖。据考证，唐代以前汾河之水清澈见底；明代中期以后，上游森林遭到几代连续破坏，汾河变成"太行西半浊汾流"。汾河上游地区，明代前期时，森林覆盖率大体还占 40%左右，林相尚好。自明代中叶起遭到剧烈破坏，明代中叶后，外围森林已基本覆灭。明代后期时，腹地高山上的森林已被砍伐殆尽。明代末时，仅深远高峻的山上有些幼杂残林，林相残破，基本无巨木良材，次生林加起来覆盖率也不到总面积的 20%，约为 15%以上。到清代，汾河流域的焚林焚草、开荒现象变得更加普遍，植被破坏更加严重，很多山头已经是岩石裸露，使得森林难以恢复和更新，而使其向高山和陡坡进行退缩。汾河中游地区，除少数的山区地势险要林木保存较好之外，大多数地区的森林植被等已经遭到了严重破坏，由于森林遭到毁坏，灌草也受到摧残，使得总生物数量大大减少。汾河下游地区，由于地势较为平坦，且山脉普遍较低，所以，植被大多在明初就被破坏得非常严重，到清代时，仅余一些残林和风景林而已（张振兴，2012）。

新中国成立后虽然经过近50年的营林建设，少量森林得到恢复，但植被覆盖率仍很低。乔木主要分布在流域上游云顶山、棋盘山、大万山、野鸡山等土石山区，以天然针叶林为主，优势树种有油松、落叶松、云杉、桦树等；人工林多分布在沟道及土石山区的阴坡，树种以油松、落叶松、杨、柳为主。灌木多分布在中游砂页岩山坳和土石山地上，主要树种有沙棘、黄刺玫、毛榛等，阴坡覆盖度60%～70%，阳坡不足50%。草本植物分布在中、下游两侧山坡及沟谷的灌木下层，主要有狗尾草、白草等。由20世纪60年代的30%下降到现在的15.66%。根据2010年全国第八次森林资源清查，汾河流域有林地面积6180km^2，占总面积的15.66%，除少部分区域植被茂密外，大部分区域的植被覆盖率很低。《汾河流域生态修复规划纲要（2015—2025年）》中指出，汾河流域森林覆盖率由15.7%提高到30%。

汾河流域实施的水土保持措施及生态修复等工作改变了流域土地覆被类型的面积，图2.1给出了汾河流域1978年、1998年和2010年三期土地覆被解译的数据结果。图中可见，随着各种水土保持措施的实施，1978—2010年汾河流域的林地面积呈现增加趋势，林地面积增加2037km^2，草地面积增加169km^2，城镇用地面积增加1828km^2，水域面积几乎没有变化，耕地面积减少4032km^2。

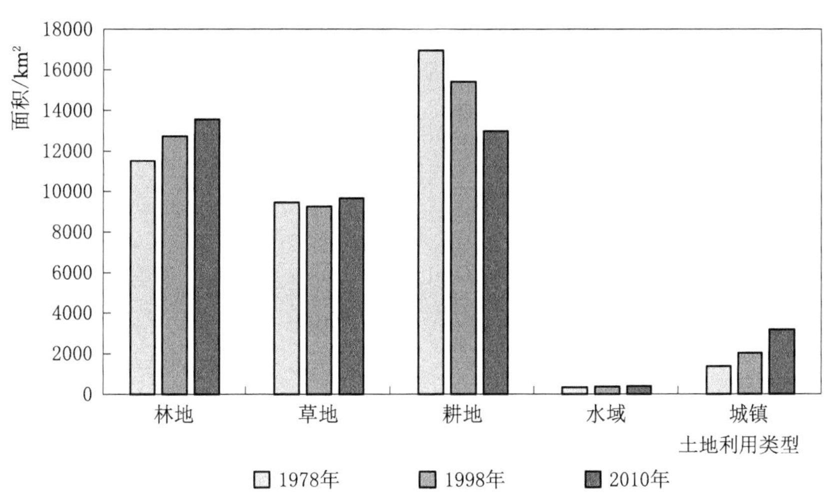

图2.1 1978年、1998年、2010年三期汾河流域各类土地利用面积

在加强农田基本建设和水土保持措施建设的同时，汾河流域内煤炭开采等人类活动也导致流域内水文系统中影响水循环过程的下垫面条件发生相应的变化，这些变化的直观表现是土地覆被等发生了变化，在水文系统中间接的表现是径流形成过程中的填洼、截留、蓄渗等及汇流中的路径和时间发生了变化。1989年、1996年和2011年统计的梯田、坝地面积及骨干坝情况统计见表2.6，从1989年到2011年梯田面积从1452.8km^{2}增加到了2011.4km^2，骨干坝从21座增加到186座，坝地面积从468.2km^{2}增加到1996年的494.2km^2，之后减少到2011年的328.2km^2。

表 2.6　汾河流域内 1989 年、1996 年和 2011 年梯田、坝地面积及骨干坝情况统计表

年份	梯田面积/km²	坝地面积/km²	骨干坝/座
1989	1452.8	468.2	21
1996	1977.8	494.2	89
2011	2011.4	328.2	186

根据 2000—2012 年 MODIS 数据，解译了其植被覆盖度的情况，具体见图 2.2，图中可见，中高盖度的面积在增加，植被覆盖度大于 70%的面积在逐年增加，覆盖度在70%～80%之间的面积从 2000 年的 17.1%分别增加到 2005 年的 22.55%和 2010 年的 22.6%，覆盖度在 90%～100%之间的面积到 2005 年和 2010 年分别增加了 6.49%和 7.39%。因此，汾河流域在人类活动的影响下，导致流域内土地覆被等下垫面条件发生了较大的变化，必然也导致流域内水循环机理及过程发生变化，影响了径流的时空分布特征，也影响着汾河流域径流形成过程、特征值及输出入黄径流的变化。

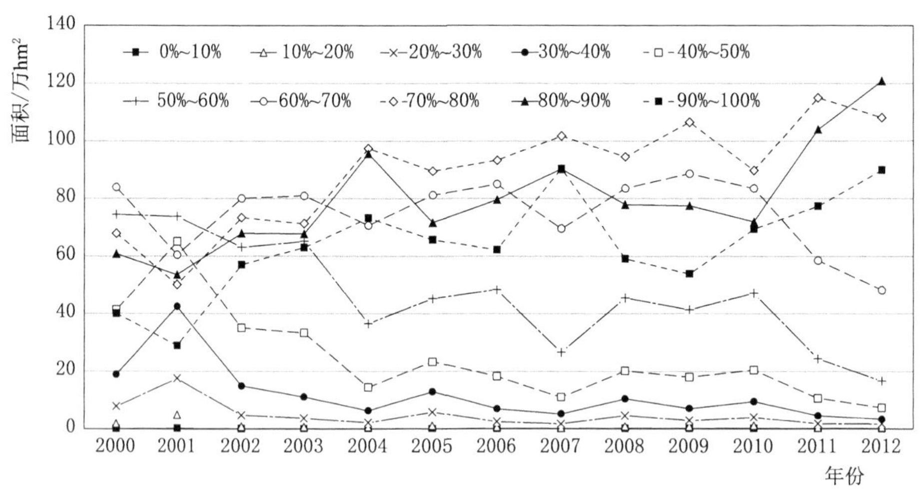

图 2.2　汾河流域植被盖度 2000—2012 年变化趋势

2.4　水利工程

水利工程对流域河道实测径流产生较大的影响，而其中的蓄水工程，特别是大中型水利枢纽对实测径流产生较为明显的影响，到目前为止，汾河流域已兴建了各类蓄水工程（李英明、潘军峰，2004；裴群，2006），其中包括大中型水库 17 座，总控制流域面积 14736km²；小（1）型和小（2）型水库 165 座，总库容达到 17.2016 亿 m³，总控制流域面积 15317km²，具体见表 2.7。刘昌明等（2004）认为蓄水水利工程主要通过增加区域蒸发量影响径流量。流域内修建的水利工程改变了汾河流域径流的时空分布和流域的产流机制，增加了水面面积，增加流域蒸发量，影响到汾河流域径流。

2.4.1 水库

汾河流域现有大型水库 3 座、中型水库 13 座，小型水库 165 座，总控制面积 15317km^2，总库容 17.4016 亿 m^3，具体见表 2.7 和表 2.8。

表 2.7　　1951—2012 年汾河流域不同时期大中型和小型水库数量及库容

时间	大型水库/座	中型水库/座	小型水库/座	总库容/亿 m^3
1951—1960 年	1	4	17	8.9066
1961—1970 年	2	8	30	11.6471
1971—1980 年	2	13	145	15.014
1981—1990 年	2	13	151	15.0518
1991—2000 年	3	13	154	16.6323
2001—2012 年	3	13	165	17.4016

表 2.8　　汾河流域大型水库基本情况

水库名称	水库控制流域面积/km^2	总库容/亿 m^3	兴利库容/亿 m^3	多年平均径流量/(m^3/s)	总供水量/亿 m^3
汾河水库	5268	7.21	2.81	21.9	2.6
汾河二库	2348	1.33	0.41	4.6	
文峪河水库	1876	1.075	0.475	5.78	0.91

2.4.2 灌区工程

汾河流域是山西省灌溉程度最高的区域之一，流域内有效灌溉面积 730.38 万亩，占全省有效灌溉面积的 39%，占流域内耕地面积的 40%。流域内现有 30 万亩以上大型自流灌区 4 处，分别为汾河灌区、汾西灌区、文峪河灌区和潇河灌区，有万亩以上自流灌区 25 处。还有大型提水泵站 2 座，分别为汾河下游的汾南泵站和西范泵站，还有中型泵站 26 座。30 万亩以上大型自流灌区情况见表 2.9。

表 2.9　　汾河流域 30 万亩以上大型自流灌区情况

灌区名称	有效灌溉面积/万亩	年均引水量/亿 m^3	水源	灌溉范围
汾河灌区	149.55	3	汾河干流	万柏林区、尖草坪区、晋源区、小店区、清徐、祁县、平遥、介休市、交城、文水、汾阳市

续表

灌区名称	有效灌溉面积/万亩	年均引水量/亿 m^3	水源	灌溉范围
汾西灌区	50	4	龙子祠泉、郭庄泉、汾河	洪洞、尧都区、襄汾
文峪河灌区	51	0.81	文峪河水库	交城、文水、汾阳市、孝义市、平遥、介休市
潇河灌区	33.24	0.47	潇河	榆次区、太谷、小店区

汾河灌区是全省最大的灌区，位于汾河中游的太原盆地，北起太原市兰村汾河一坝，南至介休市洪相村，南北长 140km，东西宽约 20km，有效灌溉面积 149.55 万亩，受益区包括太原、晋中、吕梁的 9 个县（市、区）。此外还向太原一电厂和太原钢铁公司等工业企业供水。汾河灌区主要通过汾河一坝、二坝、三坝从汾河干流引水。由于上游有汾河水库的调节，供水保证程度较高，年平均引水量 3 亿 m^3。

汾西灌区是汾河下游的大型自流灌区，位于临汾盆地，汾河西侧，灌区包括洪洞、尧都、襄汾 3 个县（区）的 43 万亩耕地。灌区水源包括汾河径流、郭庄泉水、龙子祠泉水。年灌溉引水量 2 亿 m^3，同时还向霍州电厂、临汾钢铁厂等工业企业供水。

文峪河灌区位于太原盆地西南部，灌区范围包括交城、文水、汾阳、孝义、平遥、介休 6 个县（市），有效灌溉面积 51 万亩，年均引水量 8100 万 m^3，水源为文峪河水库。

潇河灌区位于晋中市榆次区、太谷县和太原市的小店区，有效灌溉面积 33 万亩。引水枢纽位于榆次源涡村潇河干流上，渠首建有滚水坝、进水闸和冲沙闸。

大型提水泵站汾南泵站位于稷山县下费村汾河干流南岸，从汾河提水灌溉稷山和万荣两县的 11 万亩土地。泵站为 6 级提水，总扬程 157m，装机 25 台，功率 9210kW，最大提水流量 4.5m^3/s。

汾河流域的另一座提水泵站是西范泵站，位于万荣县汾河干流入黄河河口附近，从汾河提水灌溉万荣县的 15 万亩土地。泵站总扬程 285m，装机 52 台，功率 17780kW，最大提水流量 5.4m^3/s。

2.4.3 跨流域引水工程

为了解决汾河流域供水水源严重不足的矛盾，在汾河上、中游和下游分别建设了万家寨引黄入晋工程南干线和临汾马房沟引沁入汾工程两个大型跨流域调水工程。

万家寨引黄入晋工程是山西省有史以来最大的水利建设项目，这项工程的建设对解决太原、大同、平朔地区的水资源短缺问题提供了可靠的保障。总干线设计引水流量 48m^3/s，年引水总量 12 亿 m^3，其中向太原供水区供水的引黄工程南干线分水 25.8m^3/s，设计年引水量 6.4 亿 m^3。引黄工程分两期实施。一期工程经总干线、南干线及连接段实现向太原年供水 3.2 亿 m^3，总投资 103 亿元，2003 年 10 月引黄一期工程已经正式向太原供水。

临汾马房沟引沁入汾工程是开发利用沁河上游水资源解决临汾盆地汾河流域供水短缺的一项大型工程，该工程的首部提引水枢纽位于临汾市安泽县城北 1km 处的沁河岸边马房沟沟口，从安泽县经古县、洪洞县至临汾市尧都区，将沁河水送入临汾盆地，输水线路全长 82.5km。马房沟提水工程设计年均引水量 5902 万 m^3，为尧都区工业和城市生活净供水 2190 万 m^3，新增灌溉面积 2 万亩，改善涝河和巨河灌区灌溉面积 8 万亩，总投资 1.81 亿元，于 2004 年建成。

2.5 水资源及其开发利用状况

根据《山西省水资源评价》（范堆相，2005）1956—2000 年 45 年系列汾河流域的多年平均水资源总量为 33.58 亿 m^3，多年平均河川径流量为 20.67 亿 m^3，地下水资源量为 24.09 亿 m^3，地表水与地下水重复量为 11.18 亿 m^3。汾河流域水资源的一个重要特点就是地表水与地下水重复量在水资源总量中所占比重较大，当一些岩溶大泉用井采方式利用以后，河流中的清水流量迅速减少，甚至出现断流，因此对流域内的地表水、地下水应该统一规划，统筹利用。汾河流域 1956—2000 年系列水资源量见表 2.10，汾河流域水资源量 33.58 亿 m^3，与之前评价过的 1956—1979、1956—1984 和 1956—1993 年系列相比较有波动，但变化不大。

表 2.10　　汾河流域 1956—2000 年系列水资源量　　单位：亿 m^3

流域分区	水资源总量	河川径流量	地下水资源量	重复量	不同保证率（P）的水资源总量			
					20%	50%	75%	95%
汾河上、中游	21.11	13.27	14.76	6.92	22.15	17.45	15.06	13.25
汾河下游	12.47	7.40	9.33	4.26	13.23	11.20	9.22	7.99
合计	33.58	20.67	24.09	11.18	35.38	28.65	24.28	21.24

表 2.11 为汾河流域各类供水工程供水量不同年份汇总表，可见，1980 年汾河流域总供水量 23.4598 亿 m^3，其中地表水供水量（包括蓄、引、提工程）10.0319 亿 m^3，地下水供水量 13.4279 亿 m^3。2000 年增加到 25.4033 亿 m^3，地表水供水量减少，而地下水供水量增加，到 2010 年汾河流域供水量增加到 28.6095 亿 m^3，且近些年再生水供水量在增加使用量，2010 年再生水供水量为 1.4524 亿 m^3。2015 年汾河流域总用水量 30.2318 亿 m^3，其中农田灌溉 16.5031 亿 m^3，占总用水量的 54.6%，林牧渔畜用水量为 0.8241 亿 m^3，占总用水量的 2.73%，城镇工业用水量为 5.6591 亿 m^3，占总用水量的 18.7%，居民生活用水量为 4.4349 亿 m^3，占总用水量的 14.7%，生态环境用水量为 0.9399 亿 m^3，占总用水量的 3.1%。

表 2.11　　汾河流域各类供水工程的供水量　　单位：亿 m^3

年份	地表水	地下水	再生水	矿坑水	合计
1980	10.0319	13.4279	0		23.4598
1985	9.8910	13.7175	0		23.6085
1990	8.8021	15.5129	0		24.3150

续表

年份	地表水	地下水	再生水	矿坑水	合计
2000	7.7170	17.0165	0.4599	0.2099	25.4033
2005	10.2153	16.1303	1.2000	0.7953	28.3409
2010	12.7695	14.3876	1.4524		28.6095
2015	14.8322	13.0605	0.7760	1.5631	30.2318

第 3 章

汾河流域水文系统主要因素变化特点

流域水文系统中，降水、下渗和蒸散发是流域水循环过程中水分损失和产流的决定性环节，这些因素决定着水文系统中水循环过程及输出过程，因此水文系统的主要因素包括降水、蒸发、径流和组成下垫面的土地覆被和土壤特性等因素。本章在收集整理汾河流域基础水文气象数据、土地覆被遥感数据以及煤矿开采等大量数据的基础上，对流域内水文系统的主要因素及其影响因素，基于 ArcGIS 技术，采用多种统计学方法进行计算分析，得到汾河流域水文系统内主要因素的变化特点。

3.1 气候因素

3.1.1 降水

选取流域内连续序列较长的 39 个雨量站 1956—2000 年共 45 年逐月降水量资料，雨量站分布如图 3.1 所示。

3.1.1.1 降水时空结构变化特征

图 3.2 是汾河流域年降水和汛期降水等值线图，显示了多年平均降水量的空间分布。从图中可以看出，流域内降水分布不均，东部、东南部多，自下游向上游方向递减。上、中游年降水量多年平均值约为 475mm，下游为 500mm 以上，汛期降水，上、中、下游均为 375～400mm 左右，上游静乐、马坊雨量站一带平均约为 350mm。这种北少南多的分布特征，其原因跟流域地势及夏季暖湿气流有关。当暖湿气流随东南风进入本流域，流域南部首当其冲，降水较多。由南向北随着地势的抬高，重峦叠嶂，阻止了暖湿气流深入北上，造成流域北部降水较少。

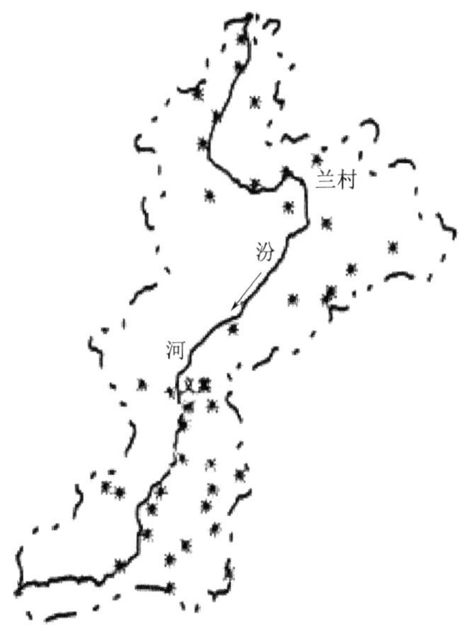

图 3.1 汾河流域雨量站分布示意图

以各测站年降水算术平均值代表流域年降水，对流域年均降水距平场资料进行 EOF 分析（魏凤英，2007），得出特征向量，计算各特征向量方差贡献率（表 3.1）。其中，前

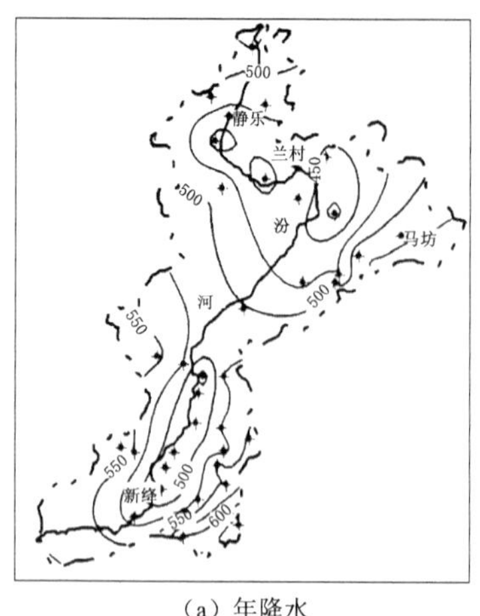

(a) 年降水

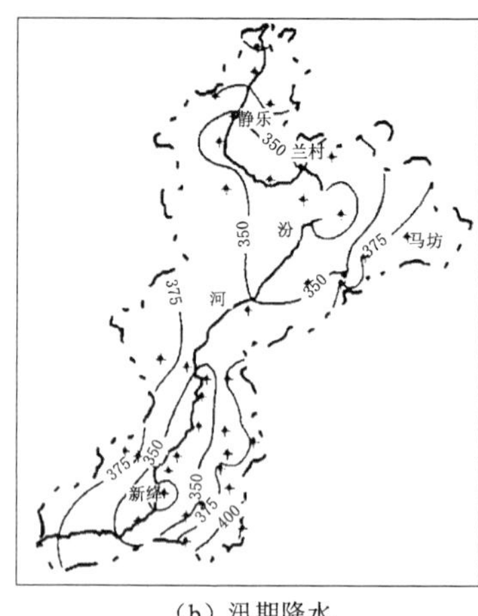

(b) 汛期降水

图3.2 汾河流域年降水和汛期降水等值线图

3个特征向量累计方差贡献率达到78.32%，由第4特征向量开始，方差贡献比重显著减小。可以认为，流域年降水距平场中，前3个特征向量的作用最为重要，可用于揭示年降水的整体空间结构特征。此外，前3个特征向量也通过了North等提出的特征向量显著性检验，说明该向量是有显著物理意义的信号（施能，2002）。

表3.1 流域年降水距平场EOF1～EOF10方差贡献率及累计方差贡献率

序号	1	2	3	4	5	6	7	8	9	10
贡献率 p_b/%	59.96	12.70	5.66	3.39	2.22	2.17	1.7	1.62	1.17	1.07
累计方差贡献率 P_b/%	59.96	72.66	78.32	81.71	83.93	86.10	87.8	89.42	90.59	91.66

年降水空间分布第1特征向量全部为正值［图3.3（a)］，且方差贡献率为59.96%，表明全流域降水一致偏高（或偏低）。这种全部一致型的方差贡献率较高，说明整个流域均受大尺度天气系统的影响，大尺度天气系统是影响降水特征的主要因素。汾河流域位于季风气候区，大尺度气候影响类型是一致的。高值出现在2个区域（马坊东部及岔口周围地区），表明这些区域降水量变化最明显。

第2特征向量方差贡献率为12.7%，特征向量的区域变化见图3.3（b)。第2特征向量呈南北反位相特点，反映出流域降水南北差异，表现为南多（少）北少（多）。正距平高值区位于流域下游，负距平高值区位于流域上游。这与流域北高南低的地势及夏季暖湿气流有关。此外，南部降水较多与夏季山西省南部和河南省北部常常发育有一个大的低压区有关。第3特征向量方差贡献率为5.66%，特征向量分布特征较复杂［图3.3（c)］，流域上游与下游同位相，上、下游与中游反位相，降水表现为上、下游多（少）中游少（多）。2条零值线分别位于上游兰村一带及下游临汾一带。

流域年降水和汛期降水的年际变化曲线如图3.4所示，图中可见，1956—2000年流域年降水和汛期降水都呈现一定减少的趋势，分别以－26.1mm/10a、－22.2mm/10a的速度递减，并且显著性检验（T检验）显示，年降水和汛期降水分别通过0.01和0.05的信

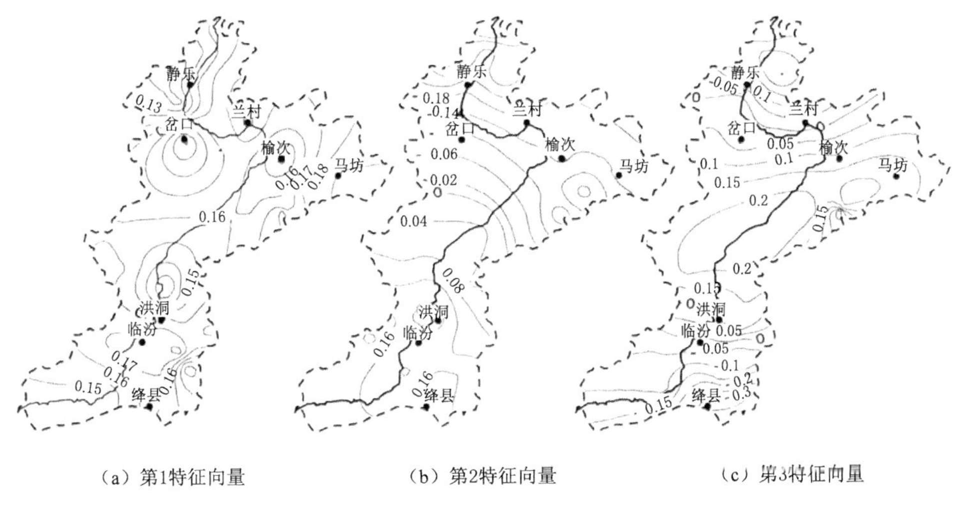

（a）第1特征向量　（b）第2特征向量　（c）第3特征向量

图 3.3　年降水特征向量

度水平。汛期降水 45 年中偏少的年份占到 64%，并多发生在 1965 年以后，1965 年降水较多年平均值偏少甚多，达到 49%，1956 年偏多最多，比多年平均值多 146.5mm。年降水近 45 年来有 23 年降水较均值偏少，1965 年偏少 195.5mm，1964 年偏多 230mm。降水围绕线性回归趋势线类似正（余）波动规律，年降水量 1980 年以前下降，1980—1990 年略呈缓慢回升，以后又呈减少趋势。

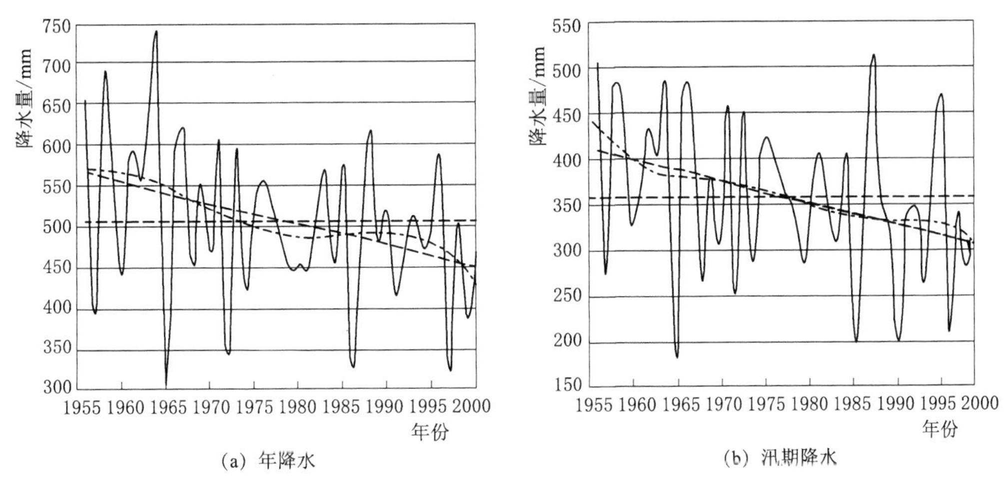

（a）年降水　（b）汛期降水

图 3.4　流域年降水和汛期降水的年际变化曲线图

—— 降水量；--- 线性趋势；-·-·- 滑动平均

从空间分布来看，45 年间，汾河流域大多数测站年降水呈现减少的趋势，但减少的程度不同，以马坊、绛县、中村、岔口等测站减少最明显，平均速度达－40mm/10a 以上。除下游翼城、浇底测站一带局部区域降水减少趋势较小外，大部分区域减少明显，其中流域东部（马坊测站附近）减幅最甚，达 70mm/10a 以上。

汛期降水，只有浇底站呈略微增加，倾向系数 2.2mm/10a，但未通过 0.05 信度显著检验，其他雨量站都呈减少趋势，倾向系数－59.6～－9.3mm/10a。39 个雨量站有 23 个通过了 0.05 信度水平，表明流域汛期降水减少趋势具有普遍性。

1956—2000 年汾河流域降水变化的统计见表 3.2，年降水量和汛期降水量都为负趋势。中游地区趋势最明显，平均减幅最大，每 10 年减幅超过 30mm（年降水），汛期每 10a 减少 20～30mm。上游和下游减幅也均达到 15mm/10a 以上。在 0.05 信度下，除上游地区外，其他降水倾向系数均通过了显著性检验（T 检验），中游地区年降水倾向系数通过了 0.01 信度显著检验。

表 3.2　1956—2000 年汾河流域降水变化

区域	测站个数	年降水 /(mm/10a)	显著水平值	汛期降水 /(mm/10a)	显著水平值
上游	8	－18.9	1.45	－15.5	1.19
中游	10	－32.0	2.63*	－26.5	2.33**
下游	21	－26.1	2.29**	－22.4	2.25*

注　*代表通过 0.01 信度；**代表通过 0.05 信度。

表 3.3 为流域年降水和汛期降水年代距平百分率的计算结果，对于年降水，20 世纪 50—60 年代为正距平，降水丰沛，70 年代开始出现负距平，70—80 年代降水略微偏少，接近多年平均值，至 90 年代偏少 9%，流域趋于干旱化。汛期降水，20 世纪 50—70 年代为正距平，80—90 年代为负距平，其中，50 年代降水偏多 15%，但偏多的幅度在逐渐减小，至 70—80 年代接近常年水平，90 年代干旱化趋于严重（较常年偏少 12%）。汾河流域属华北黄土高原区，纵观华北黄土高原区，陈烈庭（1999）分析夏季降水变化规律指出，20 世纪 50 年代降水偏多，60 年代明显偏少，70 年代略有增加，干旱稍有缓和，但 80—90 年代干旱继续，且 90 年代比 80 年代干旱化趋于严重。因此，汾河流域既表现出与华北黄土高原总体一致的特征，也表现出了其局部特征。

表 3.3　汾河流域 1956—2000 年年际平均降水量及距平百分率

时间	1956—1960 年	1960 年	1970 年	1980 年	1990 年	多年平均
年降水量/mm	550.7	549	496.9	496.3	461.6	506.5
距平百分率	9%	8%	－2%	－2%	－9%	
汛期降水量/mm	411.9	377.7	365.9	350.9	317.8	359.6
距平百分率	15%	5%	2%	－2%	－12%	

3.1.1.2　汛期（6—9 月）旱涝特征

上述分析表明，汾河流域年降水和汛期降水呈负趋势，1956—2000 年流域干旱化趋于严重。为进一步研究汛期流域发生旱涝的频数和程度，采用降水距平百分率和旱涝划分标准（表 3.4）分析流域 45 年内旱涝特征。

表 3.4 旱涝划分标准

降水距平范围 $\Delta P/P_0$	旱涝级别	降水距平范围 $\Delta P/P_0$	旱涝级别
$\Delta P/P_0 \in$ [50%, 0]	大涝年 (SF)	$\Delta P/P_0 \in$ [−50%, −25%]	旱年 (N)
$\Delta P/P_0 \in$ [25%, 50%]	涝年 (F)	$\Delta P/P_0 \in$ [−∞, −50%]	大旱年 (SD)
$\Delta P/P_0 \in$ [−25%, 25%]	正常年 (N)		

表 3.5 为汾河流域 1956—2000 年汛期旱涝等级及频数统计表，可以看出，45 年来汛期出现旱涝异常的年份有 18 年，频率达 40%，平均每 2～3 年就会发生一次旱或涝。1956—2000 年发生涝的频率为 60%，发生旱的年频率为 20%。20 世纪 60—90 年代发生涝的年频率依次为 30%、20%、10%和 10%；发生旱的年频率依次为 20%、10%、10%和 30%。综合来看，1956—2000 年汾河流域汛期发生涝的年频率在减少，发生旱的年频率在增加，到 90 年代平均 3～4 年就发生 1 次旱年。

表 3.5 汾河流域 1956—2000 年汛期旱涝等级及频数统计表

年份	距平百分率	旱涝等级	年份	距平百分率	旱涝等级
1956	41%	F	1980	−21%	N
1957	−25%	D	1981	4%	N
1958	34%	F	1982	13%	N
1959	31%	F	1983	−6%	N
1960	−9%	N	1984	−13%	N
1961	4%	N	1985	13%	N
1962	21%	N	1986	−44%	D
1963	12%	N	1987	−20%	N
1964	34%	F	1988	43%	F
1965	−49%	D	1989	−3%	N
1966	33%	F	1990	−10%	N
1967	30%	F	1991	−45%	D
1968	−26%	D	1992	−6%	N
1969	6%	N	1993	−4%	N
1970	−15%	N	1994	−26%	D
1971	29%	F	1995	15%	N
1972	−31%	D	1996	29%	F
1973	26%	F	1997	−42%	D
1974	−20%	N	1998	−5%	N
1975	12%	N	1999	−23%	N
1976	18%	N	2000	−11%	N
1977	9%	N	旱年合计	8	
1978	0%	N	涝年合计	10	
1979	−4%	N	异常年合计	18	

Z 指数消除了平均值的影响，比距平百分率响应快，又能明显客观地反映出旱涝程度（鞠笑生等，1997）。同时计算了汛期降水 Z 指数，并按鞠笑生等（1997）中区域旱涝等级划分方法，算出本流域各时段的旱涝等级，分别统计了重涝、大涝、重旱、大旱的年份和年数及发生异常雨涝、异常干旱的年数，其中异常雨涝包括重涝和大涝，异常干旱包括重旱和大旱。统计结果表明，近 45 年中有 23 年汾河流域汛期（6—9 月）发生旱涝异常，即 2 年左右该流域发生 1 次旱涝异常。45 年中异常雨涝年 12 年，异常干旱年 11 年。在汛期（6—9 月）中，发生异常雨涝的各级总次数最多的是 8 月（12 次），其次是 6 月（11 次）；异常干旱发生总次数最多的也是 8 月（13 次），其次是 6 月（11 次）。可见，汾河流域汛期异常旱涝多发生在 6 月和 8 月。

黄荣辉等（1999）指出，从 1965 年后我国华北地区夏季降水明显减少，干旱化趋势明显，并且这种干旱趋势一直延续到 20 世纪 90 年代初。汾河流域地处华北地区，又属黄土高原区，出现涝年的 10 年中有 4 次（1956 年、1958 年、1959 年、1964 年）发生在 1965 年以前，6 次发生在 1965 年以后。与此相反，45 年中发生旱年的 8 年中有 1 次在 1965 年以前，比例是 1965 年前 9 年的 1/9，7 次发生在 1965 年以后，比例是 1965 年后 36 年的 7/36，说明汾河流域汛期降水同样在 1965 年前后表现为从多变少的干旱趋势。

3.1.1.3　汾河流域降水变化趋势

为了进一步分析汾河流域降水量的变化趋势，对流域内 1956—2012 年降水量进行分析（图 3.5），可见降水量呈现减少的趋势。由年降水量的 9 年滑动均值可以看出：2002 年之前，汾河流域年降水量呈现稳定的持续减少，2002 年之后年降水量有所增大；1956—2012 年汾河流域年降水量每年减少 3.88 万 m^3。同时年降水量 M－K 检验的 Z 值为 －1.466，年降水量的减少趋势不显著。

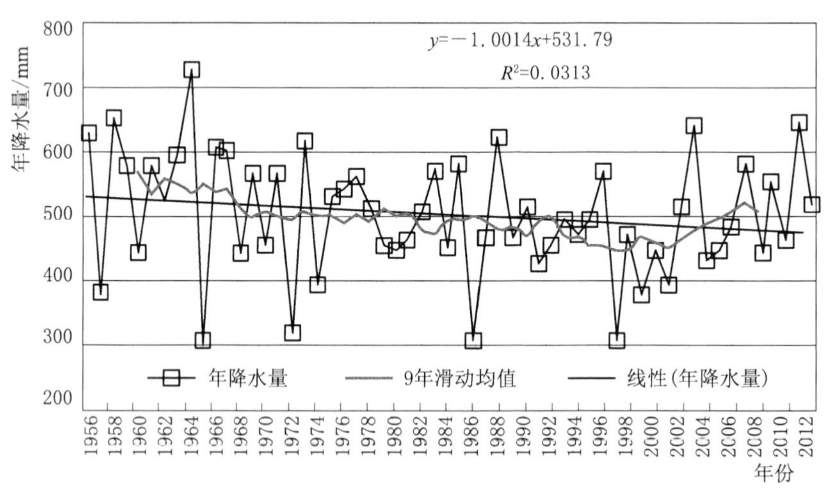

图 3.5　1956—2012 年汾河流域年降水量的变化趋势

对于长时间的水文序列，随着时间的推移，受气候变化和人类活动的影响，水文序列呈现出趋势性和突变性。水文变异诊断系统考虑了趋势和跳跃两种变异形式（谢平等，2009），其基本思路（图3.6）是在初步检验判断序列是否可能存在变异的基础上采用多种变异检验方法对水文序列进行详细诊断，并对趋势和跳跃诊断结论进行综合得出效率系数，根据效率系数评价水文序列与跳跃成分或趋势成分的拟合程度，之后结合实际水文调查分析，对变异形式和结论进行验证，从而得到最终的变异诊断结果。该系统可以解决单一方法检验结果不合理、多种方法检验结果不一致的问题。多种方法的权重采用谢平和陈广才等在《水文变异诊断系统》（2009）中的方法确定（表3.6）。

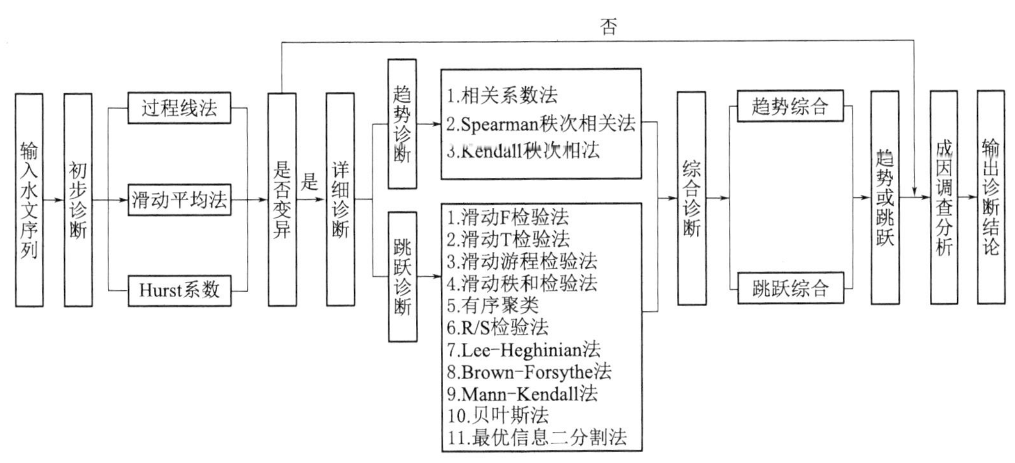

图3.6 水文变异诊断系统

表3.6　　水文变异诊断系统各方法权重

方法	权重	方法	权重	方法	权重
滑动F检验法	0.0564	Lee - Heghinian 法	0.0825	Mann - Kendall 法	0.0337
滑动T检验法	0.1158	有序聚类法	0.1142	贝叶斯法	0.1152
滑动游程检验法	0.1971	R/S 检验法	0.0064	最优信息二分割法	0.0142
滑动秩和检验法	0.1412	Brown - Forsythe 法	0.1235		

在初步诊断的基础上采用3个趋势诊断方法和11个跳跃诊断方法的水文变异诊断系统来确定汾河流域降水量序列，取第一显著性 $\alpha=0.05$，第二显著性 $\beta=0.01$ 分析，其诊断结果见表3.7，可见汾河流域降水变化趋势微弱，不存在突变。

表3.7　　汾河流域降水量诊断结果

项目	判断结果	项目	判断结果
Hurst 系数	0.613	跳跃综合显著性	2（+）
整体变异程度	无变异	趋势综合显著性	3（+）
趋势变异程度	趋势微变异	跳跃效率系数	12.20

续表

项目	判断结果	项目	判断结果
跳跃点	1964年	趋势效率系数	11.12
跳跃综合权重	0.44	诊断结论	无变异

注 Hurst系数是判别整体变异程度的指标；趋势变异程度是基于相关系数得到的趋势变异分级；跳跃点是指径流发生突变的年份；跳跃综合权重是判别跳跃综合显著性的指标；跳跃综合显著性和趋势综合显著性分别是跳跃和趋势判别的显著性分级指标，"+"表示检验显著；效率系数是实测水文序列与跳跃成分或趋势成分的拟合程度。

3.1.2 蒸发

蒸发是水文系统中的重要环节，降水、下渗和蒸散发是产流和水分损失的决定性环节。气温、风速、日照时数等气象因素的变化是影响流域径流变化的另一个气候因素，很多研究表明，气温、风速等气象因子的变化通过影响流域蒸散发量而影响径流量，如王炳亮（2014）、赵玲玲等（2013）认为气温和风速的升高会导致区域蒸散发量的增大，相对湿度的增大导致蒸散发量的减少。

汾河流域水面蒸发量为900～1200mm，高值区在太原盆地及运城地区。表3.8为汾河流域各站水面蒸发量月、年均值（1980—2008年）统计表。汾河流域年均面蒸发量为1082mm，各月蒸发量分布情况如图3.7所示。

表3.8 汾河流域各站水面蒸发量月、年均值（1980—2008年）统计表

站名	1月	2月	3月	4月	5月	6月	7月	8月	9月	10月	11月	12月	全年(E601)
宁武	48.3	65.1	129.9	231.7	303.8	271.2	234.5	187.6	161.4	132.2	88.9	54.0	1908.6
静乐	33.1	49.1	103.5	183.9	258.5	219.6	196.0	158.4	122.3	92.1	51.2	32.6	15003
岚县	45.6	64.8	128.9	241.1	309.4	271.8	223.2	167.1	139.6	117.0	72.7	48.8	1830
娄烦	39.6	57.6	117.2	210.6	266.6	250.5	217.7	173.8	138.4	11.5	67.0	40.5	1691
古交	49.6	69.5	136.6	235.0	299.2	270.4	243.6	197.2	155.8	124.7	79.8	50.0	1911.4
太原	43.3	66.0	133.1	216.8	256.6	229.0	210.1	182.6	141.6	108.5	65.4	43.0	1696
阳曲	36.9	57.4	119.6	223.4	286.0	259.8	226.8	182.3	141.0	108.2	59.6	35.7	1736.7
清徐	45.3	71.9	151.1	266.7	325.6	283.6	247.2	209.7	153.7	119.5	73.0	44.8	1992.1
榆次	53.1	78.5	151.3	246.9	298.9	277.1	245.9	201.2	153.5	121.1	76.8	52.4	1956.7
榆社	43.3	61.5	119.4	209.0	263.7	243.7	205.5	173.9	139.2	110.2	69.2	43.5	1682.1
孝义	50.1	71.4	143.1	235.2	278.3	261.9	234.7	178.1	136.5	118.4	80.6	54.3	1842.6
交城	32.9	57.8	131.3	217.7	251.7	228.3	202.8	158.6	121.2	96.5	55.9	30.8	1585.5
沁源	40.7	58.9	113.7	206.5	242.9	223.9	181.7	153.3	121.8	101.9	65.5	40.3	1551.1
文水	36.7	61.8	131.1	218.2	247.1	232.8	219.6	166.0	125.4	102.9	60.7	36.4	1638.7

续表

站名	1月	2月	3月	4月	5月	6月	7月	8月	9月	10月	11月	12月	全年(E601)
太谷	42.5	62.5	123.2	197.9	230.7	222.1	210.4	167.3	120.9	94.3	62.7	42.7	1577.2
祁县	45.3	66.1	131.9	207.9	245.0	232.3	214.8	169.5	125.2	98.2	66.3	45.8	1648.3
平遥	47.2	67.6	129.6	213.7	262.7	255.7	231.6	182.2	134.7	104.3	72.4	49.7	1751.4
武乡	34.0	52.4	107.7	202.8	247.3	229.3	194.6	158.1	120.2	93.4	56.1	33.8	1529.7
灵石	39.3	60.8	128.3	227.9	274.5	263.2	226.4	172.6	135.4	103.3	63.9	40.2	1735.8
孝义	50.1	71.4	143.1	235.2	278.3	261.9	234.7	178.1	136.5	118.4	80.6	54.3	1842.6
襄汾	49.8	63.2	124.8	196.3	241.0	264.6	229.4	182.0	132.0	93.0	58.0	35.5	1669.6
侯马	35.0	61.9	121.4	189.6	226.7	265.6	240.4	191.2	143.7	101.4	50.6	31.3	1658.8
翼城	42.2	67.9	123.6	181.4	226.5	265.3	239.7	195.2	143.3	99.2	61.1	40.4	1685.8
万荣	47.3	69.3	121.6	186.1	27.4	255.8	228.2	184.1	133.7	94.8	60.5	44.8	1653.6
绛县	46.2	71.0	129.1	204.9	243.5	262.5	234.7	195.4	152.4	115.4	70.7	46.2	1772
新绛	39.0	67.0	127.5	193.3	243.1	276.8	257.0	213.8	150.6	102.1	59.7	36.1	1766
稷山	41.8	67.3	121.2	179.8	214.0	232.6	209.8	171.5	117.6	85.4	57.6	39.7	1538.3
河津	66.3	89.7	144.1	209.6	254.8	267.6	232.4	202.5	145.6	112.5	83.3	64.4	1872.8

注 本表数据来自《山西水文计算手册》，山西省水利厅编著，黄河水利出版社 2011 年出版。

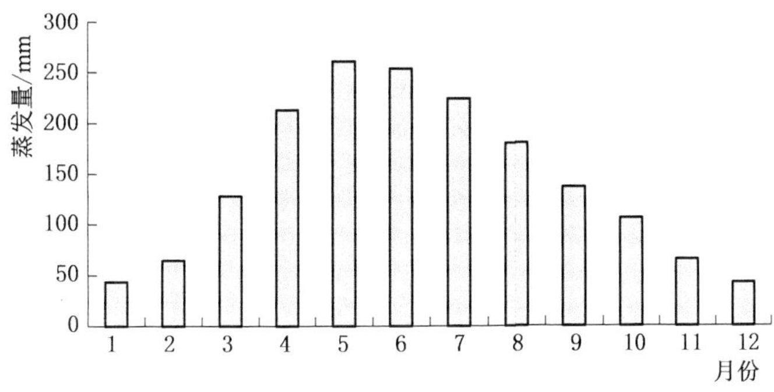

图 3.7 汾河流域蒸发量各月分布

为了分析汾河流域蒸发量的变化情况，通过分析计算潜在蒸散发随时间的变化情况说明其变化状况。潜在蒸散发是气温、风速等气象因子的综合体现，为了分析气温及风速等气象因子变化对径流的影响，可对潜在蒸发量的变化进行分析，采用 FAO（1998）推荐的潜在蒸散发量的计算方法，计算出各个站点的潜在蒸散发量，然后采用泰森多边形法计算出汾河流域的潜在蒸散发量。FAO 推荐的 Penman - Monteith 式表达式为：

$$ET_0 = \frac{0.408\Delta(R_n - G) + \gamma \dfrac{900}{T_{mean} + 273} U_2 (VP_s - VP)}{\Delta + \gamma(1 + 0.34U_2)} \tag{3.1}$$

式中：ET_0为潜在蒸散发，mm/d；R_n为净辐射，MJ/(m^2 · d)；G 为土壤热通量，MJ/(m^2 · d)；γ 为干湿常数，kPa/℃；Δ 为饱和水汽压曲线斜率，kPa/℃；U_2为 2m 高处的风速，m/s；VP_s为平均饱和水汽压，kPa；VP 为实际水汽压，kPa；T_{mean}为平均气温，℃。净辐射为太阳短波辐射与地面长波辐射之和，其中太阳辐射可按下式估算：

$$R_s = \left(a_s + b_s \frac{n}{N}\right)R_a \tag{3.2}$$

式中：R_s为太阳辐射，W/m^2；R_a为大气顶层的太阳辐射，W/m^2；a_s和 b_s为参数，其中 $a_s=0.25$，$b_s=0.5$。

该潜在蒸散发计算方法以能量平衡方程和水汽扩散理论为基础，既考虑了作物的生理特征，又考虑了空气动力学参数的变化，计算结果精确且理论基础清晰，也是目前被公认的最普遍、精度最高的计算方法之一。图 3.8 为计算后得到的 1956—2012 年汾河流域潜在蒸散发量的变化趋势，可见，汾河流域潜在蒸散发量呈现下降趋势，这和很多研究的结果一致（Irmak et al.，2012，Donohue et al.，2010；高歌等，2006），通过 M－K 检验，1956—2012 年汾河流域潜在蒸散发量的 M－K 检验 Z 值为－2.84，说明汾河流域潜在蒸散发量的减少趋势显著。因此，影响汾河流域的水文系统的气候系统在发生着变化。根据水量平衡原理，在保持降水量和流域蓄水量不变的前提下，流域的蒸发量减少会导致流域内形成的径流量增加。

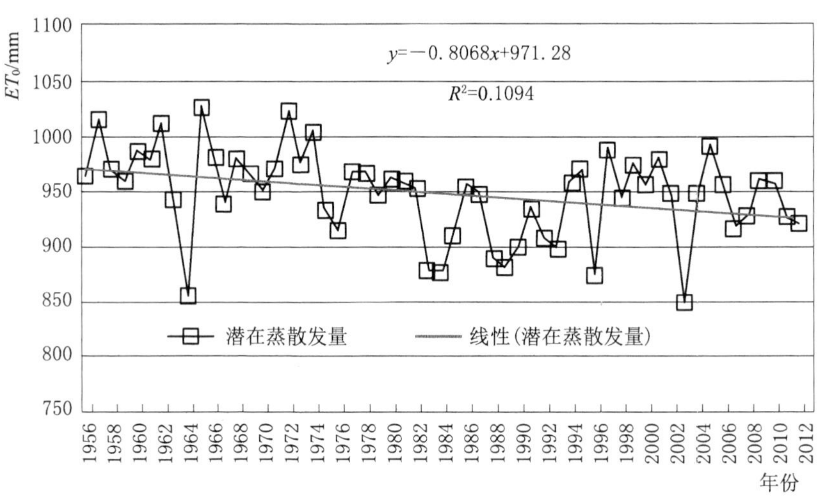

图 3.8　1956—2012 年汾河流域潜在蒸发量的变化趋势

图 3.9 为汾河流域年平均气温、最高气温和最低气温也表现为升高的趋势，且是波动的升高趋势。在全球气候变化的大背景下，汾河流域同样表现出了趋于升高的趋势，与汾河流域的多数研究结果一致，研究表明（刘宇峰等，2011；梁丽霞等，2010；任建美，2012），汾河流域年平均气温、平均最高气温和最低气温均呈波动变化趋势，并有升高趋势；而且流域内风速、日照时数和相对湿度均呈现降低的趋势（图 3.8），导致汾河流域潜在蒸发表现出了波动减少的趋势。

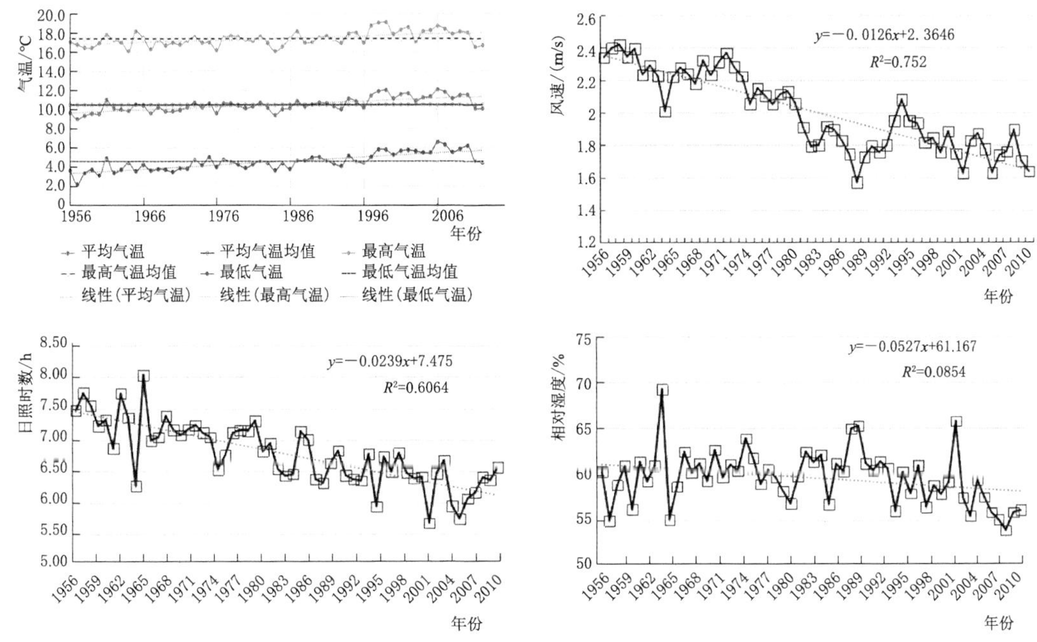

图 3.9 汾河流域主要气象因子变化趋势图

3.2 径流

多数研究表明，黄河中游近年来不少地区的径流泥沙变化幅度与降水量的变化幅度差别比较大，且黄河干流径流减幅明显；同时，黄河中游支流的径流也呈现显著的衰减趋势，本小节对汾河流域干流 5 个水文站包括入黄控制站河津站的实测径流数据分析以便明晰汾河流域径流的时空变化特点。

3.2.1 干流各站点径流变化特征

汾河流域干流主要水文站点为静乐、寨上、兰村、义棠和河津 5 个站点，图 3.10 为汾河干流 5 个水文站的年径流量变化趋势，由 5 个站点的长时间年径流量序列的过程线可以看出，从 20 世纪 60 年代开始，各个站点的年径流量呈现明显的减少趋势。由各个站点年径流量的 9 年滑动平均值可以看出，静乐站、寨上站、兰村站和义棠站的年径流量的 9 年滑动平均值虽然有小的波动，但是总体上都呈现持续减小状态，而河津站的年径流量的 9 年滑动平均值在 1971 年前呈现增加状态，1971 年后呈现快速减少趋势。

由各个站点年径流量的线性趋势可以看出，各站点年径流呈现明显下降趋势，1956—2012 年静乐站、1954—2013 年寨上站、1951—2012 年兰村站、1959—2012 年义棠站的年径流量平均每年减少 0.019 亿 m^3、0.0757 亿 m^3、0.318 亿 m^3 和 0.124 亿 m^3；1919—2012 年河津站年径流平均每年减少 0.158 亿 m^3，年径流量减少速度从上到下游呈增大趋势，且进入 20 世纪 80 年代后减少明显。

采用 Mann - Kendall 检验法检验了 5 个站点径流的变化趋势，Z 值是 Mann - Kendall

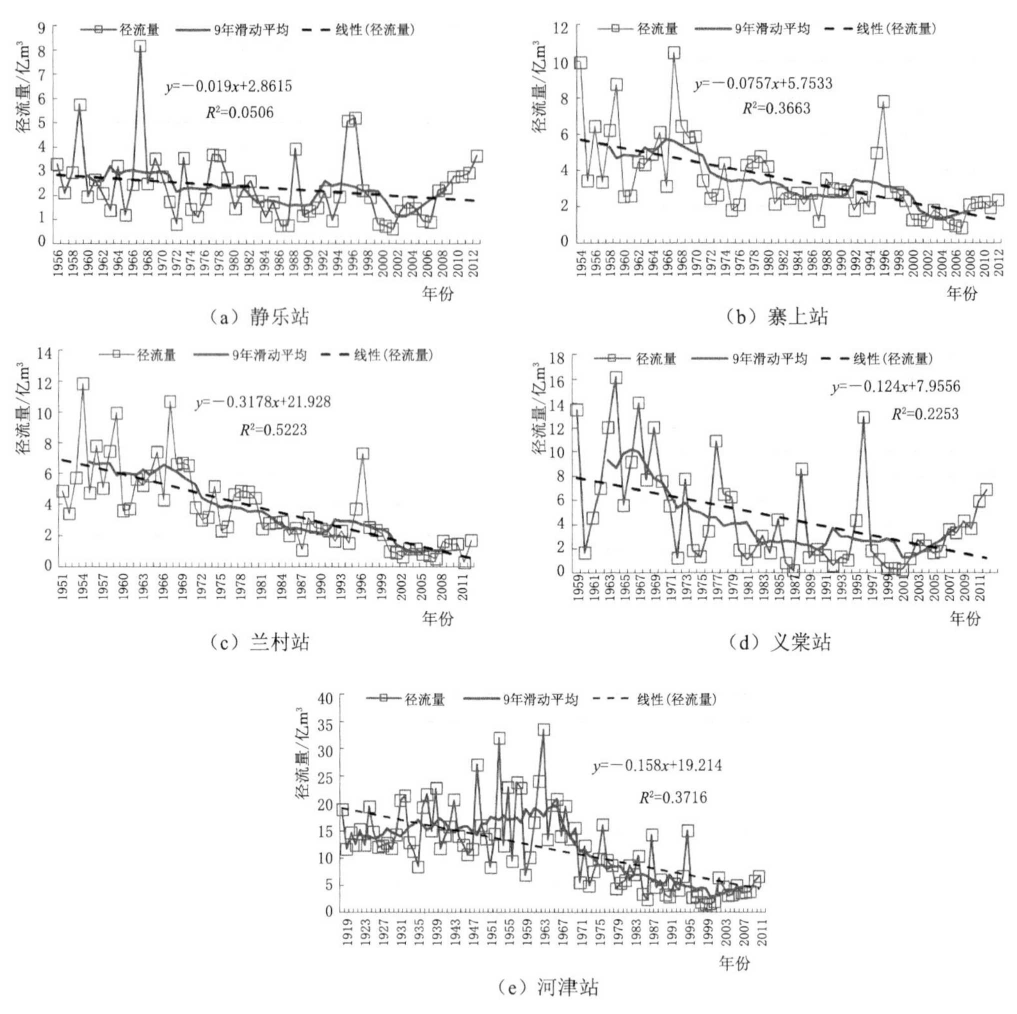

图 3.10 汾河干流主要控制站年径流量变化趋势

系数的绝对值，反映了径流趋势的变化速度。各站点 Z 值均是负数，表示各站点径流均呈下降的趋势，静乐站、寨上站、兰村站、义棠站和河津站的 Z 值分别为－1.59、－5.45、－7.27、－2.91和－6.54，除静乐站外，其他站点的 Z 值均低于－1.96，兰村站和河津站减少趋势最大，静乐站和义棠站减少趋势较小。趋势系数的分析结果表明寨上、兰村站、义棠站、柴庄站和河津站的趋势系数均通过了 0.01 的检验，表明减少趋势明显。汾河流域干流主要站点径流呈现明显的减少趋势，20 世纪 70 年代开始减少趋势明显，呈现从上游向下游趋于明显的趋势，也表现出了不同的空间变化特点。

表 3.9 统计了各个站点不同年际的特征值，可见，汾河干流主要站点年径流量的年际均值都呈现减少趋势，1990—1999 年年际均值稍大，主要是由 1996 年大水年份上径流量偏大造成的，各站点径流年际极值（最大和最小）也显现出下降的趋势，静乐站、寨上站、兰村站、义棠站的最大年径流量出现在 20 世纪 60 年代，静乐站、寨上站和兰村站最

大值均出现在 1996 年，义棠站和河津站均出现在 1964 年，各年际间的最大值也基本表现出减少的趋势。最小值除义棠站出现在 1987 年外，其他站点均出现在 21 世纪初，年径流极值比为 12～23，义棠站接近 80。

表 3.9　　汾河干流主要水文站点年径流量特征值统计　　单位：亿 m^3

水文站	年份	均值	最大值	最大值年份	最小值	最小值年份	极值比
静乐	1960—1969	2.91	8.17	1967	1.19	1965	6.87
	1970—1979	2.35	3.70	1977	0.82	1972	4.51
	1980—1989	1.75	3.93	1988	0.75	1986	5.24
	1990—1999	2.31	5.19	1996	0.83	1999	6.25
	2000—2009	1.50	2.77	2009	0.61	2001	4.54
	1956—2012	2.31	8.17	1967	0.61	2001	13.29
寨上	1960—1969	5.07	10.44	1967	2.55	1960	4.09
	1970—1979	3.62	5.87	1970	1.79	1975	3.28
	1980—1989	2.69	4.23	1980	1.21	1987	3.50
	1990—1999	3.27	7.79	1996	1.81	1992	4.30
	2000—2009	1.43	2.23	2009	0.84	2007	2.65
	1956—2012	3.48	10.44	1967	0.84	2007	12.43
兰村	1960—1969	5.98	10.72	1967	3.60	1960	2.98
	1970—1979	4.11	6.53	1970	2.31	1975	2.83
	1980—1989	2.66	4.45	1980	1.08	1987	4.12
	1990—1999	2.84	7.35	1996	1.66	1992	4.43
	2000—2009	0.99	1.64	2008	0.50	2007	3.28
	1951—2012	3.71	10.72	1967	0.50	2007	21.44
义棠	1960—1969	8.98	16.14	1964	1.66	1960	9.72
	1970—1979	5.23	10.86	1977	1.25	1972	8.69
	1980—1989	2.49	8.56	1988	0.20	1987	42.80
	1990—1999	2.71	12.88	1996	0.41	1999	31.41
	2000—2009	2.14	4.26	2009	0.28	2001	15.21
	1959—2012	4.54	16.14	1964	0.20	1987	80.70
河津	1920—1929	13.76	19.43	1925	11.67	1920	1.66
	1930—1939	15.68	21.73	1938	8.45	1936	2.57
	1940—1949	16.10	27.08	1949	10.70	1947	2.53

续表

水文站	年份	均值	最大值	最大值年份	最小值	最小值年份	极值比
河津	1950—1959	17.57	32.01	1954	8.32	1952	3.85
	1960—1969	17.87	33.56	1964	6.88	1960	4.88
	1970—1979	10.36	16.15	1977	4.89	1974	3.30
	1980—1989	6.64	10.46	1988	2.42	1987	4.32
	1990—1999	5.08	15.09	1996	1.87	1999	8.07
	2000—2009	3.50	6.37	2003	1.51	2000	4.22
	1919—2012	11.71	33.56	1964	1.51	2000	22.23

综上分析结果表明，20 世纪 60 年代开始至 2012 年，汾河流域干流主要控制站径流量呈现显著的减少趋势，主要是 20 世纪 70 年代后。河津站 1919—2012 年减少趋势表现在 20 世纪 70 年代后，表现在入黄径流减少明显，每年以 0.158 亿 m^3的速度减少。

3.2.2　年径流量突变分析

依据多年实测水文数据，采用合适的方法分析长时间水文序列的趋势性和突变性，是进一步分析径流变化的前提。首先采用单累积曲线确定出各站年径流量发生突变的大致年份，然后采用 Lee - Heghinian 法和 Pettitt 法分析确定年径流量突变年份。为了进一步确认突变特征，再次采用水文变异诊断系统多种方法对河津站径流序列进行诊断。

3.2.2.1　各站突变特征分析

在分析汾河流域年径流量变化趋势的基础上，汾河干流主要水文站点年径流量突变分析如图 3.11 所示。从图中可见，静乐站的径流量没有发生大幅度的偏离现象。以累积曲线上的任意点将累积序列划分为两个子序列，两个子序列的回归曲线几乎没有差异，因此可以判断静乐站的年径流量没有发生突变，Lee - Heghinian 法和 Pettitt 法的检验结果表明，1956—2012 年静乐站的年径流量没有发生突变。

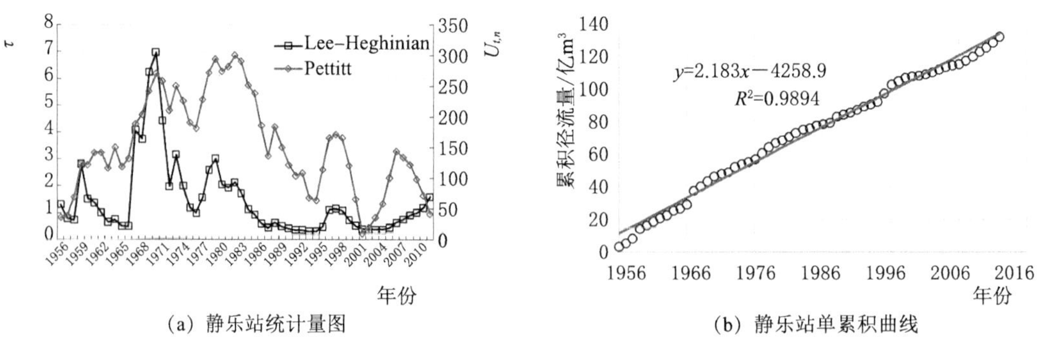

(a) 静乐站统计量图　　(b) 静乐站单累积曲线

图 3.11（一）　汾河干流主要水文站点年径流量突变分析

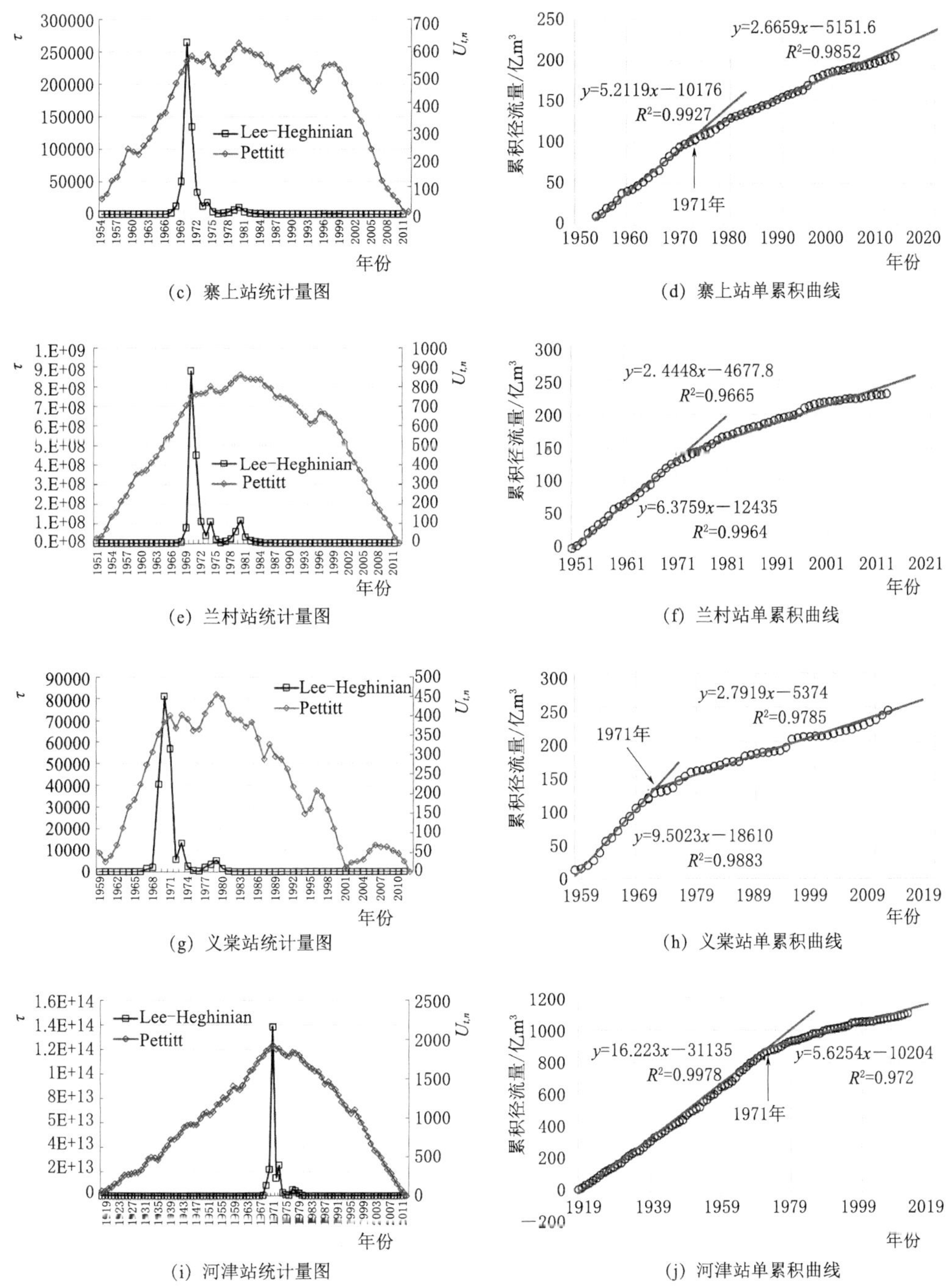

(c) 寨上站统计量图　(d) 寨上站单累积曲线

(e) 兰村站统计量图　(f) 兰村站单累积曲线

(g) 义棠站统计量图　(h) 义棠站单累积曲线

(i) 河津站统计量图　(j) 河津站单累积曲线

图 3.11（二）　汾河干流主要水文站点年径流量突变分析

除静乐站外，寨上站、兰村站、义棠站和河津站的年径流量的单累积曲线都在 1971 年左右发生偏离，以 1971 年为基准点，将 4 个站点的年径流量累积序列分为两部分，然后拟合出其回归曲线和累积平均流量，可以看出两个时段的回归直线的斜率的差异很大，累积年径流量在 1971 年前后发生明显转折。因此，初步判断寨上站、兰村站、义棠站和河津站的年径流量在 1971 年前后发生突变。

采用 Lee - Heghinian 法和 Pettitt 法对寨上站、兰村站、义棠站和河津站的年径流量进行突变分析，得出 4 个站点在 1970 年前后和 1980 年前后发生突变且突变显著，具体结果见表 3.10，结合 4 个站点年径流量的单累积曲线分析结果，确定寨上站、兰村站、义棠站在 1970 年发生突变，1919—2012 年河津站年径流量在 1971 年发生突变，且各个站点突变前后实测年径流量序列的均值及方差都发生很大变化，因此将汾河流域入黄径流量发生转折变化的年份确定为 1971 年。

表 3.10　　汾河流域干流主要站点年径流量突变结果

站名	出现年份（Pettitt 法）	显著水平	出现年份（Lee - Heghinian 法）	年径流量均值/亿 m^3		方差	
				突变前	突变后	突变前	突变后
静乐	1970、1982	不显著	1970、1982	3.09	2.06	3.39	1.31
寨上	1970、1980	$P<0.01$	1970、1980	5.55	2.71	6.11	1.96
兰村	1970、1980	$P<0.01$	1970、1980	6.36	2.54	5.72	2.53
义棠	1970、1980	$P<0.01$	1970、1980	9.39	3.30	20.38	8.75
河津	1971、1977	$P<0.01$	1971、1977	16.19	5.92	32.31	13.32

3.2.2.2 河津站突变特征分析

河津站 1956—2012 年径流量变化趋势如图 3.12 所示。从图中可见，河津站 1956—2012 年年均径流量为 9.34 亿 m^3，径流量呈明显减少趋势。20 世纪 80 年代前，径流量基本在均值线以上，而 20 世纪 80 年代后径流量大部分在均值以下，仅有 1988 年和 1996 年的径流量大于均值。

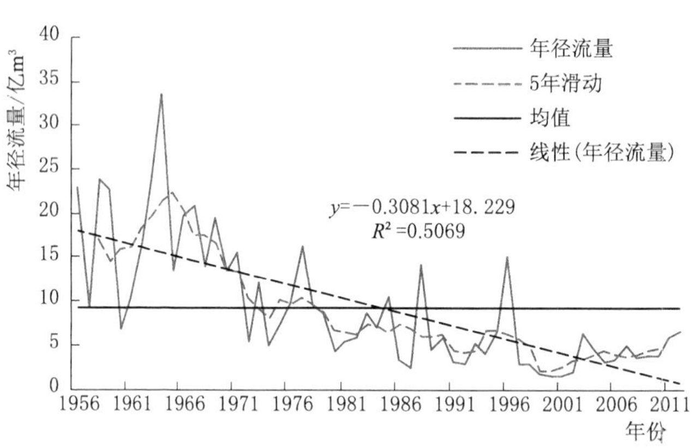

图 3.12　河津站 1956—2011 年平均径流量变化趋势

在初步诊断的基础上采用水文变异诊断系统来确定河津站的流量序列，取第一显著性 $\alpha=0.05$，第二显著性 $\beta=0.01$ 分析，其诊断结果见表 3.11，可见，河津站的径流突变年份为 1971 年，且在 0.05 置信度水平存在显著下降趋势，趋势和变异均显著，变异的效率系数更大，说明变异较强。综上分析，河津站多年径流量呈现显著减少趋势，且在 1971

年左右发生突变减少。1971年之前，年径流量均值为17.93亿m^3，1971年之后，年均径流量为9.44亿m^3，突变点前后年径流量变化明显。

表3.11 **河津站径流诊断结果**

项目	判断结果	项目	判断结果
Hurst系数	0.914	跳跃综合显著性	4（+）
整体变异程度	强变异	趋势综合显著性	3（+）
趋势变异程度	趋势强变异	跳跃效率系数	52.22
跳跃点	1971年	趋势效率系数	36.72
跳跃综合权重	0.69	诊断结论	1971（+）↓

图3.13为汾河流域入黄径流、降水及降水径流关系及距平变化图。从图3.13（a）可知，降水序列变化相对平稳，基本上是正负交替出现，而径流在20世纪70年代以前基本是正距平，70年代以后基本是负距平，变化比较剧烈。同时，突变前后，降水量主要集中在306～652mm，降水量序列变化趋势没有径流序列变化明显。由图3.13（b）和图3.13（c）可见，流域内降水径流关系1971年前后发生了明显的变化，1971年后降水径流关系曲线在1971年之下，说明同等降水条件下1971年后产生的径流量明显少于1971年前，说明在降水变化的条件下，汾河流域内水文系统其他因素随着社会经济发展的同时也在发生着相应的变化，导致降水径流关系发生了变化，在不同的时间段内，流域内的水文系统关系发生了明确的变化。

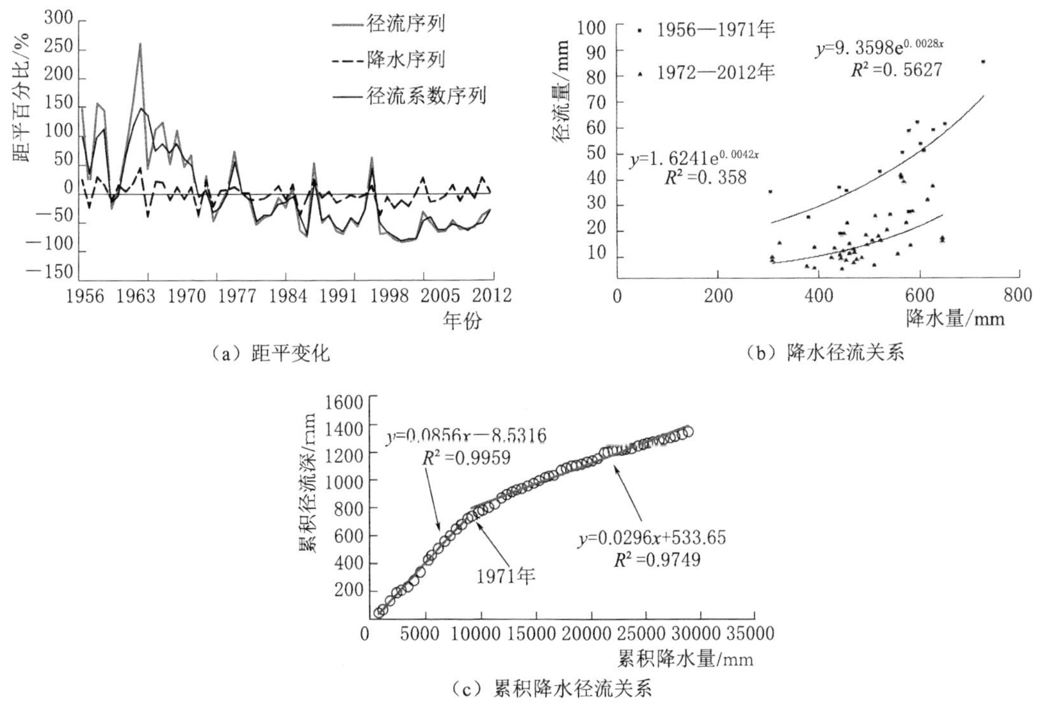

图3.13 汾河流域降水径流关系及距平变化图

3.2.3　次洪径流形成的特点

汾河流域具有典型的大陆性气候特征，降水主要集中在7—9月，洪水绝大部分发生在汛期，且历年最大洪峰流量也主要出现在7月、8月，同时汾河流域为狭长形，南北跨度大，支流众多，地形条件复杂，洪涝灾害发生的区域多在中、下游段，流域洪水可由大范围暴雨形成和小范围局部暴雨形成（山西省水利厅，2014）。

汾河流域位于黄土高原地区，属典型的半干旱过渡地区，从产流模式上来讲是典型的超渗产流（李彬权等，2017；翟媛，2015）。该地区雨量稀少，植被较差，地下水埋藏深，包气带厚度大且下部常为干土，由于包气带缺水量大，因此，一般降水入渗量小于包气带的土壤缺水量，一场降水的径流量主要与降水强度有关。

山西省调查到的历史洪水最早到1398年，调查到的洪水以汾河流域为主的大范围洪水约占全省的1/4，从上游到下游，大范围洪水出现的概率呈现递增的趋势，如以汾河流域为主的16场大范围洪水中，上、中游2场，中游5场，下游和下、中游9场（山西省水利厅，2014）。所调查到的几场典型洪水为18920709场次、18950806场次、19930804场次和19960804场次洪水，这几场典型洪水都是大范围降水，且产生的洪峰较大，其中18920709场次洪水为发生在山西北部的一场特大洪水，包括了汾河流域上游静乐以上的面积，从7月9日至8月22日一个多月的时间，降水时断时续，此停彼降，时大时小，属典型的淫雨天气，下静游站洪水位从7月28日15时开始上涨，29日3时洪水位达到最高，相应出现了4500m^3/s的洪峰流量，一直到8月2日10时水位退到起涨水位，涨水总历时近5d，这次汾河上游洪水的一个明显的特点是洪水来势凶猛，也是上游兰村站以上，近100年调查到的最大洪水。18950806场次洪水为1895年8月在山西省南部地区发生了一场近100年来的最大洪水，汾河柴庄站8月8日出现的洪峰，其最大流量3520m^3/s，在这次洪水过程中，有一次比较集中的降水过程，各河段多从8月6日开始涨水，7日涨率增大，至8日，汾河、沁河相继出现洪峰，在柴庄站调查到本次洪水的涨落过程，7日15时洪水陡涨陡落，8日21时水位最高，相应洪峰流量3520m^3/s，以后水位渐落，至15日0时水位基本落平，洪水历时约7d。本次洪水汾河流域处于暴雨中心地带，洪峰流量较大。19930804场次洪水发生在1993年5月4日夜间至5日凌晨，主要暴雨中心沁源县碧河次雨量214.9mm，潞城县神头岭调查次雨量249.0mm，80mm以上降水区域达15700km^2，100mm以上降水区城达10100km^2，是新中国成立以来山西省笼罩范围较广，量级较大的场次暴雨之一。汾河干流由上而下，随着两侧支流的汇入，洪峰流量逐渐加大，在义棠以下至索州河段区间面积208km^2，调查洪峰流量199m^3/s，到灵石县出境处的道美河段，区间面积增大至2480km^2，调查洪峰流量1520m^3/s，在霍州城区以下，对竹河汇入后，洪峰流量增大至1850m^3/s，霍州以下至石滩河段，由于区间降水量小，致使洪峰逐渐消减，到石滩站洪峰降到1560m^3/s。该次洪水灵石站和石滩站洪峰模数分别为6.745$m^3/(s\cdot km^2)$和9.867$m^3/(s\cdot km^2)$，本次暴雨主要发生在义棠至柴庄区间，区间面积9987km^2，区间平均雨量84.0mm，洪水径流深9.9mm，洪水径流系数为0.12，汾河上各河段径流系数为0.06～0.28。19960804场次洪水发生在1996年8月2—4日，全省普降中到大雨，67个县区平均次降水量达50mm以上，本次暴雨最显著的特点是范围广、历时长、前后有两个时段的降水过程，第一次过程降水量小，第二次过程虽然降水强度不大，但降水较均匀、长历时雨量很大；另一个特点是前期降水量充沛，使得主雨前流域土壤含水量基本接近饱和状态。根据对调查河段的洪水计算成果，调查河段的径流系数为0.34～0.72，且降水径流关系点据比较密集，呈带状分布。因此，所调查的汾河流域大洪水各有特点，对于记录比较详细的19930804场次和19960804场次洪水来讲，19930804场次暴雨洪水降水强度大、暴雨洪水发生区间内径流系数为0.06～0.28，主要以超渗产流为主，而19960804场次洪水降水强度不大，但降水较均匀、长历时雨量很大，且前期降水量充沛，因此，从产流模式上来看，暴雨洪水的产流模式是典型的蓄满产流。从这几场典型的暴雨洪水场次来看，汾河流域也主要是以超渗产流模式为主，可以看到在遇到长时间的阴雨天气时，汾河流域也会发生蓄满产流，然而也仅仅是几次的典型暴雨洪水过程。

近年来，随着水土保持生态建设的不断发展和开矿、修路等人类活动的不断增强，黄河流域下垫面发生了很大的变化，降水径流关系必然产生相应的变化，而在黄河流域因区间的不同有明显的变化特点，汾河流域所在的区域同样降水条件下所产生的径流明显偏少，其洪水特点也产生了相应的变化，洪水历时增加、洪峰流量减少、洪量减少，且洪峰流量减少幅度大于洪量的减少幅度。而从降水径流关系的函数类型来说，并未出现变化，或者说产流机制可能变化不大，但是并不能排除个别支流产流机制的变化，需要进一步开展典型支流的产流机制变化分析（姚文艺等，2011）。而从第2章介绍的汾河流域的基本概况来看，汾河流域近几十年来下垫面也发生了相应的变化，因此，也需要进一步分析和论证该流域的产流机制和模式。

3.3 土地覆被

降水径流关系在一定程度上反映了流域内降水、下垫面及径流的产流机制的变化。流域水文系统中，植被、土壤和土地利用是水文系统的主要环节，对应于截留、填洼和滞蓄等损失，这些损失补充天气系统或地下系统，调蓄着流域内水文系统中的水分存储和运移，而流域内降水径流关系的变化也表明流域内的土地覆被等影响径流形成过程的下垫面条件发生了相应的变化，这些变化随着社会经济的发展及人类在生活生产活动的需求及其活动而变化着，例如，在黄土高原近些年最主要采取的措施是水土保持措施，还有城市化的不断扩展，这些都会使土地覆被情况发生变化，致使水文系统内部发生变化，也使得水文系统中水循环的形成过程发生变化。相关研究表明（刘晓燕等，2014；刘晓燕等；2016；李艳忠等，2016），随着人类社会的发展，黄土高原地区林草植被变化明显。20世纪80年代以来，黄土高原林地呈增加趋势，而耕地及未利用地则不断减小，草地则先减少后增加，1998年后变化明显，且主要表现为耕地向林草地的大面积转化。增长速率呈现出明显的西北低、东南高的现象。且从20世纪50年代至今，淤地坝建设呈现不断增加趋势，其中骨干坝多建于80年代中期以后，2000年以后建成的骨干坝总数约为现有骨干坝总数的52%；中小型淤地坝多建成于80年代以前，约占总中小型淤地坝的83%。另外水土保持措施的实施和城镇化建设，土地利用情况发生变化，黄土高原地区梯田建设主要开始于20世纪60年代，且梯田增多主要发生在1998年以后，但2007年以后大部分区域梯田面积变化较小，建设用地面积变化剧烈但仍只有土地面积的1.2%～2.4%。因此，这样的下垫面变化，使黄河中游流域内的水文系统不断发生着变化。本节重点分析汾河流域及研究所选取典型区域的土地利用及覆被变化情况。

3.3.1 土地覆被分类

20世纪以来，各国学者已从不同角度构建了众多的土地利用/土地覆被分类体系，但迄今为止仍没有一个为国际社会广泛认可和具有普适性的分类系统。目前国际上流行的土地覆被分类系统主要有英国和欧洲国家的CORINE（Coordination of Information on the Environment）、美国的USGS、NLCD1992、FAO以及IGBP全球土地覆被分类系统等，我国在土地利用调查与制图过程中也制定了一系列的土地利用分类方案，其中最具有代表性的有《中国1∶100万土地利用图》采用的三级分类系统、《土地利用现状调查技术规程》《全国土地分类》试行标准和《土地利用现状分类》国家标准等。同时，随着遥感技术的发展，遥感数据在土地利用现状调查中的优势逐步显现出来，适用于遥感数据的土地覆被分类系统也逐渐发展起来。2007年8月国家标准《土地利用分类》（GB/T 21010—2007）开始颁布执行，第二次全国土地调查即采用该分类标准。该标准采用一级、二级两个层次的分类体系，共分12个一级类、56个二级类。其中一级类包括：耕地、园地、林地、草地、商服用地、工矿仓储用地、住宅用地、公共管理与公共服务用地、特殊用地、交通运输用地、水域及水利设施用地、其他土地。2017年11月1日，新的国家标准《土地利用现状分类》（GB/T 21010—2017）发布实施，第三次全国土地调查即采用该分类标准。该标准依然采用一级、二级两个层次的分类体系，分为12个一级类，完善了部分一级类的含义、二级类变更为73个，二级类改用两位阿拉伯数字编码；其中需要注意的是原建设用地中水库水面调整为农用地。参考《土地利用现状分类》（GB/T 21010—2017），将汾河流域土地覆被分类为林地、草地、耕地、水域和城镇用地，利用详细分类及说明见表3.12。

表3.12 汾河流域详细土地利用类型

一级分类		二级分类		
编号	名称	编号	名称	细分类
1	耕地	12	旱地	121：山地旱地
				122：丘陵旱地
				123：平原旱地
				124：大于25°坡地旱地
2	林地	21	有林地	
		22	灌木林	
		23	疏林地	
		24	其他林地	
3	草地	31	高覆盖度草地	

续表

一级分类		二级分类		
编号	名称	编号	名称	细分类
		32	中覆盖度草地	
		33	低覆盖度草地	
4	水域	41	河渠	
		43	水库坑塘	
		46	滩地	
		51	城镇用地	
		52	农村居民点	
		53	其他建设用地	

3.3.2 土地覆被变化特征分析

在黄土高原土地覆被发生变化的同时，汾河流域也发生着相应的变化特性，李京京等（2016）研究分析了汾河流域1986—2010年土地利用的时空变化，分析结果指出，土地利用类型以耕地、林地和草地为主，其中耕地减少和建设用地增加是主要变化类型。各地类在地形梯度上呈明显的层级分布，耕地、建设用地和水域主要分布在低地形梯度，草地分布在中区段，而林地集中在中高区段。侯志华等（2013）的研究表明，汾河流域从1990年到2007年植被退化现象明显，植被覆盖整体由中、中高植被向低植被转移，且不同地区变化幅度不同。

根据MODIS遥感数据解译的植被覆盖度情况表明汾河流域中高盖度的面积在增加，植被覆盖度大于70%的面积在逐年增加，覆盖度在70%～80%之间的面积从2000年的17.10%分别增加到2005年的22.55%和2010年的22.60%，覆盖度在90%～100%之间的面积到2005年和2010年分别增加了6.49%和7.39%。

图3.14为1978年、1998年、2010年和2013年不同区间不同年份植被覆盖度均值变化情况图，该统计数据均未扣除土石山区，可见，汾河流域在4个区间上均表现出了植被覆盖度均值增加的趋势，1978年植被覆盖度均值最小，到2013年静乐以上、静乐至兰村、兰村至义棠和义棠至河津区间植被覆盖均值分别达到75.92%、78.33%、79.26%和75.21%。

为了进一步分析清楚汾河流域土地覆被变化情况，基于TM影像数据，运用ERDAS软件，采用监督分类的方法，收集1980年、2000年和2015年研究区土地覆被类型图，利用总体分类精度和总体Kappa系数对分类进行评价。为了使分类结果更加精确，引入分类精度来确定不同土地类型的空间分布，具体做法是：①计算每种土地利用类型的NDVI值，每种土地利用类型的NDVI值出现频率大致成正态分布，其中被正确分类的类型的NDVI值在中间集中；②根据分类精度x，在$[(1-x)/2,(1+x)/2]$范围内通过Matlab计算出每种土地利用类型NDVI最大值和最小值；③在ArcGIS里根据NDVI最大值和最小值重新确定每种土地利用类型的空间分布。土地利用类型变化分析流程如图3.15所示。

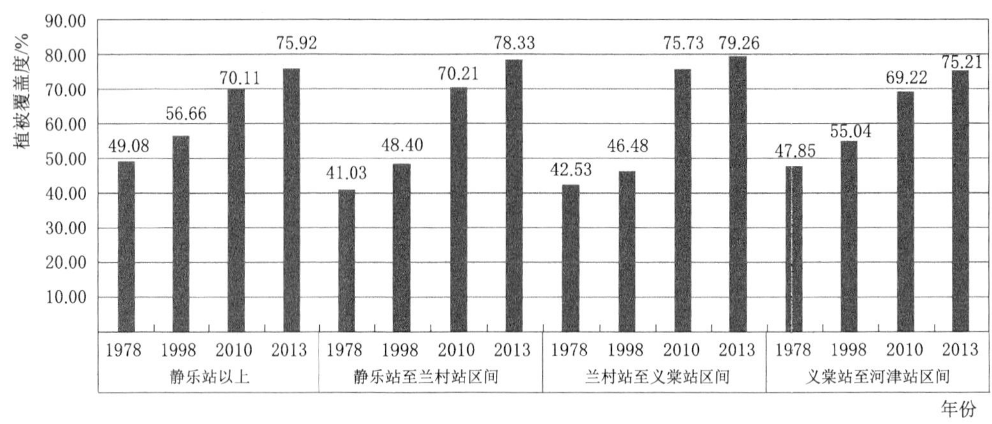

图 3.14 汾河流域不同区间不同年份植被覆盖度变化图

检验后 1980 年影像总体分类精度为 81.64%，Kappa 系数为 0.7761；2000 年影像总体分类精度为 79.15%，Kappa 系数为 0.7484；2015 年影像总体分类精度为 83.36%，Kappa 系数为 0.7811。根据分类精度 81.64%、79.15%和 83.36%，在[(1－81.64%)/2,(1＋81.64%)/2]、[(1－79.15%)/2,(1＋79.15%)/2]和[(1－83.36%)/2,(1＋83.36%)/2]范围内通过 Matlab 计算出每种土地利用类型 NDVI 最大值和最小值，在 ArcGIS 里根据 NDVI 最大值和最小值重新确定每种土地利用类型的空间分布，1980 年、2000 年和 2015 年土地利用类型分类精度分别提高到 89.54%、88.47%和 91.22%。

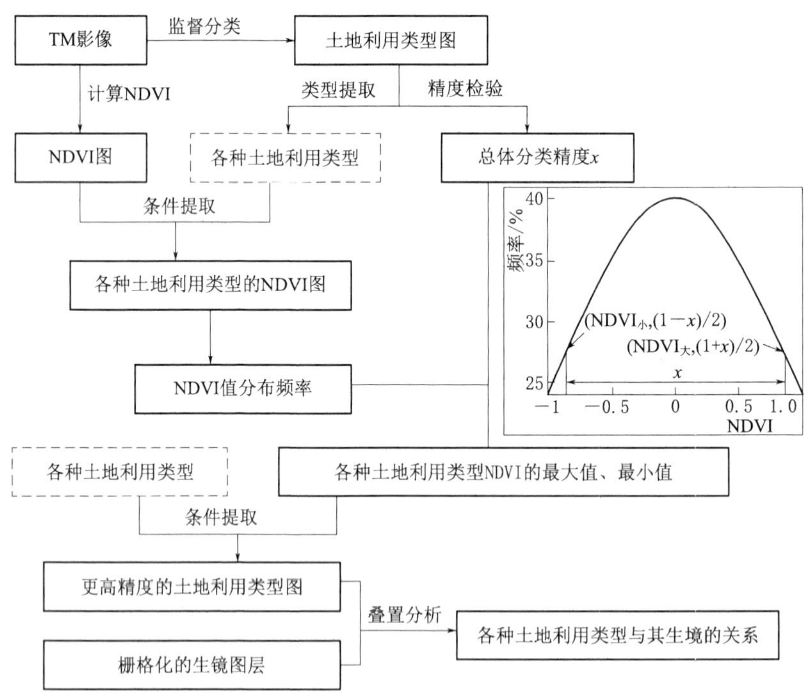

图 3.15 土地利用类型变化分析流程图

耕地、林地和草地三者所占汾河流域面积比例始终最大，合计接近95%（具体见表3.13)，是汾河流域主要土地利用类型，林草主要分布在流域上游及中、下游两边的山地丘陵地区，耕地则集中分布在流域中部的临汾盆地和运城盆地。耕地始终为流域内面积比例最大的土地利用类型，但耕地也是研究期间内唯一减少的土地利用类型，从1980年的46.01%减少到2015年的35.55%，平均每年减少121.01km²/a。林草土地利用类型在研究期间面积明显增大，尤其是草地平均每年增加77.97km²/a，到2015年所占比例达到32.51%，反映了近年来人类活动频繁，水土保持措施、人工退耕还林还草生态建设活动干扰加强，充分体现了该区植树造林造草等生态建设活动的过程。

表3.13　　汾河流域土地利用变化统计表

土地利用类型	1980年		2000年		2015年		年均面积变化/(km²/a)
	面积/km²	比例/%	面积/km²	比例/%	面积/km²	比例/%	
耕地	18629.42	46.01	16907.63	41.76	14394.17	35.55	−121.01
林地	9571.82	23.64	10266.5	25.36	10725.79	26.49	32.97
草地	10434.26	25.77	11330.12	27.98	13163.28	32.51	77.97
水体	287.48	0.71	307.72	0.76	327.97	0.81	1.17
城区	1562.91	3.86	1673.18	4.13	1870.64	4.62	8.81
其他	4.79	0.01	4.79	0.01	8.09	0.02	0.09

基于1∶50000 DEM，利用ArcGIS获取坡度图、坡向图，将高程图、坡度图、坡向图分级，并分别与主要土地利用转变类型数据进行空间叠加分析，经统计得到主要土地利用类型转变类型在不同高程、坡度和坡向的分布情况（表3.14～表3.16)。

表3.14　　主要土地转变类型不同高程面积比　　%

转变类型	高程					
	<800m	800～1200m	1200～1600m	1600～2000m	2000～2400m	>2400m
耕地转为草地	6.93	37.57	51.61	3.94	0.07	0.00
耕地转为林地	9.91	54.24	29.34	4.65	1.54	0.00
耕地转为城市	71.21	23.45	5.05	1.23	0.00	0.00
草地转为森林	8.14	30.14	36.41	21.55	8.54	0.31
森林转为草地	0.84	7.61	45.21	272.01	16.97	0.39

表3.15　　主要土地转变类型不同坡度面积比　　%

转变类型	坡度				
	<2°	2°～6°	6°～15°	15°～25°	>25°
耕地转为草地	2.95	19.54	56.41	21.03	3.12
耕地转为林地	3.87	22.65	54.31	18.94	2.87

续表

转变类型	坡　度				
	<2°	2°～6°	6°～15°	15°～25°	>25°
耕地转为城市	31.88	45.83	19.24	3.54	0.89
草地转为森林	3.15	9.45	40.21	35.21	13.54
森林转为草地	2.01	6.84	33.54	40.34	19.01

表 3.16　　主要土地转变类型坡向面积比　　%

转变类型	坡　向							
	东	东北	北	西北	西	西南	南	东南
耕地转为草地	9.46	12.61	16.24	16.05	16.88	14.31	10.21	8.54
耕地转为林地	12.54	13.54	13.02	12.19	14.06	14.51	13.24	11.21
耕地转为城市	14.52	12.54	11.34	14.21	12.11	12.24	12.16	11.32
草地转为森林	10.54	14.21	13.54	16.24	14.54	10.34	10.21	8.99
森林转为草地	9.67	9.64	13.15	15.33	19.05	14.02	12.54	9.42

分析各高程带、坡度和坡向主要土地利用类型数据转变发现，汾河流域土地利用类型转变具有明显的垂直变化规律，尤其与高程和坡度因子密切相关，而随坡向变化没有明显的规律性。耕地向城市的转变随高程和坡度的增大明显递减，90%以上发生在 1200m 以下，其中 70%以上发生在 800m 以下，就坡度而言，95%以上发生在 15°以下，其中 75%以上发生在 6°以下。可见，耕地向城市的演变主要发生在海拔较低、坡度较小的平川缓丘地带，主要是由于近年来城乡建设，占用了大量耕地，尤其是在经济条件较好的中部盆地一带。

耕地向草地的转变一半以上发生在 1200～1600m 地区，其次是 800～1200m 地区，而耕地向林地的转变一半以上发生在 800～1200m，其次是 1200～1600m，耕地向草地的转变偏高一些；就坡度而言，耕地向林草地的转变都主要发生在 6°以上，6°～15°最多，其次是 15°～25°，2°～6°以下也有一定的耕地向林草类型转变。其中 6°以上耕地向林草的转变主要是受到退耕还林还草政策的影响。为了治理和保护黄土高原脆弱的生态环境，1999 年国家正式启动了退耕还林工程，坡度在 6°以上，水土流失严重和产量低而不稳的坡耕地、沙化耕地均属于退耕还林范围，2000 年以后是实施退耕还林的高潮期，导致了大量坡耕农田转为林草；坡度 6°以下的农田向林草的转化主要分布在山间盆地及周围的缓丘一带，其主要原因一是加强了道路两侧、河流沿岸及城乡周围的生态环境建设，二是在经济利益的驱动下，大量农村劳动力外流，造成部分农田撂荒。林草之间的相互转化主要分布在海拔 1200m 以上，坡度 6°以上的山区丘陵地带多为自然转变，受人为活动的影响较小。

3.4 其他因素

3.4.1 产流地类

水文下垫面因素包括地形地貌特征、地质条件、土壤性质及植被特征等，其中地貌特征、地质条件和植被是影响水文过程区域化规律的三大因素，根据山西省水文计算手册《选用站水文站下垫面产流地类图册》（山西省水利厅，2014）上选用的水文站进行分析统计，属于汾河流域内的水文站总共有 23 个。汾河上游干流及其支流上有 8 个水文站：宁化堡水文站、静乐水文站、河岔水文站、汾河水库水文站、岔上水文站、静乐（东碾河）水文站、大夫庄水文站、娄烦水文站；汾河中游干流及其支流上有 7 个水文站：董茹水文站、芦家庄水文站、独堆水文站、盘陀水文站、岔口水文站、灵石水文站、南关水文站；汾河下游干流及其支流上有 6 个水文站：东庄水文站、贤庄水文站、大交（浍）水文站、河津水文站、浍河水库水文站、大交（续）水文站。流域内的 23 个水文站控制面积达到 25751.6km^2，分布均匀，可以反映汾河流域下垫面的基本情况。流域下垫面可按岩性-植被-地貌组合分为 10 种不同的产流地类，汾河流域下垫面产流地类包括有砂页岩灌丛山地、灰岩灌丛山地、变质岩森林山地、灰岩森林山地、黄土丘陵阶地、砂页岩灌丛山地、砂页岩森林山地、砂页岩土石山区和耕种平地等，上游主要以变质岩灌丛山地、黄土丘陵阶地、砂页岩森林山地和灰岩灌丛山地为主，而中游主要以黄土丘陵阶地和砂页岩灌丛山地为主，下游主要以黄土丘陵阶地、灰岩灌丛山地、灰岩森林山地和砂页岩森林山地为主。

静乐站控制流域下垫面产流地类共有 7 种（表 3.17）。可知砂页岩灌丛山地与变质岩灌丛山地面积最大，两者的吸水能力及包气带饱和时的导水率均较差。

表 3.17　汾河上游静乐站以上流域产流地类统计

产流地类	变质岩灌丛山地	变质岩森林山地	黄土丘陵阶地	灰岩灌丛山地	灰岩森林山地	砂页岩灌丛山地	砂页岩森林山地
面积/km^2	492.6	249.1	433.8	389.1	397.5	786.5	50.4
所占比例/%	17.6	8.9	15.5	13.9	14.2	28.1	1.8

3.4.2 煤矿开采

当采煤区采空后，采煤区周围岩体将产生应力重分布，使上覆岩体产生变形、位移和破坏，土体产生孔隙水压力的变化与消散，使含水层的渗流状态发生改变，当采面达到一定范围后，将形成地表塌陷。上一个煤层开采后，其上部岩层移动时，如果裂隙带达到地表，就会使地表水与井下连通。如果裂隙带达不到地表，但到达了煤系地层中某一含水层，就会使该含水层破坏，改变其径流特征，使含水层中的水漏入井下，形成矿坑水，也使煤矿在开采过程中有大量的地下水需要排出。因此，煤矿开采在影响着土壤孔隙度变化的同时，改变着流域的地貌形态，同时影响着流域上的水文系统内的相互作用、相互影响，也致使流域输出系统发生着相应的变化。

山西省第二次水资源评价在分析店头流域内煤矿开采对地表水的影响时指出，1986—1999 年，在大规模开采后降水产流量不再与原有产流规律相符，煤矿开采后，一方面矿井大量疏干排水，且开采高峰期采空区积水量很少，由于矿坑排水导致地表径流增加；另一方面由于含水系统被破坏，地下水埋深加大蒸发量减少，亦使径流增加。因此，煤矿的大规模开采，造成大量的采空塌陷，地表开裂，原有地层含水、隔水系统被破坏，一方面导致裂隙水被大量疏干排出，地下水位下降，在开采高峰期由于矿坑排水使地表水径流量增大；另一方面采空塌陷及新增地下储水空间使得地下水含水系统的补径排特征发生改变，天然基流减少转化为矿坑水，改变了地下水系统对径流的调蓄作用，流域内地面径流的动态规律不再只受大气降水和地下水调蓄作用控制，它还要受矿坑排水动态及疏干含水层静储量的影响。

山西省煤矿开采历史悠久，在新的矿井不断开工建设的同时，许多矿井由于资源枯竭等原因而关闭。山西煤矿开采多分布于煤田的边缘易开采地带，一般开采深度小于 300m，个体矿和集体矿则多小于 150m，国营大煤矿开采深度有的大于 300m。按 2000 年以前产量最高的 1996 年统计，全省共有煤矿 6488 座，原煤生产能力 3.4946 亿 t。20 世纪 90 年代以来，山西省煤矿数量逐渐增多，煤炭产量亦迅猛增长，1991 年总产量 2.8857 亿 t，到 1993 年突破 3 亿 t，最高为 1996 年达 3.4946 亿 t，此后几年因市场变化影响开采量有所减少，2000 年全省原煤产量为 2.4612 亿 t，之后快速增长，到 2007 年增长到 6.3021 亿 t，到 2012 年增长到 7.5426 亿 t。

本书参考中国煤炭工业协会编写的《中国煤炭工业统计资料汇编（1949—2009）》、山西省统计局编写的《山西能源经济 60 年（1949—2009）》和《山西省统计年鉴》统计了 1980—2012 年山西省原煤产量和国有重点煤矿的原煤产量，并采用国有煤矿统计法和流域煤田面积比值法这两种简化方法估算了汾河流域历年的原煤产量。

3.4.2.1 流域国有重点煤矿统计法

国有重点煤矿是指在原来计划经济条件下，由国家相关政府部门统一安排煤炭生产运输和销售的煤矿，以及之后所兼并的一些煤矿。在我国，国有重点煤矿多为大、中型矿井，对地区煤炭产量有重要的意义，因此统计流域国有重点煤矿的产量基本能反映流域的原煤产量。

结合汾河流域内的矿区，汾河流域主要有西山、汾西、轩岗、霍县和东山这几个国有重点煤矿，在统计出这几个国有重点煤矿历年的原煤产量的基础上，利用山西省历年煤矿产量与山西省历年国有重点煤矿产量，求出山西省其他煤矿的历年产量，接着通过汾河流域煤田面积占山西省煤田面积的比率 $u=0.38$（山西省煤田面积 20767.3km^2，汾河流域煤田面积 7864km^2），推求出汾河流域其他煤矿的历年产量，然后将汾河流域国有重点煤矿与汾河流域其他煤矿产量叠加作为汾河流域历年的原煤产量，具体结果分别见可表 3.18，图 3.16 为统计的汾河流域国有重点煤矿原煤产量随时间的变化曲线图，可见，1980—2000 年呈现缓慢的增加趋势，2000 年后增加趋势明显高于 2000 年前，2000 年前汾河流域平均原煤产量8420万t，2000年后年均原煤产量19476万t。根据该方法得1980—2012年汾河流域多年平均原煤产量为12440万t。

表3.18　汾河流域历年国有重点及其他矿原煤产量统计表　单位：万t

年份	汾河国有重点煤矿原煤产量	汾河流域其他矿原煤产量	汾河流域原煤产量
1980	1753.7	2056.72	3810.42
1981	1835.1	2459.29	4294.39
1982	1970.1	2759.80	4729.90
1983	2092.6	3149.64	5242.24
1984	2215.7	4029.19	6244.89
1985	2326	4867.53	7193.53
1986	2526	5064.44	7590.44
1987	2663	5258.66	7921.66
1988	2642.5	5634.83	8277.33
1989	2963.7	6420.54	9384.24
1990	3013.3	6562.77	9576.07
1991	3244.57	6618.51	9863.08
1992	3055.22	6876.42	9931.64
1993	2724.35	7490.11	10214.46
1994	3023.32	7860.36	10883.68
1995	3207.6	8004.00	11211.60
1996	3688.38	8275.05	11963.43
1997	3516.97	7727.56	11244.53
1998	3309.41	7291.46	10600.87
1999	3165.12	5344.56	8509.68
2000	2846.9	5278.57	8125.47
2001	6730.28	5749.25	12479.53
2002	4164.04	8566.09	12730.13

续表

年份	汾河国有重点煤矿原煤产量	汾河流域其他矿原煤产量	汾河流域原煤产量
2003	4795.33	10794.93	15590.26
2004	5661.8	11942.34	17604.14
2005	6230.57	12924.89	19155.46
2006	7137.13	13039.72	20427.39
2007	7387.67	14445.57	22637.77
2008	8192.2	11537.05	19770.66
2009	8233.61	12282.08	20515.70
2010	9838.27	16949.9	24022.76
2011	9865.14	170548	24328
2012	9935.06	17128	24459

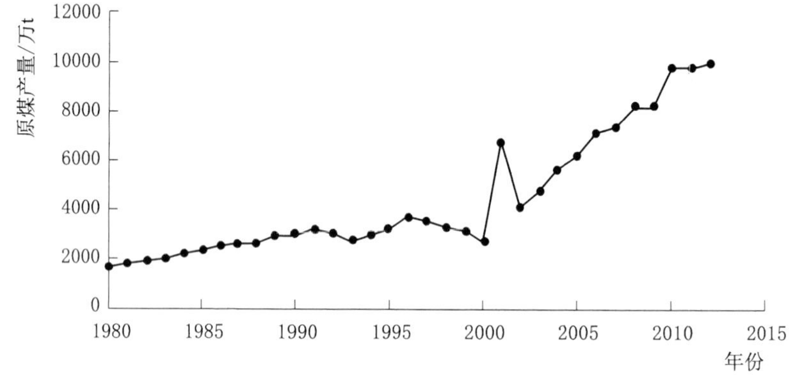

图 3.16 汾河流域国有重点煤矿原煤产量变化曲线图

3.4.2.2 流域煤田面积比法

流域煤田面积比法首先统计出山西省历年的原煤产量，然后根据汾河流域煤田所占山西省煤田的面积比 $u=0.38$，推求出汾河流域历年的原煤产量。具体计算方法为

$$W_{汾河}=\mu W_{山西} \qquad \mu=\frac{S_{汾河煤田}}{S_{山西煤田}} \tag{3.3}$$

由流域煤田面积比值法推求的 1980—2012 年汾河流域多年平均原煤产量 13015.9 万 t（表 3.19），与国有重点煤矿法推算结果 12440 万 t 相差 575.9 万 t。两种方法推求结果与山西原煤产量对比情况见图 3.17，可见两种方法推求结果变化趋势一致，且结果

相近。

表 3.19 山西省及汾河流域原煤产量统计表 单位：万 t

年份	山西原煤	汾河流域原煤产量	汾河流域多年平均原煤产量
1980	12103.4	4599.292	13015.9
1981	13254.6	5036.748	
1982	14531.5	5521.97	
1983	15918.3	6048.954	
1984	18716.3	7112.194	
1985	21417.7	8138.726	
1986	22190.2	8432.276	
1987	23093.7	8775.606	
1988	24688.8	9381.744	
1989	27501	10450.38	
1990	28593.2	10865.42	
1991	28857	10965.66	
1992	29503.8	11211.44	
1993	30656.5	11649.47	
1994	32249.5	12254.81	
1995	33176.3	12606.99	
1996	34946	13279.48	
1997	33037.5	12554.25	
1998	30719.5	11673.41	
1999	24609.8	9351.724	
2000	24611.5	9352.37	
2001	26893.8	10219.64	
2002	36261.3	13779.29	
2003	44951.9	17081.72	
2004	50529.8	19201.32	
2005	55415.9	21058.04	
2006	58118	22084.84	
2007	63020.9	23947.94	
2008	57183.9	21729.88	
2009	52724.9	20035.46	
2010	60586.5	23022.87	
2011	66012.7	25084.83	

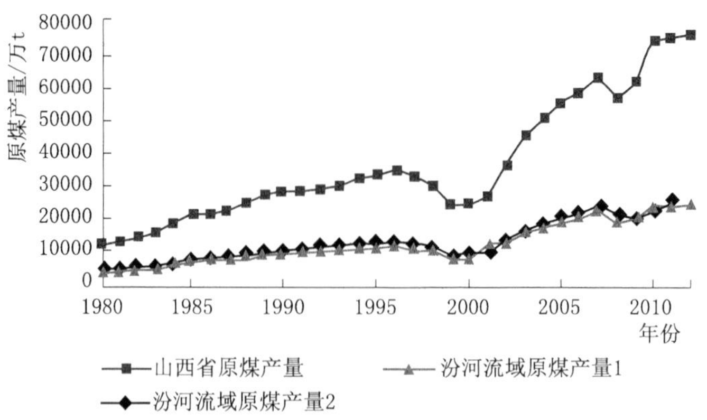

图 3.17 山西省原煤产量及两种方法推求汾河流域原煤产量变化曲线

3.5 小结

本章主要基于 ArcGIS 技术，采用多种统计学方法分析了汾河流域水文系统中的降水、蒸发、径流、土地覆被及其他因素的变化特点，得到的主要结论如下：

（1）降水。汾河流域降水空间分布不均匀，东部、东南部较多，自下游向上游递减，上、中游多年平均降水量约为 475mm，下游 500mm 以上，汛期上、中、下游平均降水量约为 375～500mm，年降水量及汛期降水量有一定的减少趋势，2002 年后降水量有所增加，但减少趋势微弱，不存在突变，同时表现出了局部的流域特征。汛期降水从 1965 年前后表现为从多变少的干旱趋势。基于 Z 指数划分汛期旱涝结果表明，汛期旱涝异常主要在 8 月和 6 月，且本流域 20 世纪 50—60 年代降水丰沛，气候偏湿，80—90 年代降水趋于偏少，多干旱异常，流域趋于干旱。汛期旱涝空间分布既有总体一致、也有南北反位和差异的特点。

（2）蒸发。汾河流域水面蒸发量为 900～1200mm，高值在太原及运城地区。采用 FAO 潜在蒸散发量计算方法计算得到的结果表明，潜在蒸散发量呈现下降趋势，且减少明显，同时流域内气温升高，风速和日照时数减少趋势明显。

（3）径流。汾河流域干流五个站实测径流量减少趋势明显，且从上游到下游减少趋势增加，河津站减少趋势明显表现在 20 世纪 70 年代后，每年以 0.158 亿 m^3 的速度减少，采用多种统计方法分析结果表明，寨上站、兰村站、义棠站和河津站实测年径流量在 1971 年前后发生突变，综合分析结果表明，是气候变化和流域属性共同作用的结果，1956—1971 年人类活动相对较弱，径流对降水量变化的敏感性较强，而流域属性的敏感性相对较弱，1972—2012 年，径流对降水量的敏感性最强，其次为流域属性，对蒸发量的敏感性最弱。

（4）土地覆被。20 世纪 70 年代以来，汾河流域实施水土保持措施、退耕还林及退耕还草等活动致使流域内土地覆被等发生了变化，多来源的遥感数据解译结果表明，耕地面积占比从 1980 年的 46.1%减少到 2015 年的 35.5%，林地、草地面积占比分别从 1980 年的 23.64%和 25.77%增加到 2015 年的 26.49%和 32.51%，耕地向城市的演变随高程和海拔的增大明显递减，主要在海拔低、坡度较小的平川缓丘地带，耕地向草地的演变一半以上在1200～1600m的地区，其次在800～1200m的地区，而耕地向林地的演变主要发生在800～1200m的地区，其次是1200～1600m的地区。

（5）其他因素。根据山西省水文手册，汾河流域产流地类按照岩性-植被-地貌组合，共有10种不同的产流地类：砂页岩灌丛山地、灰岩灌丛山地、变质岩森林山地、灰岩森林山地、黄土丘陵阶地、砂页岩灌丛山地和砂页岩森林山地等。采用流域国有煤矿及流域煤田面积比例法，推求了汾河流域理念的原煤产量，两种方法推求得到1980—2012年汾河流域原煤产量分别为1.3015亿t和1.2440亿t，两种方法推求结果相近，且趋势一致。

第4章

土地覆被变化对流域径流影响的模拟研究

流域是一个非均匀复合系统，其特征随时间和空间的变化而变化，水文过程则是在时空两方面均发生变化，考虑水文控制因素空间变化的一个主要方法是把流域划分为近似均匀的子流域，子流域划分时需要考虑影响径流的土壤、植被和土地利用、地形等因素的变化。在变化条件下水文系统也随之发生相应的演变，因此，本章主要针对汾河流域不同时间尺度［次洪径流和连续（月）径流］及不同情境下的水文过程进行模拟，为该流域的水文分析、水资源和水土保持规划提供科学依据。

流域水文模型是分析气候变化和土地覆被变化对水文过程影响的主要手段之一。汾河流域上土地覆被变化明显，同时煤矿开采也影响着水文过程的变化，土地覆被变化通过蒸发和下渗直接作用于水文过程，煤矿开采通过改变地貌和水文地质以及水循环路径改变着流域内的水文过程。本书在选择适合该流域水文特性模型的基础上，依据汾河流域的水文气象及下垫面变化特点，选择流域内典型研究区域，将研究时段分为不同阶段，在率定和检验模型的基础上，设置不同情境分析研究土地覆被变化对水文过程的影响。

4.1 典型研究区概况

静乐站控制流域相对于整个汾河流域人工引用水量、煤矿开采活动及水利工程的影响相对较少，而水土保持措施及退耕还林和退耕还草相对比较明显，因此本节选择汾河流域内静乐水文站控制的以上流域为典型研究对象，分析研究土地覆被变化对流域内水文系统的影响。

4.1.1 自然地理特征

静乐站于1943年4月设立，是汾河上游干流控制站，是按区域原则规划的国家基本站，控制站以上断面为砂页岩、灰岩构造的土石山区。静乐站位于东经111°55′，北纬38°20′。静乐站控制断面以上流域在汾河水库上游，在行政划分上主要包括宁武县及静乐县，流域面积2799km^2，主河道长83.9km，平均坡度为6.7‰。主要支流有洪河、鸣村河、东碾河及西碾河，流域形状系数为0.398。流域内共计21个雨量站，其分布情况如图4.1所示，平均每站控制流域为133.3km^2。

该区属北温带半干旱季风气候区，春季干旱缺雨，夏季短暂热量不足，秋季低温霜冻早，冬季漫长严寒雪少。多年平均气温6.3℃，最高和最低气温均出现在河川阶地区，最

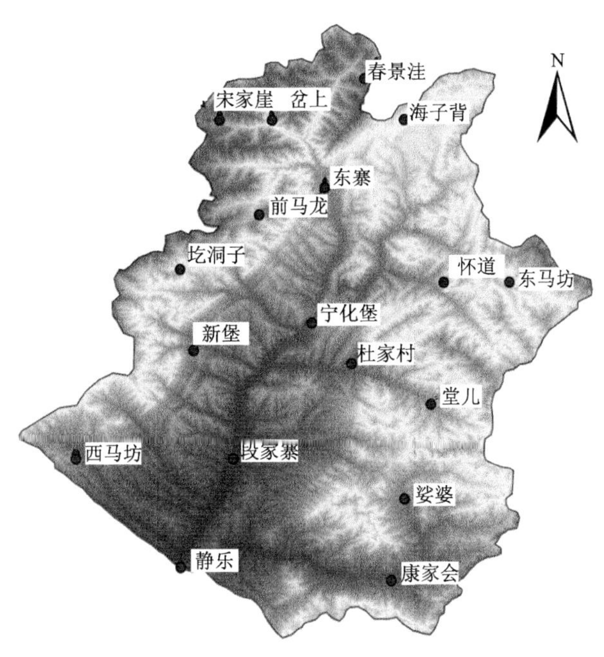

图 4.1 研究区雨量站分布示意图

高 36.4℃，最低 30.5℃。多年平均蒸发量 1812.6mm，无霜期 110～150d，土石山区较短。静乐站控制流域多年平均年降水量 497.85mm，最大年降水量为 804.6mm，最小年降水量为 225.4mm，最大 24h 暴雨均值为 50～55mm，单站点最大 24h 暴雨值为 109.6mm，多年平均河川径流量为 20041 万 m^3，多年平均年径流系数 0.089，多年平均最大洪峰流量为 $594m^3/s$，实测最大洪峰流量为 $2230m^3/s$。

4.1.2 土地覆被变化特征

近 20 年来人类活动的加剧对汾河流域下垫面特征产生了巨大的影响，尤其是水土保持等生态建设措施对于林草植被的影响显著，如在 2016 年山西省水土流失治理的情况中，宁武县新增治理面积 $48.46km^2$，治理总面积达到了 $736.41km^2$，其中，治理基本农田 $61.752km^2$，水保造林 $485.642km^2$，种草 $127.792km^2$，封山育林 $59.059km^2$，落实治理成果管护面积 $66.767km^2$，新实施生态修复面积 $90.5km^2$，采取其他措施保护 $2.17km^2$。静乐县新增治理面积 $83.797km^2$，治理总面积达到了 $796.32km^2$，其中，治理基本农田 $128.827km^2$，水保造林 $512.975km^2$，种草 $42.009km^2$，封山育林 $81.033km^2$，新实施生态修复面积 $131.931km^2$，采取其他措施保护 $31.475km^2$。在“四荒”资源治理开发的情况中，宁武县累计治理开发面积达到 $200km^2$，静乐县累计治理开发面积达到 $233.33km^2$。因此，汾河流域内静乐控制站以上面积土地覆被变化明显，本小节重点解译该研究区的土地覆被变化特征。

静乐站以上断面 1978 年、1998 年和 2010 年三期遥感影像数据的解译分类结果见表 4.1。

表 4.1　　1978—2010 年土地利用类型统计表　　单位：km^2

年份	耕地	林地	草地	水域	城镇建设	总计
1978	758.12	899.53	1088.55	36.21	16.58	2799
1998	683.98	996.23	1066.53	35.9	16.35	2799
2010	574.66	1062.35	1109.38	36.24	16.37	2799
平均值	672.25	986.04	1088.15	36.12	16.43	2799
所占比例/%	24.02	35.23	38.88	1.29	0.59	100

由表 4.1 知，静乐站控制流域主要以草地和林地为主，所占比例平均值分别为 38.88%和 35.23%，且耕地逐渐减少，林地、草地增多。草地主要分布在南部及中部地区，林地主要分布在整个流域的西北部，其他地区分布零散且较少。水域与城镇建设用地所占比例最小，仅为 1.29%及 0.59%。

1978—1998 年，耕地和草地所占面积变化程度最大。耕地减少 74.14km^2，草地减少 22.02km^2，而林地面积增加 96.7km^2，主要是由于草地和耕地向林地转换导致。1998—2010 年，耕地、草地和林地所占面积变化程度最大。其中耕地减少 109.11km^2，草地增加 42.8km^2，林地增加 65.9km^2，主要为耕地转换为草地、草地和耕地转换为林地。水域和城镇建设用地变化不大。表 4.2 为土地利用年变化率，可见，耕地从 1978 年到 1998 年再到 2010 年年变化率分别为−0.49%和−2.02%，说明耕地面积在减少，在 1998—2010 年间减少面积大一些，林地和草地在后期年变化率值为正值，说明在增加。总体而言，1978—2010 年，土地利用主要变化为耕地减少，草地和林地增加。主要转换形式为耕地转换为林地、草地，草地转换为林地。静乐站控制流域土地利用的变化与流域内水土保持措施有关，说明流域内进行的"退耕还林"和"退耕还草"效果显著，林地和草地面积增加。

表 4.2　　土地利用年变化率

土地利用类型	1978 年/km^2	1998 年/km^2	2010 年/km^2	1978—1998 年间年变化率/%	1998—2010 年间年变化率/%
耕地	758.12	683.98	574.66	−0.49	−2.02
林地	899.53	996.23	1062.35	0.54	1.51
草地	1088.55	1066.53	1109.38	−0.10	0.16
水域	36.21	35.9	36.24	−0.04	0.01
城镇建设	16.58	16.35	16.37	−0.07	−0.11

土地覆被的变化对水循环过程会产生变化，主要表现在对径流形成过程中的下渗能力。由于林地和草地的增加，使土壤免受雨滴冲击，而林地和草地的增加，致使土壤孔隙度增加，有机质增强土壤的团粒结构，并改进其渗透性，综合作用的结果是增加下渗，而

种植时间较早的草皮具有更大的渗透性，也会产生较高的下渗率和下渗量。

产流地类中，砂页岩灌丛山地主要分布在流域的中、上游干流河道两侧，变质岩灌丛山地大多分布在流域东南部，黄土丘陵阶地大多分布在流域下游主干河道两侧，灰岩森林山地主要分布在上游远离河道两侧，灰岩灌丛山地主要分布在下游东南区域。此外，静乐站控制流域黄土覆盖相对比较集中，厚度为30～50m，黄土岩性疏松，裂隙及溶洞比较发育，易于吸收和导水，但持水性能相对较差。

4.2　静乐站控制流域径流量年内变化及暴雨洪水特征分析

在降水量变化不大的情况下，汾河流域入黄径流量锐减，因此有必要通过分析降水量和径流量的年内分配关系来得到降水量对径流量的影响，结合资料收集情况和前期的研究分析，对降水和径流量的年内分配及暴雨洪水变化进行分析。

1966—2012年汛期降水量占年降水量的比例很大（见图4.2），1966—2012年汛期降水量占年降水量的比例均值为87.9%，汛期降水量占年降水量的比例总体上呈现微弱的下降趋势，但是下降主要集中在1966—1980年，1980—2012年汛期降水量占年降水量的比例几乎没有变化。静乐站汛期径流量占年径流量的比例也很大，多年平均占比为68.2%，汛期径流量占年径流量比例的年际变化总体上呈现快速减少趋势，汛期径流量占年径流量比例的年际变化可以分为3个阶段，即1966—1978年、1979—1998年和1999—2012年3个阶段，1966—1978年汛期径流量占年径流量比例的年际变化呈现下降趋势，1979—1998年，汛期径流量占年径流量比例呈现缓慢的增加趋势，1999年之后，汛期径流量占年径流量比例呈现快速下降趋势，但同期汛期降水量占年降水量的比例却呈现微弱的增加趋势，当汛期降水量不发生变化时，汛期径流量却呈现快速减少趋势。

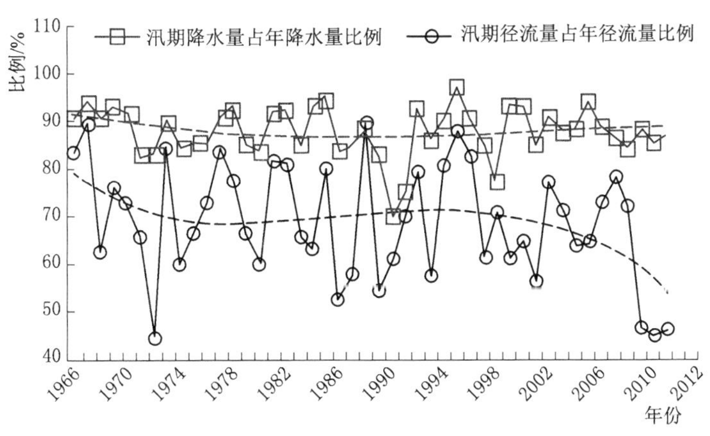

图4.2　1966—2012年静乐站汛期降水量及径流量过程

图4.3为1966—2012年静乐站天然径流量和降水量年内分配情况图，从图中可以看出，3个阶段中，降水量的年内分配变化不大，都呈现单峰状，而1966—1978年期和

1979—1998 年径流量的年内分配变化不大，但是 1999—2012 年径流量的年内分配和前两时段相比变化比较大，径流量的年内分配相对比较均匀，可以看出来，1999—2012 年降水量和径流量的年内分配明显不同于其他两个阶段的分配情况。因此，1999 年后降水径流关系发生了明显的变化。

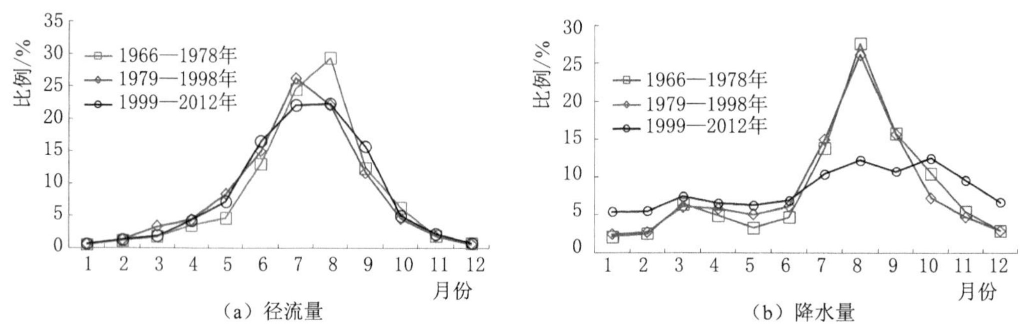

图 4.3　1966—2012 年静乐站天然径流量和降水量年内分配情况

在分析降水量和径流量年内分配变化的基础上，结合收集到的土地利用数据和已经分析得到的静乐站年径流量变化特征分析的结果，从 1966—2012 年静乐站实测暴雨和洪水数据中选取资料完整的 30 场时间步长为 1h 的暴雨洪水过程（1966—1978 年 12 场，1979—1998 年 12 场，1999—2012 年 6 场），分析静乐控制流域暴雨洪水的变化特征。

图 4.4 为静乐站 30 场洪水的径流系数变化趋势图，通过计算得出，1966—1978 年 12 场洪水的次径流系数平均为 0.31，1979—1998 年 12 场洪水的次径流系数为 0.26，1999—2012 年 6 场洪水的次径流系数为 0.19，3 个时期的径流系数呈现减小趋势，且 1999—2012 年径流系数明显低于前两个时期，因此，21 世纪后，流域的产汇流条件发生很大的变化，致使流域出口断面的洪水过程发生改变。

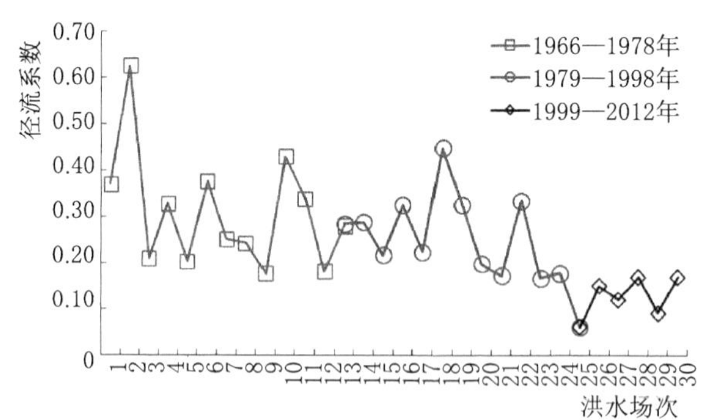

图 4.4　1966—2012 年静乐站 30 场洪水径流系数变化趋势图

将不同时期的场次降水径流关系图放在一起，可以直观地比较不同时期降水径流关系的变化。图 4.5 给出了静乐站控制流域 3 期降水径流关系，由图可知，1966—1978 年降水径流趋势线的相关系数比较高，达到 $R^2=0.93$，因此，1966—1978 年期间降水径流关系密切，其他因素相对对流域产流量的影响较小；1979—1998 年期间降水径流趋势线的相关系数 $R^2=0.72$，说明到 1979—1998 年，降水对径流量的影响减小，其他因素对径流影响加重，和 1966—1978 年相比，流域的产流条件发生比较大的变化；1999—2012 年期间降水径流趋势线的相关系数下降到 $R^2=0.94$，到 1999—2012 年期间，降水对径流量的影响进一步减小，其他因素对径流影响加重。因此，不同时期，由于水文系统内部不断发生着变化，导致降水径流关系也在发生着相应的变化，影响到汾河流域输出过程发生了相应的变化，定量辨析影响输出过程的变化对于流域治理和水资源的合理开发利用具有重要的作用和意义。

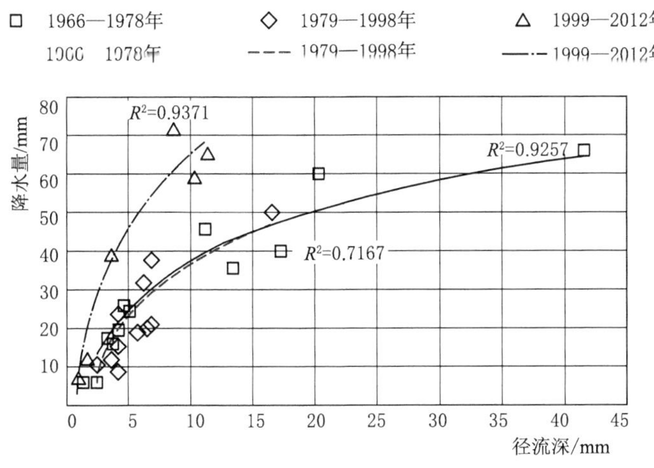

图 4.5 静乐站控制流域 1966—2012 年降水径流关系

由降水径流关系变化趋势可以看出，在一定降水量的条件下，1979—1998 年的产流量最大，其次为 1966—1978 年，在相同降水量条件下，1966—1978 年的产流量和 1979—1998 年的产流量相差很小；产流量最小的为 1999—2012 年，在相同降水量下，1999—2012 年的产流量明显小于 1966—1978 年和 1979—1998 年的产流量，静乐站控制流域 1966—1978 年、1979—1998 年、1999—2012 年的产流条件发生了不可忽略的变化。

图 4.6 所示为 1966—2012 年静乐站控制流域内 30 场洪水的洪峰流量对最大降水强度的响应过程。1966—1978 年洪峰流量和最大降水强度的相关系数 $R^2=0.64$，说明影响径流产生的因素较多；同时，随着时间的推移，洪峰流量和最大降水强度的相关系数逐渐减小，1979—1998 年的相关系数 $R^2=0.32$；1999—2012 年的相关系数 $R^2=0.94$，说明随着时间的推移，人类活动对径流的影响在不断加剧，由次要因素转化为主要因素。

在一定的降水强度下，1976—1978 年产生的洪峰流量最大，而且随着降水强度的增大，产生的洪峰流量增大；其次为 1979—1998 年产生的洪峰流量。随着静乐站控制流域内土地利用类型的变化，洪峰流量对降水强度的敏感性在减弱。

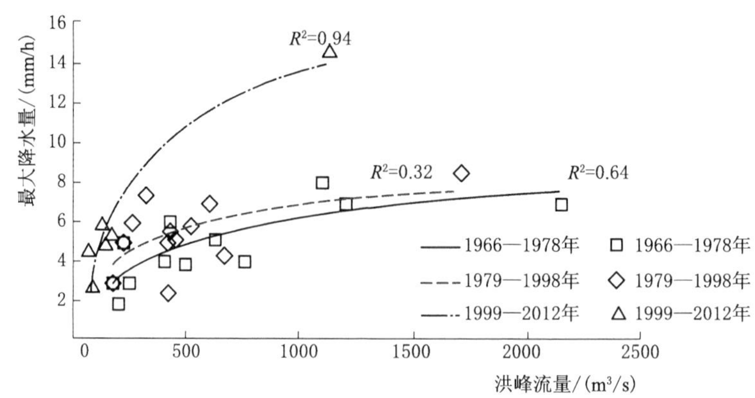

图 4.6　洪峰流量对最大降水强度的响应过程

4.3　次洪径流模拟模型

4.3.1　模型构建

汾河流域处于半干旱半湿润的过渡地区，区域内包气带比较厚，一次降水很难达到地下水面。静乐站控制流域位于汾河流域上游兰村站以上，研究区域大多为土石山区，位于黄土高原区，沟壑纵横且比较陡峭，很多沟壑的深度达到 30～50m，地下水水位比较低，流域包气带较厚，在暴雨过程中，超渗产流为该区域的主要产流模式之一，在发生长时间阴雨天气时，也会发生蓄满产流，有时是蓄满和超渗产流两种模式相互交织在一起。流域内降水时空特点的变化以及人类活动，改变了流域内的下垫面条件，也随之改变着流域内的产汇流条件。流域内由耕地向林地和草地的转换和耕地向城市的转换，导致流域内下渗能力、蓄水能力及汇流过程发生着变化。李楠（2018）基于静乐站 1971—2014 年洪水要素摘录数据分析了汾河上游静乐控制站以上在不同时代的产流机制和模式，分析表明，流域分析的各阶段产流方式以超渗产流为主，但受下垫面及气候变化的影响，混合产流和蓄满产流模式的概率在增加。因此，该地区的产汇流机制随着降水特点及土地覆被的变化发生着变化，流域内不再是原来单一的产汇流机制，可能是超渗或蓄满单一的产流机制，也可能是蓄满和超渗兼而有之、或不同地区产流机制不同的情况。对于这种复杂的产汇流机制的模拟，常用的模型有垂向混合产流（包为民，1997）、蓄满-超渗兼容产流（雒文生等，1992；胡彩虹等，2003；2005）以及可变下渗能力模型（VIC）（Liang et al.，2001；2003），这些混合模型反映了不同的产流方式结合特点（胡彩虹和王金星，2010）。其中蓄满-超渗兼容产流模型反映了流域内的两种产流方式随着土壤含水量变化的特点，且拟合相对较好，也能很好地反映由于超渗和蓄满同时产流的特点，因此，结合研究区域产流模式，基于蓄满-超渗兼容产流模式，构建考虑 LUCC 的蓄满-超渗兼容次洪径流模拟模型，以单元水文结构为模型分析研究区域土地利用变化对洪水过程的影响，模型结构如图 4.7 所示。

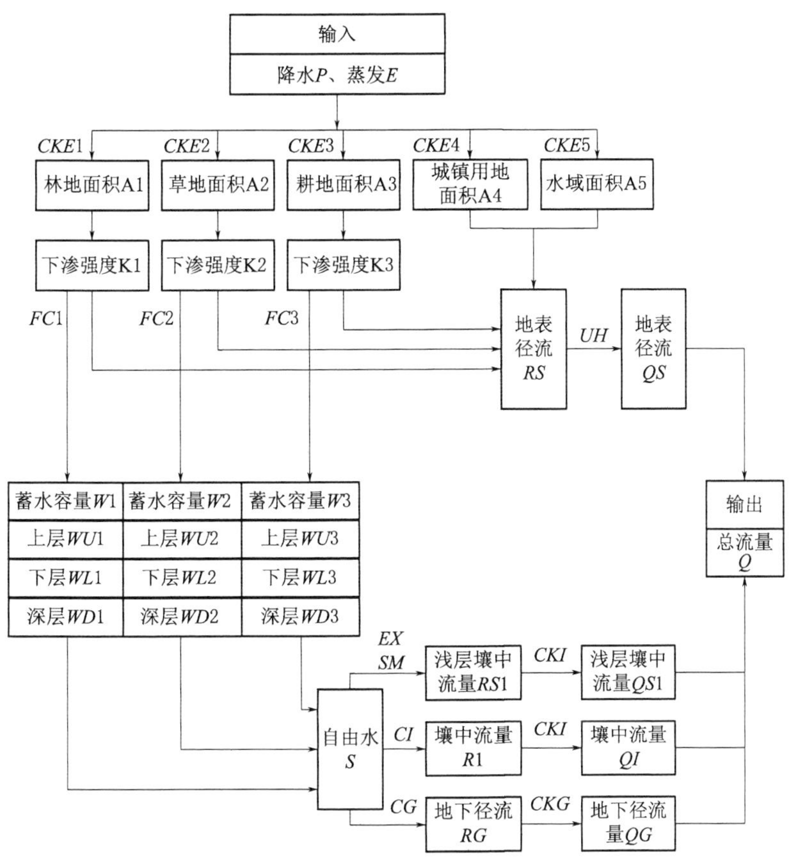

图 4.7 考虑 LUCC 蓄满-超渗模型结构

单元水文模拟时按照以下原则划分处理：

(1) 各单元按照已经分类的林地、草地、耕地、城镇用地和水域面积进行划分。

(2) 在每一类土地利用面积上分别考虑降水、蒸发和下渗等产流要素的差异，采用蓄满-超渗兼容产流模型计算不同土地利用面积上的径流之和。

(3) 单元地表径流汇流采用单位线汇流计算，地下径流采用线性水库汇流计算，河道汇流计算采用马斯京根法进行河道演算，最后在流域出口叠加。

4.3.2 模型结构

4.3.2.1 流域时段下渗容量分配曲线

模型计算中采用霍顿下渗能力公式：

$$f = f_c + (f_0 - f_c)e^{-kt} \tag{4.1}$$

式中：f 为 t 时刻的下渗能力，mm/h；f_0 为初始下渗能力，mm/h；f_c 为稳定下渗率，mm/h；k 为土壤透水性指数，h^{-1}。

由式 (4.1) 积分计算得流域时段下渗容量（$F_{m\Delta t}$），即

$$F_{m\Delta t}=\int_{t}^{t+\Delta t} f\,\mathrm{d}t=f_c\Delta t+\frac{1}{k}(f_0-f_c)\mathrm{e}^{-kt}(1-\mathrm{e}^{-k\Delta t}) \tag{4.2}$$

时段下渗容量分配曲线采用 m 次抛物线形，即

$$\beta=1-\left(1-\frac{F'_{\Delta t}}{F'_{m\Delta t}}\right)^{m} \tag{4.3}$$

式中：β 为相对面积，表示小于或等于 $F'_{\Delta t}$ 的面积与流域总面积之比；$F'_{\Delta t}$ 为流域中的某一点下渗容量，mm；m 为经验指数；$F'_{m\Delta t}$ 为流域时段 t 内，在 $F_{m\Delta t}$ 下最大点的下渗容量，mm。

4.3.2.2　流域蓄水容量分配曲线

流域蓄水容量分配曲线选用 n 次经验抛物线来表示：

$$\alpha=1-\left(1-\frac{W'}{W'_m}\right)^{n} \tag{4.4}$$

式中：W' 为某点的蓄水容量值，mm；W'_m 为流域最大蓄水容量，mm；n 为经验指数；α 为相对面积，表示位于 W' 之下的面积与总流域面积之比。

4.3.2.3　蓄满-超渗兼容产流模型

蓄满-超渗兼容产流模型的结构如图 4.8 所示，该模型同时反映了蓄满和超渗两种产流机制，模型将降水进行了两次分配，即通过蓄水容量分配曲线把流域划分为蓄满产流面积 α 和未蓄满产流面积 $1-\alpha$，通过下渗容量分配曲线把流域划分超渗产流面积 β 和未超渗产流面积 $1-\beta$，据此计算出产流量即是由 α 面积上的蓄满产流量和由 $\beta-\alpha$ 面积上由于超渗而产生的径流量之和。随着土壤含水量的变化和下渗能力的差异，超渗产流与蓄满产流的比重也随之变化。对于同一地区，土壤越干燥，就越接近于全流域分配的超渗产流模型；土壤越湿润，就越接近于蓄满产流模型，下渗能力大的地方 $W'_0+F'_{m\Delta t}$ 就越接近于 W'_m，则超渗产流所占的比重就小；反之，下渗能力小的地方超渗产流所占的比重大。由图 4.8 可以看到，当 $m=0$，$f=f_c$ 时，兼容产流模型转化为湿润地区的蓄满产流模型，而当 $W'_m\to\infty$，$n=0$ 时，土壤缺水量大，不易蓄满，兼容产流模型由流域的容量分配曲线控制，兼容产流模型即转化为超渗产流模型。因此，蓄满产流和超渗产流模型均是该模型的特例，该模型考虑了降水量和降水强度与下渗关系的对比情况，既反映了蓄满产流的特点，又反映了超渗产流模型的特点，这种情况适合于半干旱、半湿润地区的产流现象，合理地解决了半干旱、半湿润地区的复杂产流现象。

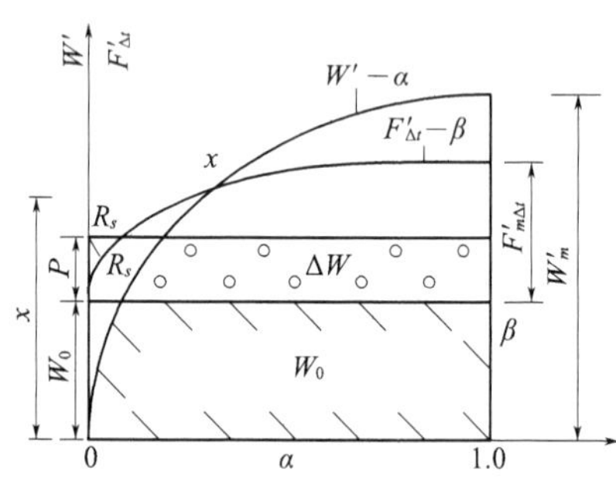

图 4.8　蓄满-超渗兼容模型结构示意图

由于各时段的有效雨深及相应的 W_0、$F'_{m\Delta t}$ 不同，其地面净雨深 R_s、地下净雨深 R_g 及流域土壤时段蓄水增量 ΔW 的计算，依 $W'_0+F'_{m\Delta t}$ 与 W'_m、W'_0+P 与 x、$W'_0+F'_{m\Delta t}$ 的关系不同而不同，分为 6 种产流计算情况，具体见文献雒文生等（1992）和胡彩虹等（2005；2010）。

4.3.2.4 河网、河道及地下径流汇流计算

流域的下垫面条件和降水空间分布往往都是不均匀的，即使流域下垫面条件分布均匀，流域平均降水量相同的两场暴雨也由于降水量空间分布不同，必然会形成两次不同的流量过程。为了减小下垫面条件的不均匀和降水空间分布的不均匀性对洪水过程产生的影响，在进行汇流计算时，将整个研究区域划分为若干个子流域，在各个子流域上采用集总式流域汇流计算方法，认为在子流域上下垫面条件和净雨的空间分布都是均匀的。

实际工作中常用的汇流曲线有等流时线、单位线、瞬时单位线和地貌单位线等。本书采用无因次单位线法，在本流域寻找相似单元，利用历史数据资料，计算地表径流单位线，并作为初始值进行计算（石志民，2013)。

河道流量演算一般以圣维南方程组为理论基础，将河段的入水口的流量过程通过一系列过程演算为河段出水口的流量过程。常用的方法有特征河长法、马斯京根法和滞后演算法等。本研究中各河段的河道汇流采用马斯京根法进行河道演算（包为民，2009)。模型河道演算采用边演边加的汇流方式将各个子流域出口流量演算至流域出口处，并进行叠加，静乐站控制流域河道汇流流程如图 4.9 所示。

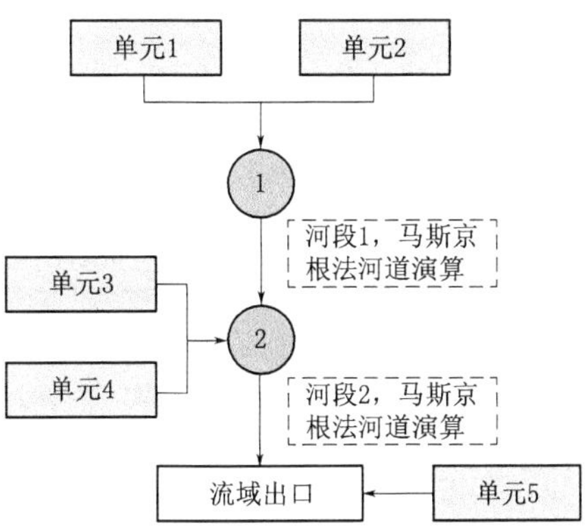

图 4.9 静乐站控制流域河道汇流流程图
（注：图中实线方框代表子流域编号，虚线方框代表水系河段编号，圆圈代表水系节点编号）

对地下层不再分单元进行计算，而是将整个地下层作为一个整体，采用线性水库法对壤中流和地下径流整体进行一次计算，求出流域出口断面的径流过程，作为产生的壤中流和地下径流总量。

4.3.2.5 模型参数

蓄满超渗兼容的分布式模型的主要参数有 18 个，具体包括：①4 个蒸散发计算参数：WUM 、WLM 、CKE 和 C；②5 个产流参数：W_m、m、n、f_c 和 k；③4 个分水源计算参数：SM、EX、CI 和 CG；④5 个汇流计算参数：CKG、CKI、N、x 和 K。

(1) W_m 为流域平均蓄水容量，mm。所建模型中将流域平均蓄水容量 W_m 分为上、中、下三层：上层蓄水容量 WUM；下层蓄水容量 WLM；深层蓄水容量 WDM，其中，$W_m = WUM + WLM + WDM$。

(2) n 为蓄水容量曲线的经验性指数，n 值表示流域内蓄水容量的不均匀程度；m 为下渗容量曲线经验指数，用来表示流域透水性的不均匀程度。

(3) EX 为自由水蓄水容量曲线指数。

(4) 自由水蓄水容量 SM，与水源比例大小有关，mm。

(5) CKI 为壤中流消退系数。

(6) CI 为壤中流出流系数。

（7）f_c 为稳定入渗率，mm/h；k 为土壤透水指数，h^{-1}。

（8）CG 为地下水出流系数。

（9）CKG 为地下径流退水系数。

（10）C 是与深层蒸散发有关的系数，可取经验值，也可利用实测资料和优化算法进行率定；CKE 为蒸发器折算系数，$CKE=k_1\times k_2\times k_3$，其中 k_1 为水面蒸发量与蒸发器蒸发量的比值，k_2 为蒸散发能力和水面蒸发量的比值，k_3 为平均流域蒸发率。

（11）N 为河道演算所划分河段数；x 为无因次的流量比重因子和蓄量常数；K 为河道汇流参数。

4.3.3 计算单元划分及信息提取

构建分布式水文模型分析研究覆被变化对径流的影响，需要提取流域下垫面信息，基于所收集的研究区域 DEM 数据，对所研究区域进行计算单元划分，静乐站控制流域计算单元分区情况如图 4.10 所示，各分区具体特征见表 4.3。

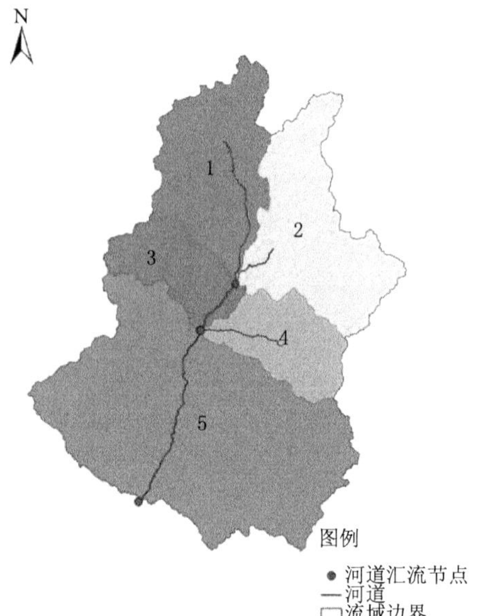

图 4.10　静乐站控制流域计算单元分区图

表 4.3　**研究区域子流域及相应水系特征值**

子流域代码	子流域面积/km²	河段长/km
1	461	28.42
2	539	10.63
3	227	16.68
4	258	11.62
5	1360	34.79

依据计算单元划分结果，在 ArcGIS 中对静乐站控制流域重新分类后的土地覆被情况数据进行处理，提取的每个计算单元中林地、草地、耕地、水域和城镇用地的面积情况见表 4.4。

表 4.4　**静乐站控制流域各子流域土地利用信息**　单位：km²

年份	子流域代码	林地	草地	耕地	水域	城镇用地
1978	1	322.31	51.15	81.17	3.76	2.98
	2	147.94	244.91	137.54	6.32	2.43

续表

年份	子流域代码	林地	草地	耕地	水域	城镇用地
1978	3	101.21	62.69	60.75	1.00	1.05
	4	58.84	144.31	48.45	4.51	2.09
	5	265.20	572.17	490.94	23.35	8.59
1998	1	322.95	61.40	70.29	3.76	2.98
	2	197.84	211.97	120.59	6.32	2.43
	3	107.63	78.86	38.16	1.00	1.05
	4	62.81	154.96	33.83	4.51	2.09
	5	296.34	548.24	483.68	23.35	8.63
2010	1	326.74	74.15	53.75	3.76	2.98
	2	226.45	200.02	103.92	6.32	2.43
	3	111.02	80.86	32.77	1.00	1.05
	4	75.75	149.04	26.81	4.51	2.09
	5	312.97	596.38	418.68	23.35	8.86

4.4　连续月径流模拟模型

4.4.1　模型结构

SWAT (Soil and Water Assessment Tool) 模型是美国农业部开发的分布式水文模型，被广泛应用于流域尺度各种土地管理措施及气候变化对流域水文影响的模拟和预测。SWAT 模型被广泛应用于分析土地利用变化的水文响应 (Darren et al.，2009；Wang et al.，2012)，并取得了很好的效果，在分析土地利用变化的水文响应方面具有很大的优势 (Lin et al.，2015)。

SWAT 模型是一个流域尺度模型，模型开发的主要目的之一是在多种土地利用条件下的流域，预测长期土地管理措施对水文、水环境的影响 (徐宗学，2012)。SWAT 模型物理基础清楚，可以对流域内水量及水环境的物理过程进行模拟计算，模型流域模拟的基础是总水量平衡，依据研究区域的 DEM 数据对研究区域进行子流域划分，在研究区域土壤数据和土地利用数据的基础上，生成模型运算的基本单元——水文响应单元 (HRU) 进行模拟计算。SWAT 模型主要模块包括水文过程、土壤侵蚀和化学污染。SWAT 模型水文过程模块结构如图 4.11 所示。

4.4.2　基于 DEM 的水文参数提取

在采用 SWAT 模型进行水文模拟计算时，需要对研究流域进行子流域划分，但是大

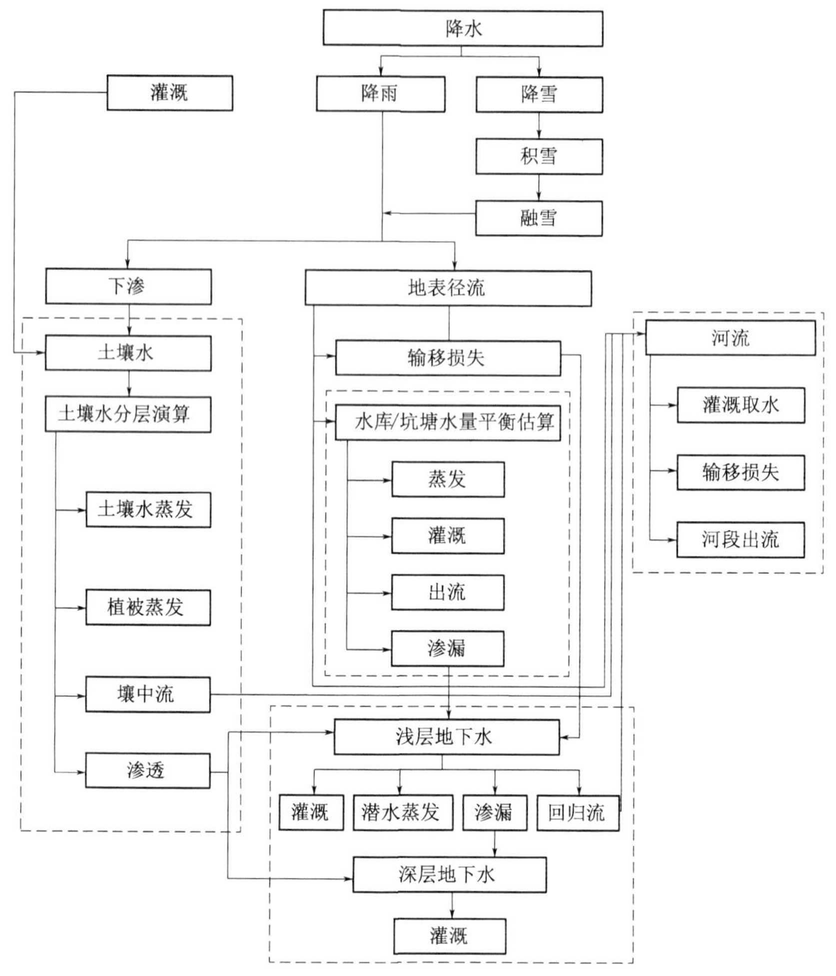

图 4.11　SWAT 模型水文过程模块结构

量研究发现子流域数量对模型的模拟结果有影响，这是由子流域数量的多少影响了模型参数的集总程度（包为民，2009）。Mamillapalli 等（1996）的研究发现，在采用 SWAT 进行河川径流模拟计算时，子流域的个数影响模拟出的径流量。郝芳华等（2006）研究发现，采用 SWAT 模型时，当子流域的数量达到一定值时，模拟结果会趋于稳定状态，Romanowicz等（2005）认为最优子流域面积为模型推荐值的 60%，但也有研究（Arabi et al.，2006）认为子流域最优面积为总流域面积的 4%左右。

本书在对原始 DEM 数据进行投影变换、洼地填充等处理后，在新建的 SWAT 工程中采用 Watershed Delineation 菜单加载 DEM 数据进行子流域划分，经过多次子流域划分比对子流域个数对模拟结果影响后，将静乐站控制流域划分为 27 个子流域，具体如图 4.12 所示。

在 SWAT 模型中，有 3 种 HURs 划分方法，分别为：Dominant Land Use，Soils，Slope、Dominant HRU 和 Multiple HRUs。前两种方法得到的一个子流域仅有一个 HURs。本次研究中采用第三种方法进行 HURs 划分，依据静乐站控制流域内土地覆被类型及土壤类型的面积比例，将土地利用面积阈值、土壤类型面积阈值、坡度等级的阈值分别设定为 20%、10%和 20%，最终将静乐站控制流域划分为 27 个 HRUs。

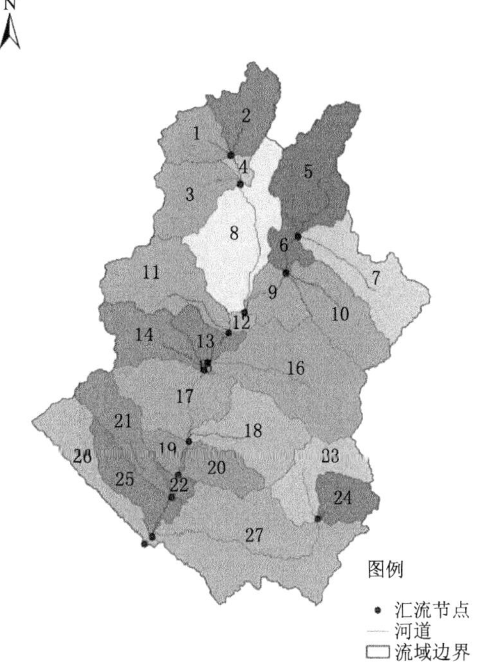

图 4.12 静乐站控制流域子流域划分

4.5 模型率定与检验

4.5.1 次洪径流模型的率定

考虑土地利用的蓄满-超渗分布式模型共有 24 个参数，这些参数中，一些是具有物理意义的参数，可以结合模型应用流域特征统计、计算或者测量得出，但是一些参数是过程参数，这些参数随着应用流域的降水特征、下垫面条件等的不同而不同，且无法直接测量或者计算得出。因此，在采用该模型进行洪水预报前，需要采用历时降水洪水数据结合流域下垫面特征，通过模型参数率定来得到模型中 24 个参数的最优值。采用人工与自动率定相结合的方法率定模型参数（张洪刚等，2002；胡彩虹等，2003），所选用的优选方法分别为基因法（Genetic）、罗森布朗克法（Rosenbrock）和改进的单纯形法（Simplex）（谭炳卿，1996；包为民，2009）。表 4.5 给出了 3 种参数优化算法的优缺点及在模型中的优选顺序。

表 4.5 参数优化算法优缺点及优选顺序

名称	优点	缺点	顺序
基因法	易实现全局最优，受参数初值影响不大	精度差，收敛速度慢	初步优选参数
罗森布朗克法	精度较高，收敛速度较快	不易达到全局最优，对参数初值敏感	以基因法优选出的参数为参数初值，进一步优选参数
单纯形法	精度较高，收敛速度很快	不易达到全局最优，对参数初值敏感	以罗森布朗克法优选出的参数为参数初值，进一步优选参数

4.5.2 连续径流模型的率定

为了解决 SWAT 模型参数率定的繁琐和参数率定的盲目性，研究者开发出 SWAT-CUP 程序对 SWAT 模型参数进行率定、敏感性分析和不确定分析。选取 13 个参数进行参数敏感性分析，分析结果见表 4.6。

表 4.6　　静乐站控制流域 SWAT 模型参数敏感性分析结果

参数	含义	文件名后缀	排序	范围
Cn2	SCS 径流曲线数	.mgt	1	-0.2～0.2
ALPHA _ BF	基流消退系数	.gw	4	0～1
GW _ DELAY	地下水滞后时间	.gw	5	30～450
GWQMN	浅层地下水径流系数	.gw	3	0～4000
CANMX	最大冠层蓄水量	.hru	12	0～10
SOL _ AWC	土壤可用含水量	.sol	2	0～1
SOL _ K	饱和水力传导系数	.sol	6	-0.2～0.2
REVAPMN	浅层地下水再蒸发阈值	.gw	11	0～500
ESCO	土壤蒸发补偿系数	.hru	8	0～1
SURLAG	地表径流滞后系数	.bsn	13	0～10
CH _ N2	子流域和主河道曼宁公式的 n 值	.rte	9	0～1
CH _ K2	主河道的有效水力传导率	.mgt	10	0～150
GW _ REVAP	浅层地下水再蒸发系数	.gw	7	0～10

依据参数敏感性分析的结果，结合静乐站控制流域实际情况，参考 SWAT 模型官网中关于 SWAT 模型初次模拟结果大于实测值的模型参数调整建议，选取 Cn2、ALPHA _ BF、GW _ DELAY、GWQMN、CANMX、SOL _ AWC、SOL _ K、CH _ N2 这 8 个参数对模型进行参数率定。

4.5.3　模型评价标准

根据《水文情报预报规范》（GB/T 22482—2008），选取纳什效率系数、峰现时间、洪峰流量相对误差、绝对误差以及相关系数等对模型的精度进行评定。

（1）绝对误差和相对误差，绝对误差是洪水要素预报值与实测值差的绝对值。相对误差为预报值与实测值的差除以实测值，相对误差通常用百分数表示，并以 20%作为许可误差，当相对误差的绝对值在 20%以内时，即为合格。

（2）峰现时间差，峰现时间差即为预报洪峰发生的时间和实测洪峰发生的时间之间的差值。

（3）纳什效率系数，也称为确定性系数，用来评价洪水实测过程与预报过程之间的吻合程度：

$$DC = 1 - \frac{\sum_{i=1}^{n}(Q_{ci} - Q_{oi})^2}{\sum_{i=1}^{n}(Q_{oi} - \overline{Q_o})^2} \tag{4.5}$$

式中：Q_{ci} 为预报值，m^3/s；Q_{oi} 为实测值，m^3/s；DC 为效率系数；$\overline{Q_o}$ 为实测值的均值，m^3/s；

n 为资料系列长度。模型模拟的精度等级见表 4.7。

表 4.7 模型模拟的精度等级表

精度等级	甲	乙	丙
确定性系数范围	$DC \geqslant 0.9$	$0.9 \geqslant DC \geqslant 0.7$	$0.7 \geqslant DC \geqslant 0.5$

(4) 相关系数，用来判断两个序列间的相关性大小，其表达式为

$$R = \frac{\sum_{i=1}^{n}(Q_{ci} - \overline{Q_c})(Q_{oi} - \overline{Q_o})}{\sqrt{\sum_{i=1}^{n}(Q_{ci} - \overline{Q_c})^2 \sum_{i=1}^{n}(Q_{oi} - \overline{Q_o})^2}} \tag{4.6}$$

式中：R 为相关系数，相关系数值越接近 1，则说明两个数据序列的相关性越好；$\overline{Q_c}$ 为模拟径流量的均值；其他指标的意义同前。

(5) 洪量相对误差 RE：

$$RE = \frac{\sum_{i=1}^{n}(Q_{oi} - Q_{ci})}{\sum_{i=1}^{n}Q_{oi}} \times 100\% \tag{4.7}$$

式中：RE 为洪量相对误差，其评定标准以相对误差的 20%作为许可误差；其他指标意义同前。

4.6 变化条件下的次洪径流模型率定与检验

根据静乐站以上土地覆被变化情况分别对不同阶段（划分为 3 个阶段：1966—1978 年、1979—1998 年和 1999—2012 年）的次洪径流模型进行率定和检验，具体数据见表 4.8。

表 4.8 不同阶段率定和检验数据情况

年　份	率定期	检验期	总　计
1966—1978	8 场洪水	4 场洪水	12 场洪水
1979—1998	8 场洪水	3 场洪水	11 场洪水
1999—2012	4 场洪水	2 场洪水	6 场洪水

4.6.1 1966—1978 年模型参数率定及检验

表 4.9 和图 4.13 给出了 1966—1978 年静乐站控制流域考虑土地利用的蓄满-超渗分布式模型模拟结果精度统计，在 12 场洪水中，所有场次洪水的相关系数 R^2 均大于 0.7，合格率为 100%，率定期和检验期中纳什效率系数分别达到 0.85 和 0.91，拟合过程和实测过程吻合较好。

表 4.9　1966—1978 年考虑土地利用的蓄满-超渗分布式模型模拟结果精度统计

项目	洪号	实测洪峰流量/(m^3/s)	模拟洪峰流量/(m^3/s)	纳什效率系数	相关系数 R^2	洪量相对误差/%	洪峰相对误差/%	峰现时间差/h
率定期	19660815	1105	1207	0.958	0.99	2.3	9.2	−1
	19670810	2165	1419	0.902	0.96	19.8	34.4	−1
	19690726	250	215	0.799	0.97	30.8	14.4	1
	19690806	761	747	0.876	0.93	19.2	1.9	0
	19710701	170	60	0.675	0.79	19.4	64.7	−1
	19710807	244	138	0.991	0.86	19.1	43.4	−2
	19730819	491	567	0.858	0.97	43.4	15.5	1
	19740706	629	280	0.773	0.93	14.7	55.5	−1
验证期	19750805	480	487	0.925	0.97	5.3	1.5	0
	19770706	1206	1211	0.912	0.96	30.8	0.4	0
	19770802	427	417	0.907	0.93	8.0	2.3	−1
	19780808	216	255	0.879	0.95	8.0	18.0	−1

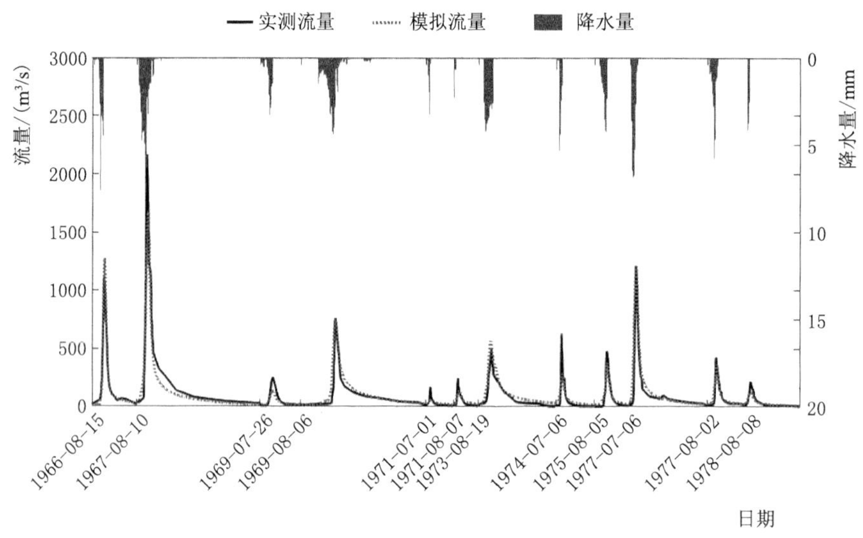

图 4.13　1966—1978 年率定期和验证期洪水过程模拟值与实测值比较图

从 12 场洪水的纳什效率系数统计，12 场洪水的预报结果达到乙级预报水平的有 11 场，合格率为 91.67%；预报结果达到甲级水平的有 6 场。总体上说，模型预报结果达到较高的模拟水平。

12 场洪水中洪峰相对误差在±20%之间的有 8 场，合格率为 66.7%，峰现时间都在误差许可范围内，仅有 1 场峰现时间误差为 2h，其他洪水场次的峰现时间误差都在 1h 以内。洪量相对误差在±20%之间的有 10 场，合格率为 83.3%。依据《水文情报预报规范》(GB/T 22482—2008)，1966—1978 年静乐站控制流域考虑土地利用的蓄满-超渗分布式模型的洪水模拟结果达到乙级水平，可以用来进行洪水模拟计算。

4.6.2 1979—1998 年模型参数率定及检验

选取 1979—1998 年 11 场洪水对考虑土地利用的蓄满-超渗分布式模型进行参数率定和验证，其中 8 场洪水用来率定参数，4 场洪水进行参数验证。

表 4.10 和图 4.14 给出了 1979—1998 年静乐站控制流域考虑土地利用的蓄满-超渗分布式模型模拟结果精度统计，在 11 场洪水中，相关系数 R^2 大于 0.7 的有 11 场，说明模型模拟出的洪水过程与实测洪水过程有很好的相关性，且拟合的过程与实测过程吻合较好。

表 4.10 1979—1998 年考虑土地利用的蓄满-超渗分布式模型模拟结果精度统计

项目	洪号	实测洪峰流量/(m³/s)	模拟洪峰流量/(m³/s)	纳什效率系数	相关系数 R^2	洪量相对误差/%	洪峰相对误差/%	峰现时间差/h
率定期	19810722	672	274	0.61	0.93	44.58	59.22	1
	19810805	217	222	0.78	0.95	30.06	2.30	0
	19830821	175	114	0.94	0.90	18.59	34.86	1
	19850511	1697	1737	0.96	0.99	37.09	2.36	0
	19880720	256	174	0.86	0.98	8.85	32.03	1
	19890721	420	266	0.79	0.98	25.09	36.66	0
	19920831	412	406	0.80	0.91	23.25	1.46	−1
	19940706	426	348	0.85	0.92	3.78	18.31	−1
验证期	19960614	436	369	0.78	0.92	42.27	15.37	−1
	19960719	508	627	0.86	0.98	51.69	23.42	1
	19980630	625	403	0.67	0.83	34.71	35.52	1

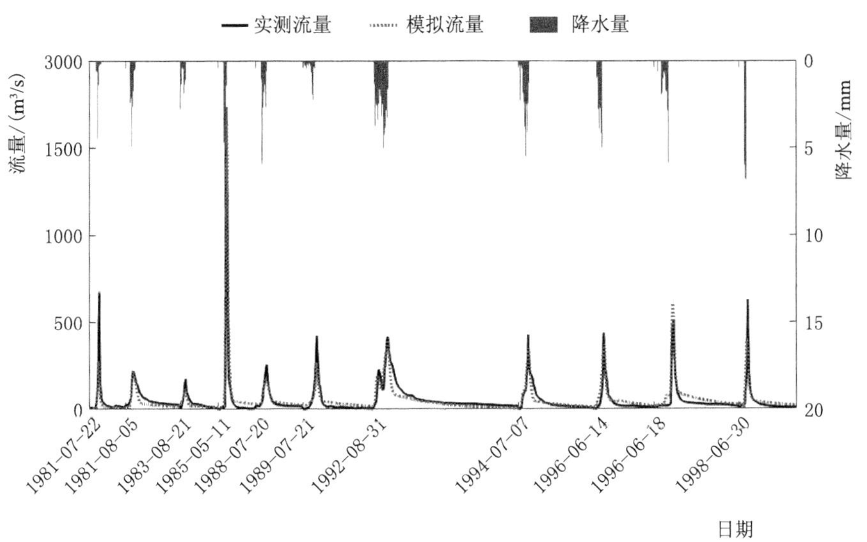

图 4.14 1979—1998 年率定期和验证期洪水过程模拟值与实测值比较

从 11 场洪水的纳什效率系数看，11 场洪水的预报结果达到乙级预报水平的有 9 场，合格率为 82%；预报结果达到甲级水平的有 2 场。总体上说，模型预报结果达到乙级预报水平。

11 场洪水中洪峰相对误差在±20%之间的有 5 场，合格率为 45.5%，峰现时间都在误差许可范围内，在 1h 以内。洪量相对误差在±20%之间的有 3 场，合格率为 27.3%。依据《水文情报预报规范》（GB/T 22482—2008），1979—1998 年静乐站控制流域考虑人地利用的蓄满-超渗分布式模型的洪水模拟结果达到乙级水平，可以用来进行洪水模拟计算。

4.6.3 1999—2013 年模型参数率定及检验

选取 1999—2013 年 6 场洪水对考虑土地利用的蓄满-超渗分布式模型进行参数率定和验证，其中 4 场洪水用来率定参数，2 场洪水进行参数验证。

表 4.11 和图 4.15 给出了 1999—2013 年静乐站控制流域考虑土地利用的蓄满-超渗分布式模型模拟结果，在率定的 6 场洪水中，相关系数 R^2 大于 0.7 的有 2 场，纳什效率系数大于 0.7 的仅有 1 场洪水，洪量相对误差在允许范围内的仅有 2 场，洪峰相对误差在允许范围内的有 3 场，峰现时间差在允许范围内的有 3 场，然而，拟合过程和实测过程吻合较好，唯有最初 2 场洪峰流量拟合较差，其他洪峰流量稍小的洪水拟合较好。

表 4.11 1999—2013 年模拟结果精度统计

项目	洪号	实测洪峰流量/(m^3/s)	模拟洪峰流量/(m^3/s)	纳什效率系数	相关系数 R^2	洪量相对误差/%	洪峰相对误差/%	峰现时间差/h
率定期	19990711	82	21.32	0.05	0.14	22.76	74.09	−7
	19990720	137	31.8	0.18	0.27	35.37	76.91	−7
	20000811	181	37.92	0.05	0.13	57.19	79.05	−6
	20080923	132	144	0.90	0.93	5.16	9.25	−2
验证期	20110729	55	55.3	0.68	0.96	54.79	14.83	1
	20130715	74	55.3	0.28	0.73	18.47	3.09	1

4.6.4 不同情境下的参数变化分析

1966—1978 年、1979—1998 年和 1999—2013 年 3 个时期模型参数结果见表 4.12，随着流域土地利用类型面积的变化，3 个时期的流域平均蓄水容量 W_m 发生变化，呈现增加趋势，1966—1978 年，流域平均蓄水容量为 101.37mm，1999—2013 年，流域平均蓄水容量增加到 156.36mm。流域平均蓄水容量的增加主要体现在流域上层蓄水容量 WUM 的增加，WUM 的增加主要是由林地和草地面积的增加引起的，林地和草地植物根系增加了土壤的孔隙度。W_m 的增大使流域产流量减少，同时，WUM 的增加致使流域产流滞后。

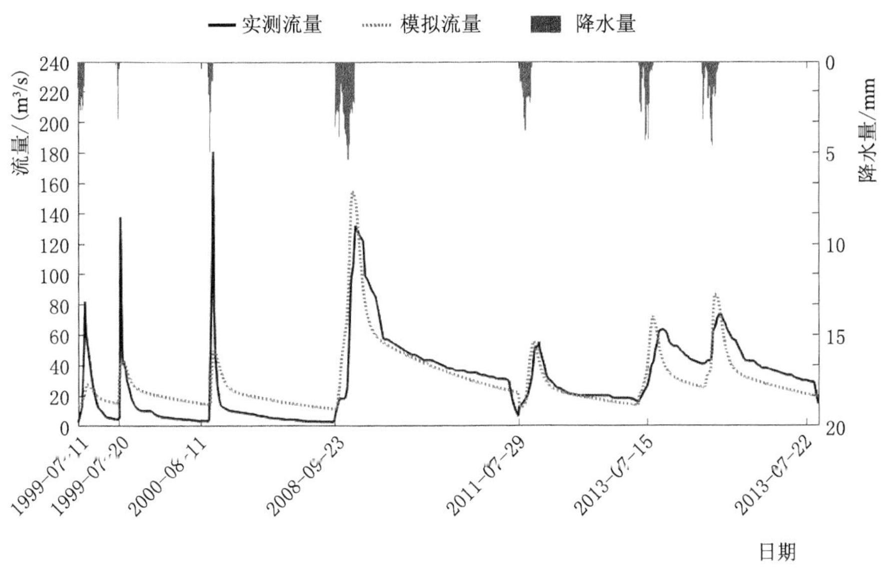

图 4.15 1999—2013 年率定期和验证期洪水过程模拟值与实测值比较

表 4.12 研究区域不同时期考虑土地利用的蓄满-超渗模型主要参数

参数	1966—1978 年	1979—1998 年	1999—2013 年	参数	1966—1978 年	1979—1998 年	1999—2013 年
W_m	101.37	124.731	156.36	$k2$	0.15	0.306	0.415
m	0.586	0.418	0.018	$CKE3$	1.040	1.113	1.423
n	0.165	0.175	0.169	$fc3$	4.986	4.961	5.231
C	0.133	0.126	0.318	$k3$	0.385	0.426	0.441
$CKE1$	0.901	0.989	1.104	CKE	1.874	1.998	1.985
$fc1$	4.02	4.458	4.89	EX	3.761	2.970	2.67
$k1$	0.381	0.231	0.348	SM	12.815	14.474	16.088
$CKE2$	0.531	0.893	0.985	CI	0.158	0.126	0.37
$fc2$	4.868	4.957	5.024	CG	0.139	0.121	0.203

蒸散发折算系数是产流的一个重要参数，蒸散发折算系数的增大引起蒸散发量增加，进而引起产流量的减小。模型共有 4 个与蒸散发有关的参数，分别为林地、草地、耕地和水域蒸散发折算系数，由模型参数率定结果来看，蒸散发系数从大到小的排序为水域>耕地>林地>草地，耕地面积上农作物生长较快，植物蒸腾量比较大，同时耕地土壤比草地及林地土壤空隙大，透水性较好，土壤蒸发量也较大；林地上森林类覆盖类型的冠层面积比林地大，可以吸收更多的太阳辐射用于植物蒸腾，因此林地的蒸散发折算系数大于草地的蒸散发系数。同时根据我国西北地区不同植被类型的蒸散发定额表，指出不同土地利用类型面积上蒸腾能力的大小排序为耕地>林地>草地>未利用土地。因此，本书率定出的

模型蒸散发折算系数是合理的；随着时间的推移，林地的蒸散发折算系数增大，主要由研究流域林地面积的增加导致林地植被冠层总截留量增加和总蒸腾量增加引起；草地的蒸散发折算系数也增大，一是由于草地面积呈现微弱增加，二是随着时间推移，林地枯叶和植物根系的生长导致林地土壤层的空隙增大，进而导致土壤蒸发量增大；耕地蒸散发折算系数的变化不大，变化主要由气候变化引起。蒸散发折算系数的增大引起流域蒸散发量的增加，导致流域产流量减小。

稳定下渗率是模型中比较敏感的参数，模型率定得出的稳定下渗率排序为耕地＞草地＞林地。土壤特性是影响稳定下渗率的主要因素，土地利用类型变化通过引起土壤孔隙发生改变而间接影响稳定下渗率。耕地的稳定下渗率最大，主要因为耕地的耕作引起土壤透水性比较好，稳定下渗率较大，Karause P 等（2002）的研究得出同样的结论。草地稳定下渗率比林地大主要因为林地面积上植物根系的生长和枯叶层的形成不断改善土壤性质，土壤空隙度发达，草地剖面的渗透能力比较高，同时，草地植被紧贴土壤表层，减少雨滴的击溅进而防止土壤表层结皮。和土壤稳定下渗率相似，耕地、林地和草地土壤透水指数的差异和土壤稳定下渗率差异相似。3 个时期的林地稳定下渗率呈现增大趋势，由 1966—1978 年的 4.02mm/h 增加到 1999—2013 年的 4.89mm/h，主要因为研究区域林地的面积一直在增加；草地的下渗率由 1966—1978 年的 4.868mm/h 增加到 1999—2013 年的 5.024mm/h；土壤透水指数和稳定下渗率增加导致流域洪峰流量的减小和峰现时间的滞后，同时使流域壤中流和地下径流在总径流的比重加大，进而导致洪水退水过程较长且流量增大。

模型中分水源参数共有 4 个，分别为自由水蓄水容量 *SM*、自由水蓄水容量曲线指数 *EX*、壤中流出流系数 *CI* 和地下径流出流系数 *CG*。*SM* 是流域土壤重力水蓄水能力的量化表现，对地面径流、壤中流和地下径流的比重起决定性的作用。根据研究发现 *SM* 主要影响洪峰流量，*CI* 和 *CG* 主要影响洪水过程的线型。研究流域 3 期的 *SM* 呈现增大趋势，*SM* 由 1966—1978 年的 12.815mm 增加到 1999—2013 年的 16.088mm，*SM* 的变大，增大了流域自由水蓄水库容量，致使流域的调蓄能力变大，同时增加了壤中流和地下径流量，并消减了洪峰流量。*CI* 和 *CG* 增加使退水曲线上升，随着土地利用类型的改变导致研究区域壤中流和地下径流流量发生变化，因此，可以看出，随着流域林草地的增加，流域内的产流机制也在发生着相应的变化。

4.7 土地覆被变化的连续径流模型率定与检验

依据参数敏感性分析的结果，结合静乐站控制流域实际情况，参考 SWAT 模型官网中关于 SWAT 模型初次模拟结果大于实测值的模型参数调整建议，选取 Cn2、ALPHA _ BF、GW _ DELAY、GWQMN、CANMX、SOL _ AWC、SOL _ K、CH _ N2 这 8 个参数对模型进行参数率定。

采用 1978 年土地利用数据，以 1966 年为模型预热期，以 1967—1972 年为模型率定期，以 1973—1978 年为模型验证期，采用 SWAT - Cup 程序对静乐站控制流域的 SWAT 模型参数进行率定，参数率定结果见表 4.13。

表 4.13 静乐站控制流域 SWAT 模型参数率定结果

序号	参数	含义	文件名后缀	参数值	单位
1	Cn2	SCS 径流曲线数	. mgt	0.14	—
2	ALPHA _ BF	基流消退系数	. gw	0.07	d
3	GW _ DELAY	地下水滞后时间	. gw	63.74	d
4	GWQMN	浅层地下水径流系数	. gw	1253.93	mm
5	CANMX	最大冠层蓄水量	. hru	3.52	mm
6	SOL _ AWC	土壤可用含水量	. sol	0.12	—
7	SOL _ K	饱和水力传导系数	. sol	0.14	mm/h
8	CH _ N2	子流域和主河道曼宁公式的 n 值	rte	0.41	—

采用相关系数 R^2 和纳什效率系数对模型的模拟结果进行评价。迄今为止，采用 SWAT 模型进行径流模拟计算的研究很多，大多数研究采用纳什系数 NS 和相关系数 R^2 来评价 SWAT 模型的模拟结果的好坏，但是没有统一标准。国内外一些学者通过研究给出了 SWAT 模型模拟结果的评判参考值，如 Motovilov 等（1999）通过研究发现，当模型模拟结果的 $NS>0.75$ 时，模型的模拟精度就比较好。当纳什效率系数 NS 为 0.36～0.75 时，表示模型的模拟结果比较满意。Bracmort 等（2006）认为，当模拟结果的 $NS>0.6$，$R^2>0.7$ 时可以接受模型的模拟结果；郝芳华等（2006）的研究也得出和 Bracmort 相似的结论。因此，采用当纳什效率系数 $NS>0.7$，同时相关系数 $R^2>0.7$ 时，接受模型模拟结果，认为模型可以用来进行流量的模拟计算。表 4.14 给出了静乐站控制流域 SWAT 模型率定期和验证期的月径流量模拟结果评价，可以看出，率定期 SWAT 模型月径流量模拟结果的纳什系数 $NS=0.91$，相关系数 $R^2=0.92$，达到模拟精度要求。验证期模型月径流模拟结果的那是系数 $NS=0.78$，相关系数 $R^2=0.84$，也达到模拟精度要求。图 4.16 和图 4.17 分别给出了率定期和检验期模拟值与实测值对比图，可见过程吻合比较满意，无论率定期还是验证期，模型的模拟结果精度比较令人满意，可以采用模型进行研究区域的月径流模拟计算及分析。

表 4.14 静乐站控制流域 SWAT 模型率定期和验证期月径流模拟结果评价

项目	时间	NS	R^2
率定期	1967—1972 年	0.91	0.92
验证期	1973—1978 年	0.78	0.84

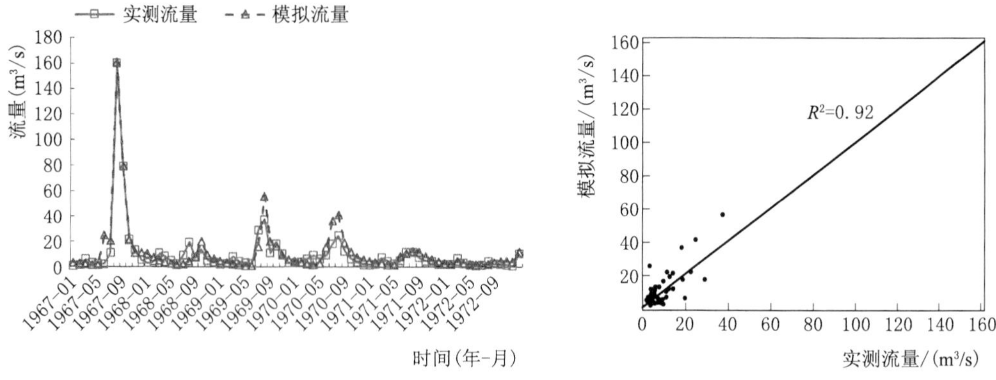

图 4.16 静乐站控制流域 SWAT 模型率定期模拟值和实测值对比图

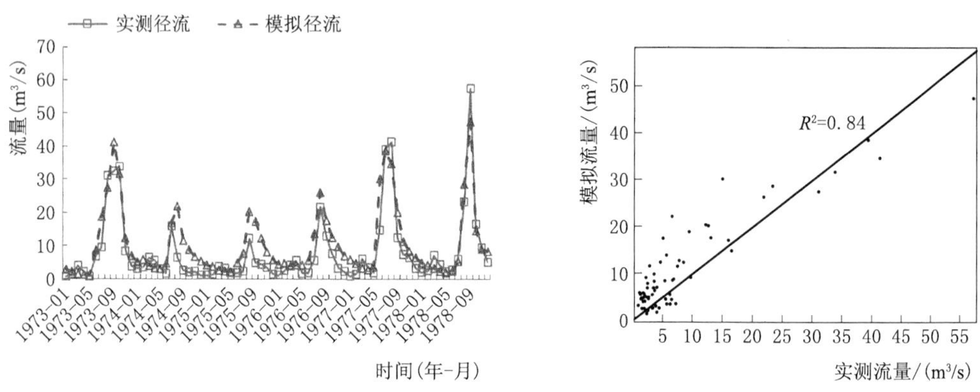

图 4.17 静乐站控制流域 SWAT 模型验证期模拟值和实测值对比图

4.8 土地覆被变化的水文响应研究

设置 1978 年、1998 年和 2010 年 3 种不同的土地利用（植被覆盖）变化情境，采用气候以及土壤等条件不变的前提下，仅改变土地利用数据分析土地覆被变化对径流量以及洪水过程的影响。具体如下：

情境 1（L1）：以 1978 年土地利用数据为基础，假设 1966—1978 年静乐站控制流域各类土地利用类型面积没有变化。

情境 2（L2）：以 1998 年土地利用数据为基础，假设 1979—1998 年静乐站控制流域各类土地利用类型面积没有变化。

情境 3（L3）：以 2010 年土地利用数据为基础，假设 1999—2012 年静乐站控制流域各类土地利用类型面积没有变化。

4.8.1 土地利用变化对年径流量影响

L1、L2 和 L3 情境下模拟结果见表 4.15，可见，L2 情境下 1979—1998 年模拟多年平均年径流量为 117.31mm，比 L1 情境下减小 2.15mm，即 1979—1998 年土地覆被变化导致静乐站年径流量平均每年减少593万m^3；L3情境下1999—2013年模拟多年平均径流深为185.27mm，比L1情境下小2.17mm，即1999—2013年土地覆被变化导致静乐站年径流量平均每年减少599万m^3。

表4.15　不同情境下静乐站控制流域SWAT模型模拟多年平均年径流量　单位：mm

时间	L1情境下模拟值	L2情境下模拟值	L3情境下模拟值	L2情境下模拟值－L1情境下模拟值	L3情境下模拟值－L1情境下模拟值
1979—1998年	119.46	117.31	—	－2.15	—
1999—2013年	187.44	—	185.27	—	－2.17

图4.18给出了不同情境下模拟年径流深变化量，由图可以看出1979—1998年，在L2情境下，模拟出的年径流量都呈现减少状况，特别在1989—1998年，年径流量减少量比较大；在L3情境下，模拟出的年径流量在1999—2009年呈现减少状况，但是在2010—2012年呈现增加趋势，这和静乐站实测年径流量的变化特征相符合。

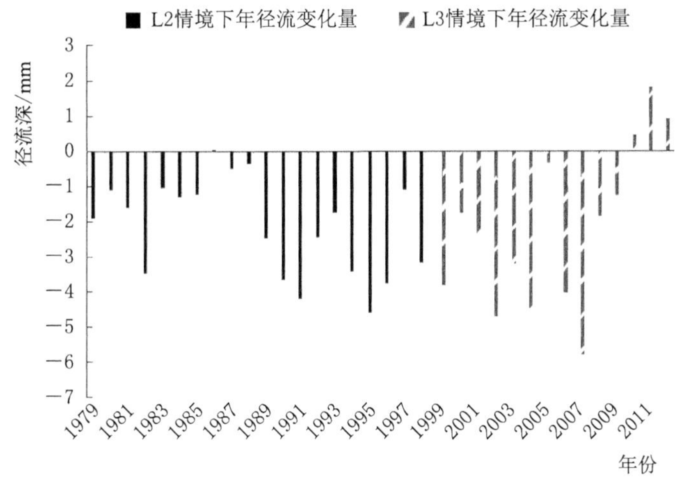

图4.18　不同情境下模拟年径流深变化量

在《SWAT 2009输入输出手册》（邹松兵等，2012）中规定，在模型计算输出的文件中，河道中水量平衡公式为：

$$WLDT = SURQ + GWQ + LATQ - TLOSS - pond \tag{4.8}$$

式中：$WLDT$为汇入河流的总水量，即总产流量，mm；$SURQ$为汇入河流的地表径流量，即地表径流量，mm；GWQ为汇入河流的地下水量，即地下径流量，mm；$LATQ$为汇入河流的侧向流量，即土壤侧流量，mm；$TLOSS$为传输损失量，mm；$pond$为其他损失量，mm。

为了分析土地利用/覆被变化对水循环过程的影响，对不同情境下SWAT模型模拟出的总径流量、地表径流量、地下径流量、土壤侧流量和蒸散发量的变化进行分析，表4.16给出了不同情境下的各项模拟径流量，在1998年土地利用数据下，模拟径流量比1978年土地利用数据下模拟径流量小主要是由地表径流量的减少引起的，和 L1 情境相比，L2 情境下的模拟地表径流量减少了 5.33mm，地下径流量增加了 0.15mm，土壤侧流量增加了 2.82mm，在 1978—1998 年，静乐站控制流域内林地面积增加，耕地面积减小，水域和城镇用地面积不变，耕地和草地转换为林地，在这种土地覆被变化下，地表径流量的减少和地下径流量的增加说明在这一时期，研究区域的产流条件发生变化，同时土壤侧流量的变化表明流域土壤的蓄水能力和出流能力在增大。

和 L1 情境下的模拟结果相比，L3 情境下模拟的地表径流量的减少量更大，多年平均值为−9.78mm，即平均每年减少地表径流量 2736 万 m^3，同时地下径流量和土壤侧流量的增加量也比较大，分别增加了 3.23mm 和 3.97mm；而 1978—2012 年，研究区域的土地利用类型变化主要表现为耕地减少，林地、草地增加，耕地转换为林地和草地。从 L3 情境中土地利用情况模拟结果看，林地、草地的增加使静乐站控制流域年径流量减少，年径流量减少主要是由地表径流量的减少引起的，同时林地、草地的增加引起地下径流量和土壤侧流量的增加。

表 4.16　　不同情境下径流模拟结果对比

项目	1979—1998 年			1999—2012 年		
	L1 情境下模拟值/mm	L2 情境下模拟值/mm	L2 情境下模拟值−L1 情境下模拟值/mm	L1 情境下模拟值/mm	L3 情境下模拟值/mm	L3 情境下模拟值−L1 情境下模拟值/mm
总径流量	121.76	119.55	−2.20	191.20	189.01	−2.19
地表径流量	64.77	59.43	−5.33	97.67	87.89	−9.78
地下径流量	3.44	3.59	0.15	24.56	27.79	3.23
土壤侧流量	45.03	47.85	2.82	58.03	62.00	3.97
蒸散发量	159.34	158.69	−0.65	192.84	190.80	−2.03

4.8.2 对年径流量年内分配的影响

土地覆被变化使流域下垫面发生改变，从而影响流域的水循环过程，导致流域年径流量的年内分配发生变化，3 种已有土地利用情境设置的模拟径流结果分别见图 4.19 和表 4.17，1978—1998 年，静乐站控制流域的土地覆被变化导致流域汛期径流量减少，枯水期径流量增加。和 1978 年土地利用情境下相比，1998 年土地利用情境下，导致 10 月至次年 1 月的平均月径流量增加，分别增加 0.86mm、1.27mm、0.20mm 和 0.09mm，2—9 月的平均月径流量减少，减少最多的月份为 7 月，平均减少−10.63mm。和 1978 年土地利用情境下相比，2010 年土地利用情境下年径流的年内分配变化量更大，在 2010 年土地利用情境下，9 月至次年 3 月的平均月径流量增加，且增加量比较大，特别在 9—12 月，平均月径流量的变化量比 1998 年土地利用情境下的变化量大得多。1999—2013 年在静乐站控制流域汛期降水量变化不大的情况下汛期径流量呈现显著下降趋势的结果是一致的。

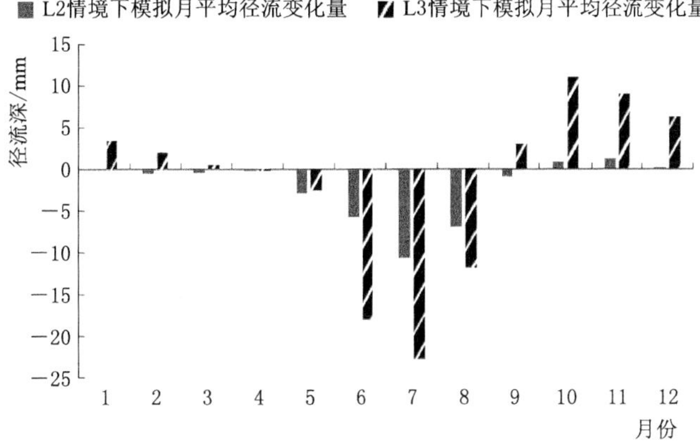

图 4.19 L2 情境和 L3 情境下对年径流量的年内分配影响量

表 4.17　　不同情境下平均月径流模拟结果对比　　单位：mm

月份	L2—L1（1979—1998 年）				L2—L1（1999—2012 年）			
	地表径流变化量	地下水变化量	土壤侧流量	蒸散发变化量	地表径流变化量	地下水变化量	土壤侧流量	蒸散发变化量
1	−0.01	0.01	0	0.01	−0.03	0.26	0	0.04
2	−0.15	0	0	0.04	−0.26	0.08	0.01	0.05
3	−0.14	0	0.08	0.03	−0.13	0.01	0.04	0.09
4	−0.24	0	0.13	0.01	−0.21	0	0.12	0.01
5	−0.59	0	0.27	0.01	−0.75	0	0.27	0.06
6	−1.20	0	0.46	0.67	−2.53	0	0.58	0.99
7	−1.67	0	0.73	−0.16	−2.51	−0.01	0.91	−0.39
8	−0.96	0.02	0.71	−0.79	−1.79	0.22	1.01	−1.55
9	−0.29	0.03	0.32	−0.43	−0.88	0.89	0.61	−0.93
10	−0.06	0.07	0.09	−0.03	−0.16	1.02	0.21	−0.44
11	−0.03	0.05	0.04	0	−0.03	0.66	0.03	0.15
12	−0.01	−0.02	0	0.01	0	0.49	0	−0.03

在模拟月径流量的水量平衡中，和 1978 年土地覆被情境相比，1998 年土地利用情境下，地表径流量减少，减少量比较大的月份为 6—8 月，地下水流量几乎没有变化，土壤侧流量增加，蒸散发量在 7—10 月减少，其他月份增加；在 2010 年土地利用情境下，地表径流量减少，地下径流量增加，且增加量比 1998 年土地利用情境下的变化量大，土壤侧流量也呈现增加趋势，蒸散发量也减少。

综上所述，和 1978 年土地利用情境相比，1998 年和 2010 年土地利用情境下使静乐站年径流量减少，1998 年土地利用情境下平均每年减少 539 万 m^3，2010 年土地利用情境下平均每年减少 599 万 m^3，年径流量的减少主要是由地表径流量的减少引起的，同时土地覆被类型面积的变化使流域的地下径流量和土壤侧流量增大，同时 1998 年和 2010 年土地利用情境下减少静乐站的汛期流量，增加枯水期的流量，使年径流的年内分配更加均匀；静乐站控制流域土地利用覆被变化使流域的调蓄能力增加。

4.8.3 土地覆被变化对洪水过程的影响

在针对土地覆被变化对洪水过程影响的研究中，大多研究采用水文模型，用历史反演的方法分析土地覆被变化对洪水要素的影响，但采用水文模型进行土地覆被变化对洪水过程的影响进行分析时，采用的方法各不相同。如魏兆珍（2013）、韩瑞光（2009）、冯平等（2015）采用建立的研究区域的水文模型，保持模型参数和各场洪水相应降水和流域初始条件不变，模拟同一次降水在不同下垫面条件下的洪水过程。李建柱等（2015）在建立研究区域的考虑下垫面变化的超渗-蓄满耦合产汇流模型后，保持模型的产流参数不变，仅改变分水源参数和汇流参数，分析不同下垫面条件下的洪水过程；李致家等（2012；2013）采用新安江模型模拟对不同时段的洪水进行参数率定，在固定不同时段洪水相应下垫面条件的前提下，采用不同时段的模型参数进行模型洪水模拟计算来分析下垫面的变化对洪水过程的影响。本次研究在率定出 3 种已有土地利用/覆被情景设置下模型参数的基础上，固定 3 种情景设置下的土地利用数据不变，采用不同时期的模型参数模拟相同场次洪水来分析研究区域土地利用/覆被变化对洪水过程的影响。

大量的研究表明，植被主要通过叶茎截留降水并降低降水侵蚀力、根系和枯落层增加降水入渗、增大坡面阻力、削减洪峰和洪量等实现减水减沙，因此，在流域层面上，当林草植被覆盖率大于 40%～50%以后，若继续增大林草植被覆盖率，减沙幅度将明显放缓，但减水量仍将增加（刘晓燕，2015），森林对洪峰的消减作用早已成为人们的共识（兰跃东等，2010；孙阁，1987）。

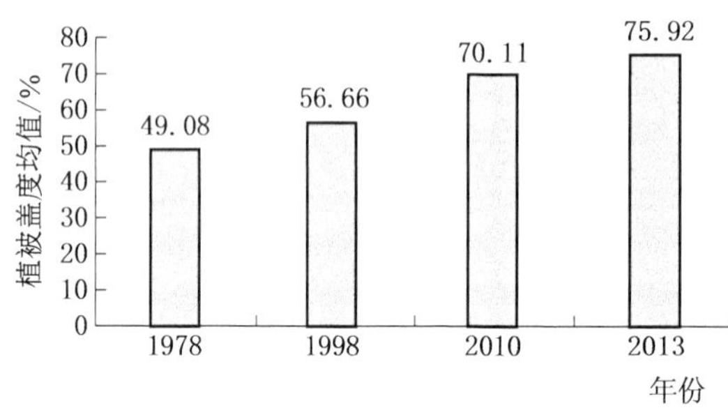

图 4.20 静乐站以上植被覆盖度统计情况

图 4.20 为所解译的静乐站以上植被覆盖度统计情况。从图中可见，静乐站以上流域植被覆盖度处于增加趋势，且从 1978 年以后植被覆盖度均高于 50%以上，随着流域内植被覆盖度的增加，其对径流的影响在继续加大，表现在径流减少和对洪水过程的影响。

表 4.18 给出了 L1 情境和 L2 情境模型参数下模拟出的洪水过程比对结果，在 11 场洪水模拟中，在土地覆被面积变化后，整体上洪水的洪峰流量增加约 26%，洪水总量增加约 12%。峰现时间略有提前。相比 L1 情境，L2 情境下的耕地和草地面积减少，林地面积增加，使得流域调蓄能力增加，但是下渗量减少，致使地表径流相应增加，洪峰流量增大。通过对所选取的洪水场次进行径流系数的推求，按照小于 0.2 的属于超渗产流。19830821 号、19850511 号、19940706 号、19960614 号、19980630 号这 5 场洪水属于典型的超渗产流。其余场次洪水径流系数为 0.2～0.4，属于混合产流。5 场超渗产流的洪水过程线都是极其相似的。其中 19960614 号和 19980630 号两场洪水的洪峰和洪量略有

下降。其余 6 场洪水中除了 19850511 号和 19960719 号洪水总量有所下降外，洪峰和洪水总量均为增加状态。通过对模型所有场次洪水的洪水过程线来看，L1 情境和 L2 情境有着相似的模拟过程，从退水时间来看，L2 情境均早于 L1 情境，当两者峰现时间接近时，L2 情境的退水曲线总是在 L1 情境上面，说明流域随着土地利用类型变化，土壤的蓄水容量增大，退水中壤中流和地下径流增加，洪水过程趋于坦化。

表 4.18　静乐站控制流域 L1 情境和 L2 情境土地利用情境下洪水模拟结果

洪号	L1 情境模拟结果		L2 情境模拟结果		L2 情境与 L1 情境比较		
	洪峰流量 /(m^3/s)	总洪量 /万 m^3	洪峰流量 /(m^3/s)	总洪量 /万 m^3	洪峰变化量/%	洪量变化量/%	峰现时间变化量/h
19810722	95	642	274	1443	65.32	55.51	2
19810805	136	2248	223	3042	39.01	26.10	−2
19830821	81	1090	114	1432	28.95	23.88	−1
19850511	1134	7931	1737	7161	34.72	10.75	2
19880720	117	2375	174	3142	32.76	24.41	0
19890721	151	3067	266	3967	43.23	22.69	−1
19920831	322	8101	406	9777	20.69	17.14	0
19940706	209	3556	348	4678	39.94	23.98	0
19960614	416	5975	369	4652	12.74	28.44	0
19960719	589	8656	628	7831	6.21	10.54	−2
19980630	413	4654	403	4258	2.48	9.30	−2

19850511 号和 19980630 号洪水的总洪量减少，两场洪水的降水强度比较大且降水集中；19850511 号洪水相应降水过程持续 9h，洪峰出现在降水开始后的 8h，最大降水量后的 2h；19980630 号洪水相应降水过程持续 4h，洪峰出现在降水开始后的 5h，最大降水量后的 2h；集中的强降水使研究区域发生大面积的超渗产流，但是由于林草地面积的增加，植物根系对洪水的吸收截留增加，使得洪水总量减少。

19890721 号洪水的降水历时 15h，洪峰出现在降水开始后的 17h、最大降水量后的 6h，这场洪水的降水历时较长且雨强不大。流域内大面积以蓄满产流为主，随着林地面积的增加，流域土壤蓄水容量增大，流域整体下渗减少，地表径流增加，发生退水时壤中流和地下径流占比重较大。

对于 19960719 号洪水，这场洪水的降水历时较长且雨强不大。19960719 号洪水的降水历时 15h，洪峰出现在降水开始后 10h、最大降水量后 6h。这场洪水流域内小面积以蓄满为主，后期大面积以超渗为主。在静乐站控制流域耕地和草地面积减少，林地面积增加后，流域土壤蓄水容量增大，流域整体下渗减少，地表径流略有增加，在降水历时较长、降水强度较小时，造成峰现时间略有提前，洪峰流量增加，同时退水水量增大，总洪量减小。

19920831 号洪水的相应降水过程持续时间比较长，且有短时间的强降水，相应降水过程持续 20h，最大洪峰流量出现在降水开始后的 17h，最大降水量后的 4h；长时间降水、短历时强降水致使流域主要以蓄满产流为主，在强降水过程中发生超渗产流。结合“十二五”国家科技支撑计划“黄河近年水沙锐减原因与趋势研究”结果发现，在高强度降水条件下，林地、草地植被减水效果起着负面作用，各场洪水具体对比情况如图 4.21 所示。

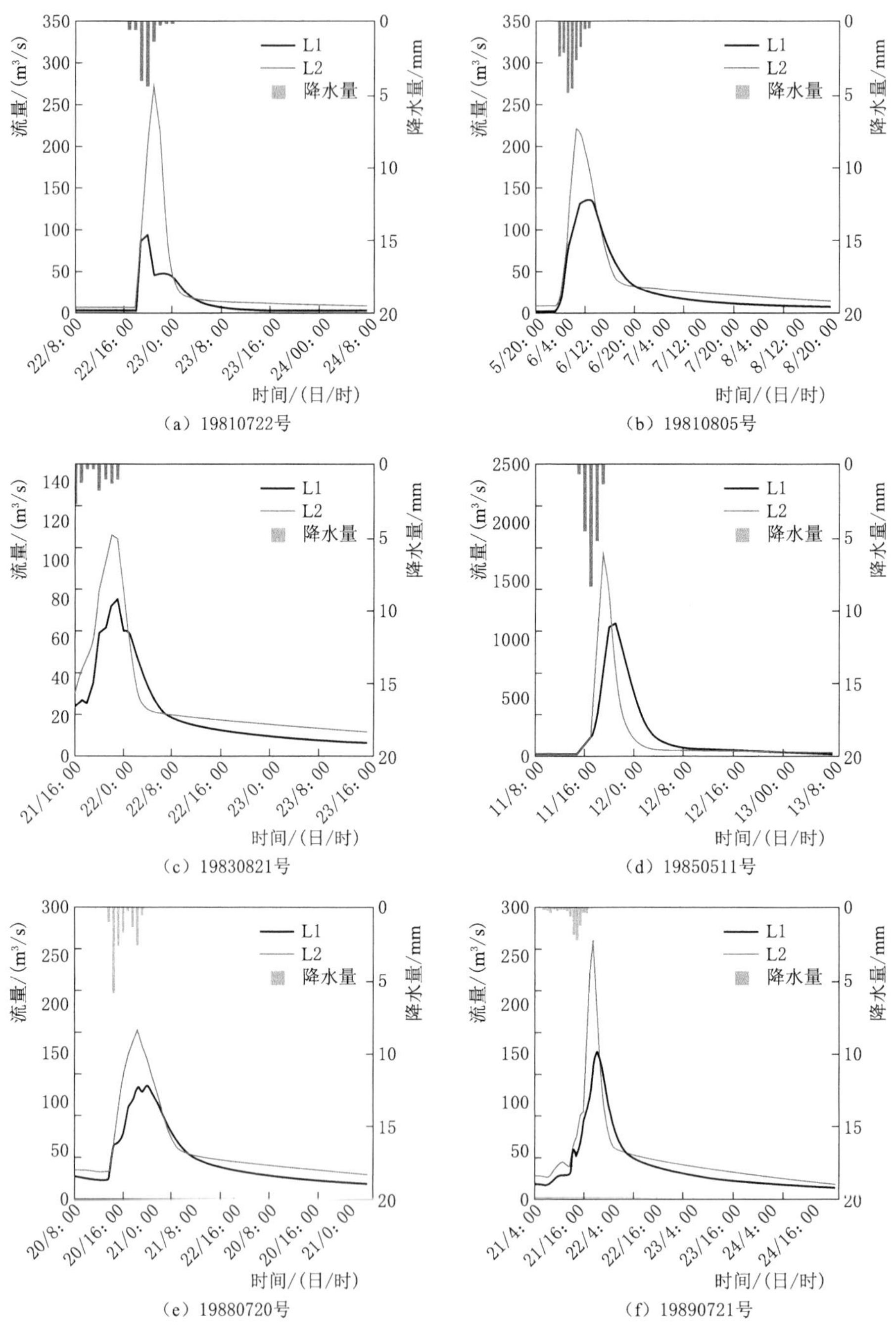

图 4.21（一）　静乐站控制流域 L1 情境和 L2 情境参数情况下洪水模拟过程

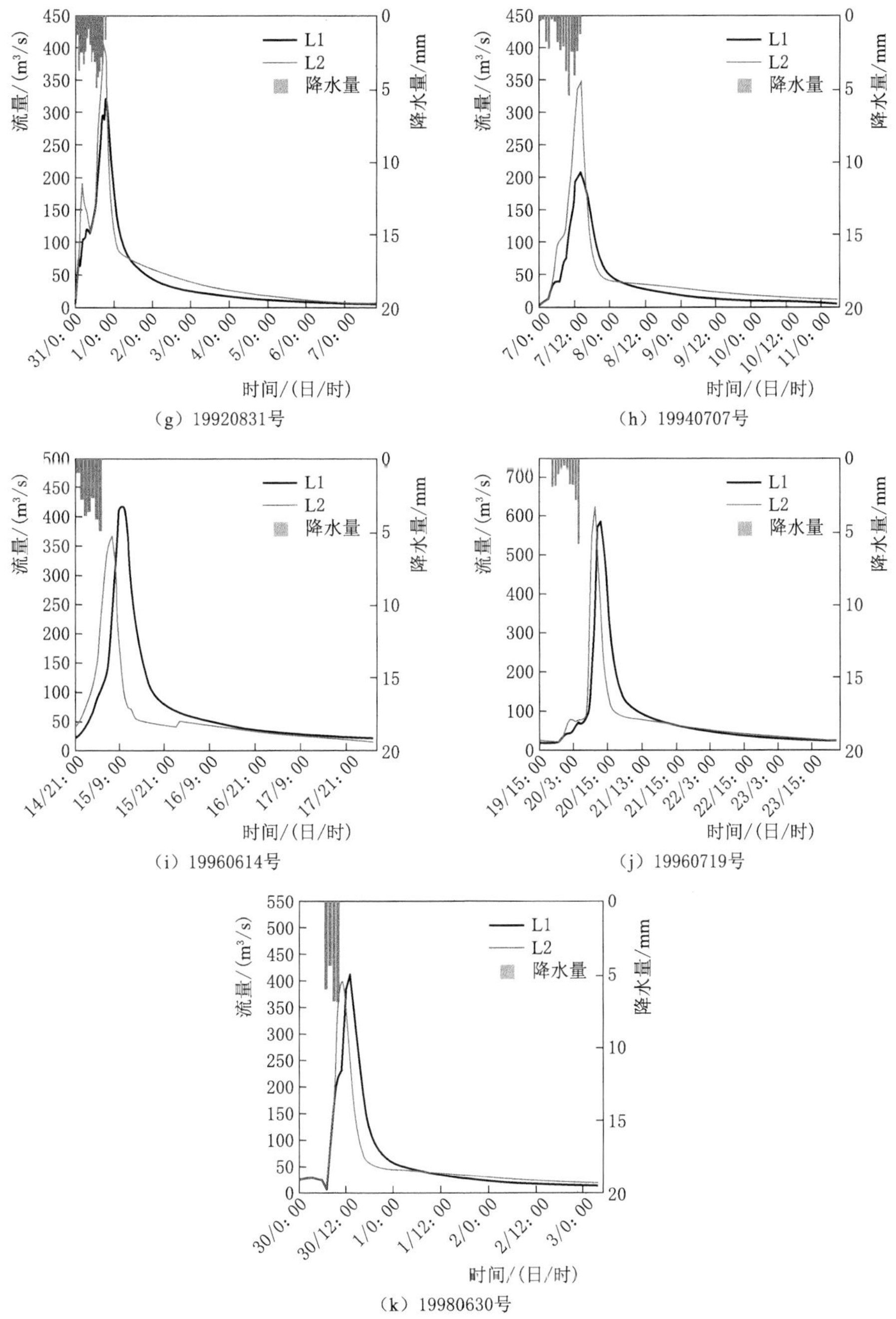

图 4.21（二） 静乐站控制流域 L1 情境和 L2 情境参数情况下洪水模拟过程

与 L1 情境下模拟的洪水过程相比，L2 情境下的模拟洪水过程呈现陡涨陡落的现象，同时在地表径流消退后，地下径流和壤中流的退水过程在 L1 情境下模拟洪水过程地下径流和壤中流的退水过程的上面，这表明和 L1 情境相比，L2 情境下的地下径流量和壤中流量增加，也是在洪峰流量增加量比较大时，总洪量的变化不是很大。结合土地利用类型的变化，可以得出随着静乐站控制流域耕地和草地面积减少，林地面积增加后，流域土壤蓄水容量增大，流域整体下渗减少，地表径流增加，同时退水的壤中流和地下径流增加。

表 4.19 给出了 L1 情境和 L3 情境下模拟洪水特征统计，和 L1 情境相比，L3 情境下的洪峰流量减少，且减少量比较大，6 场洪水的洪量有增加有减少。同时 L3 情境下的峰现时间比 L1 情境下的峰现时间平均滞后 1.3h。和 L1 情境下洪水过程的变化相似，L3 情境下洪峰流量减小最大的 3 场洪水（19990711 号、20080923 号和 20110729 号）的降水过程长且降水强度比较大；洪量的变化是由于地下径流量和壤中流流量的改变引起的。

表 4.19　　静乐站控制流域 L1 情境和 L3 情境土地利用情境下洪水模拟结果

洪号	L1 参数模拟结果		L3 参数模拟结果		L3 与 L1 比较		
	洪峰流量 /(m^3/s)	总洪量 /万 m^3	洪峰流量 /(m^3/s)	总洪量 /万 m^3	洪峰变化量/%	洪量变化量/%	峰现时间变化量/h
19990711	102.79	1357.97	27.88	714.41	73	47	2
19990720	53.52	929.74	43.87	1880.99	18	102	1
20000811	82.83	1533.89	49.79	2565.51	40	67	1
20080923	370.28	7992.16	154.88	8564.59	58	7	1
20110729	290.71	6758.32	55.71	2593.77	81	62	1
20130715	151.57	6892.26	86.9	6242.57	43	9	2

图 4.22 给出了 L1 情境和 L3 情境下模拟洪水过程，可以发现 L1 情境下的所有洪水洪峰流量均大于 L3 情境下的洪水模拟；除了 20110729 号洪水，其余 L3 情境下的模拟洪水过程在退水阶段的流量也均大于 L1 情境下的模拟洪水过程。从 L1 情境到 L3 情境，研究区域的土地利用类型变化主要为耕地面积减少，林地和草地面积增加，林地、草地面积的增加增大了研究区域的土壤蓄水容量，在同样降水条件下，土壤蓄水能力的增加消减了洪峰流量，同时增加了土壤的蓄水量，致使退水阶段的流量增加。L1 情境和 L3 情境的结果对比也说明了流域内进行的“退耕还林”和“退耕还草”效果显著。

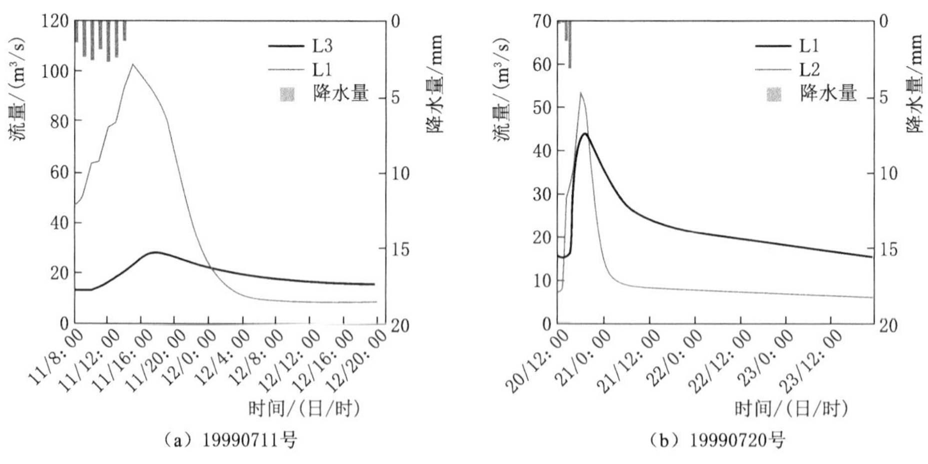

图 4.22（一）　土地利用变化下模拟洪水过程

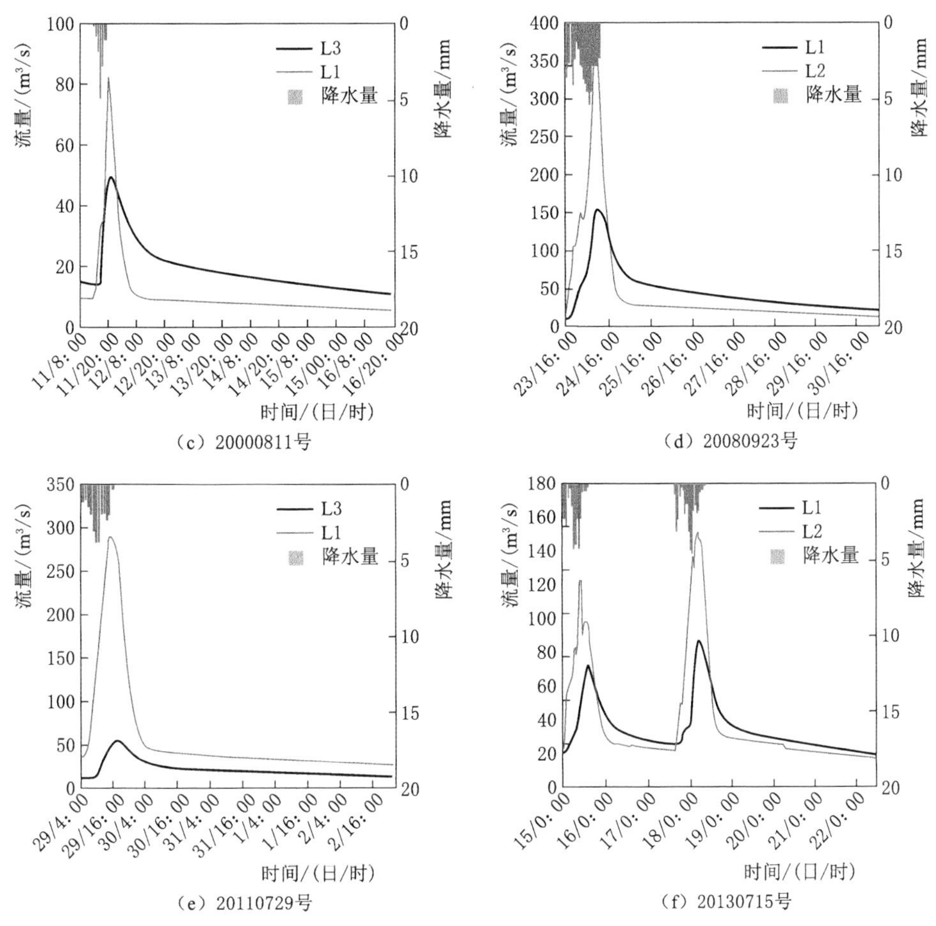

(c) 20000811号

(d) 20080923号

(e) 20110729号

(f) 20130715号

图 4.22（二） 土地利用变化下模拟洪水过程

4.9 小结

选择主要实施水土保持措施和退耕还林、退耕还草等措施的汾河流域内静乐控制站以上的流域为典型研究对象，本章重点分析了土地利用（植被覆盖）变化对连续月径流和次洪径流的影响。通过选择和建立次洪径流和连续径流模型，在率定和检验模型的情况下，设置不同土地覆被情境，基于所构建的次洪和连续径流模型，模拟分析了不同土地覆盖变化情境下的次洪和连续径流变化过程，得到如下主要结论：

(1) 基于 GIS 技术，按照静乐控制站以上流域的土地利用情况，划分了水文响应单元，构建了分散式的反映该地区产流机制的蓄满-超渗兼容次洪径流水文模型，采用人工与自动率定相结合的参数优选方法率定了模型参数。模型检验结果表明，在不同时期，该模型具有良好的模拟功能，能反映该地区的产汇流特性。

(2) 采用 SWAT 模型，在基于 SWAT - CUP 进行参数敏感性分析的基础上，率定和检验了 SWAT 模型在静乐以上流域的适用性，分析结果表明，在月径流模拟中，该模型具有较好的适用性。模拟分析结果表明，汾河流域由于土地覆被面积发生变化，致使流域的地下径流量和土壤侧流量增大，同时，1998年和2010年土地利用减少静乐站的汛期流量，增加枯水期的流量，使年径流的年内分配更加均匀；静乐站控制流域土地覆被变化使流域的调蓄能力增加。

（3）以1978年、1998年和2010年3期土地覆被数据为情景，分别模拟计算了不同情境下的连续径流和次洪径流的响应过程。模拟结果表明，随着流域内林地、草地的增加和耕地的减少，地下径流和壤中径流增加，地表径流减少，因此，流域内，在土地利用变化条件下，水循环及径流的形成过程发生着相应的变化。次洪径流模拟分析结果表明，由于林地、草地的增加、耕地的减少，导致流域内土壤蓄水能力和下渗能力增加，在降水强度较小的时候，造成峰现时间靠后、洪峰流量减小，同时退水量增大，洪量减小；在降水强度较大的时候，超渗产流明显，导致洪峰流量和洪量增加，这时林草植被对减水起着负面作用。

第 5 章

煤矿开采对流域水文系统的影响研究

黄河流域矿产资源十分丰富，其煤炭资源具有煤层厚、品种多、易开采的特点，据1990年国土资源资料，流域中游地区的累计探明储量和保有储量均占全国总储量的70%，探明储量在100亿t以上的大煤田，全国总共有26个，黄河流域占11个（国土资源部，1990）。然而煤矿开采在带来快速经济发展的同时，也导致了生态环境恶化、河流断流以及岩溶泉水断流等众多问题，加剧了黄河流域生态环境的脆弱性。山西省地处黄河流域中段，煤层分布占全省面积的39%，煤矿资源十分丰富，截至1995年全国第三次煤田勘测结果，在2000m以内，总量达6400亿t，省内自北向南有六大煤田分布，其中宁武、西山、霍西和沁水四大煤田在汾河流域。在全省县一级的118个县（市、区）行政单位中，就有94个行政分区分布着煤矿，占80%。大量的煤炭开采对环境及其水资源的影响越来越严重，包括水量的减少和水质的严重污染，同时，影响着煤矿所在区域的地质地貌等环境，因此，本研究在汾河流域内选择古交矿区为典型研究区，收集了古交矿区的水文气象及地质资料。在介绍古交矿区基本情况的基础上，分析了煤矿开采对水文系统内不同水体及水循环影响的机理，基于分布式水文物理模型对煤矿开采对水资源的影响进行模拟分析，为分析估算汾河流域煤矿开采对径流变化的贡献打下基础。

5.1 古交矿区研究区概况

5.1.1 自然地理与社会经济

（1）地理位置。古交市位于太原市西部山区，吕梁山脉中段东麓，地理位置处于东经111°44′～112°22′，北纬37°44′～38°10′，西北部与静乐县为邻，东北与阳曲县、太原市尖草坪区为界，东南与太原市晋源区、清徐县为界，南与交城县接壤，西与娄烦县毗邻。古交市中心距省城太原54km，全市总面积1584km^2。

（2）地形地貌。古交市地形复杂，四周高山环绕，中部地势低缓，河谷纵横。山地和丘陵占总面积的95.8%，河谷川地占4.2%。山地海拔一般在1500.00m以上，东部庙前山海拔标高1865m，西南部铁史沟山岩海拔标高2324m，为全市最高点；东部扫石一带的汾河峡谷谷底，海拔870m，为全市最低点。

古交矿区位于地形复杂的吕梁山脉上中段东侧区域，在地貌类型上属于中低山区，为山区与谷地兼黄土丘陵和台地。区域内山峰林立，地表沟谷纵横，地形切割强度明显，仅在河谷间散乱分布有300～600m宽度不等的阶地和漫滩，属构造剥蚀成因的低山及中高山地形。

(3) 地质概况。

1) 地层。古交市各类地层出露较全，前寒武系地层主要分布于古交市西部的岔口、狐偃山地区，出露面积 125km²；寒武系至奥陶系地层主要出露于汾河以北和营立一带，出露面积 391km²；石炭系地层沿汾河两岸出露，出露面积 109km²；二叠系地层出露于古交市中南部，出露面积 500km²；三叠系地层出露于古交市东南部，出露面积 90km²；第四系黄土分布于不同时代老地层之上，分布面积约 500km²；第四系全新统河床冲积层分布于汾河沿岸及较大支流处，分布面积 69km²。

2) 古交矿区地质构造特征。古交矿区是西山煤田的一部分，位于西山向斜的西翼中段偏北方向，地处晋祠泉域，为南北向、东西向和东北向构造，其中以北东向以及南北向构造为主。

(4) 气象。该研究区在大陆性季风气候基础上，兼具山地性气候的特征，春季干旱多风沙，夏季高温多暴雨，秋季温和晴朗，冬季漫长干寒。主要受地貌的影响，全区各地的气温、降水、风向、风速和无霜期等差异较大。

古交市（1961—1980 年）平均年降水量为 492.2mm，1981—2008 年平均年降水量为 415.1mm，后期较前期平均年降水量减少了 77.1mm。由于古交市南北部高，中部低，故降水分布很不均匀，全市以市境东南部的石千峰、庙前山地区为雨量高值中心（梅铜沟年均值为 602mm），向西北方向递减，并在汾河以北狮子河一带形成雨量低值区域（嘉乐泉 406.1mm、阁上 427.2mm），古交南部与交城接壤的分水线北麓，年降水量均值稳定在 500mm 以上。年降水量的 70%以上集中在汛期 7—9 月，而其他月份不足 30%。

古交市多年（1980—2008 年）平均水面蒸发 1928.1mm，干旱指数为 1.7～2.8。多年平均气温 9.5℃，1 月最低气温−22.4℃，7 月气温最高，极端最高气温达 39.1℃，温度分布上从北、西、南方向朝古交市中心区域递增。多年相对平均湿度 53%，日平均最大相对湿度 71.5%，日平均最小相对湿度 36%。相对湿度分布规律为南部大，北部小；春季小，夏季大。无霜期大约为 150d，自南向北递减，高山与河谷差异较大。

(5) 河流水系。古交市内的河流都属于黄河流域汾河水系，干流从龙尾头由西向东贯穿本市中部，在河口镇扫石社区附近出境，境内汾河南北两侧有 20 余条流域面积大于 10km²的支流汇入汾河。各种岩层分布广泛，地质构造复杂，断层众多，地表水和地下水转化强烈。集水面积大于 100km²的河流有 4 条：屯兰川、原平川、大川河和狮子河。古交市河流水系概况见表 5.1。

表 5.1　古交市河流水系概况表

水系	河名	汇入河流名称	控制面积/km²	河长/km	平均纵坡/‰
汾河	狮子河	汾河	177	29.6	21.7
	屯兰川		298	41.7	14.0
	原平川		220	28.1	18.2
	大川河		297	39.3	14.6
	柳林河		96（463）	45	23

新中国成立初期，山西省水利厅曾在大川河河口上游 2.5km 郝家庄设水文测站，1953 年迁移至古交市河口镇寨上村的汾河干流上，这是古交境内所设唯一的水文测站，到目前为止，已积累了 60 年的观测资料。寨上站位于汾河上游古交市河口寨上村，东经 112°12′，北纬 37°55′，集水面积 6819km^2，汾河水库至寨上区间控制面积 1551km^2，基本为古交市全境，研究区附近还有两个水文站：上游的汾河水库站和下游的兰村水文站。

(6) 社会经济。古交市现辖 3 镇 7 乡 4 个街道办事处，分别是河口镇、镇城底镇、马兰镇；嘉乐泉乡、梭峪乡、邢家社乡、阁上乡、岔口乡、原相乡、常安乡；屯兰街道办事处、东曲街道办事处、西曲街道办事处和桃园街道办事处。2008 年总人口 21 万人，人口密度 132.58 人/km^2。

古交市矿产资源丰富，有煤、铁、石英、锰、石膏、硫黄、石灰石等，其中以煤矿为主，煤田面积 660km^2，占古交市国土面积的 41.7%，已探明储量 98.3 亿 t。工业以采煤、冶炼为主，是全国重要的煤焦基地，现已形成以煤矿、钢铁、焦化、建材为支柱产业的工业体系，据统计 2015 年古交市实现生产总值（GDP）22 亿元，比 2014 年下降 5.1%，全市人均生产总值达到 10413 元，2015 年前古交市生产总值一直趋于下降趋势，到 2016 年古交市生产总值达到 26.39 亿元，生产总值有所回升。

5.1.2 水资源开发利用

古交市工农业及城市生活用水主要以开发利用地下水为主，根据古交市水资委的调查统计资料，1961—1980 年地下水取用量在 1650 万 m^{3}左右，孔隙水取用为 1400 万 m^3。以 2003 年为例，古交市的地下水取用量构成情况见表 5.2，2003 年地下水取水量为 2431.5 万 m^3，其中岩溶水 420.7 万 m^3、孔隙水 1499.3 万 m^3（含矿井排水 255 万 m^3）、裂隙水 511.5 万 m^3（矿井排水），可见，地下水取水量中主要由岩溶水、孔隙水和裂隙水组成，其中主要取水方式为井水和矿井排水。

表 5.2　　2003 年古交市地下水取用量构成

分　类	岩溶水	孔隙水		裂隙水
	井水	井水	矿井排水	矿井排水
取水量/万 m^3	420.7	1244.3	255	511.5
所占比例/%	17.3	51.2	10.5	21.0
小计/万 m^3	420.7	1499.3		511.5
合计/万 m^3	2431.5			

从表 5.2 中可以看出，古交市 2003 年地下水取用构成中，由于煤矿开采而取用的孔隙矿井排水 255 万 m^3、裂隙矿井排水 511.5 万 m^3，总共 766.5 万 m^3。也就是说，2003 年除去煤矿开采对地下水取用量的影响，古交市实际地下水开发取用量为 1665 万 m^3，与煤矿开采前 1961—1980 年地下水取用量相当。由于长序列的地下水资料不足，因此，参

考《古交市地下水资源评价报告》（古交市水务局，2004）中的结果，古交煤矿开采期地下水开发潜力具体情况如下：

（1）采煤期岩溶水。古交市位于晋祠泉域补给径流带，因整个晋祠泉域在 20 世纪 60—80 年代超采严重，山西省政府出台晋祠泉域保护方案，严格限制了泉域补给区的岩溶水开采，因此，古交市在采煤期 1981—2008 年不能加大岩溶水的开采量，与采煤前 1961—1980 年取用量相当。

（2）采煤期碎屑岩夹碳酸盐岩裂隙水。该含水层处于煤系地层，受煤矿开采的影响，采煤前开发量很少，1981—2008 年采煤期间将被矿井排水疏干。

（3）采煤期碎屑岩和变质火成岩裂隙水。该含水层虽有一定的开采潜力，但因分布分散，单井涌水量少，无法集中开发，仅可供当地居民饮用。所以，相比采煤前，此含水层取用水量变化不大。

（4）采煤期河谷冲积层孔隙水。1980—2000 年多年平均补给量为 1387.6 万 m^3，采煤前开采量已经接近此补给量，因此，采煤期此含水层也没有开采潜力。

综上所述，古交市 1981—2008 年地下水开采潜力较 1961—1980 年变化不大，取用量相比采煤前不会有太大的变化，煤矿开采期地下水取用量的增加，主要是因为取用了采煤疏干的孔隙和裂隙矿井排水。

5.1.3　煤矿资源及开采状况

5.1.3.1　煤矿储量与分布

古交市工业以煤矿为主，古交矿区是市内唯一的大型矿区，煤田面积 660km^2，矿区主要煤系地层为石炭系太原组和二叠系山西组，含煤地层总厚 150m，含煤 13 层，总厚 11m，含煤系数为 7%。山西组共含煤 7 层，其中 2 号和 3 号为主要可采煤层；太原组共含煤 6 层，其中 8 号和 9 号为主要可采煤层。

山西组由砂岩、砂质泥岩、泥岩、黏土岩和 3～7 层煤组成为海陆交互相至陆相过渡的含煤沉积层，厚 26～98m。分别为 01 号、02 号、03 号、1 号、2 号、3 号和 4 号煤层。主要分布于杏林坪—古交镇，及其以南的姬家庄、马兰、常安、睦联坡、原相、上白泉、邢家社和草庄头一带。

太原组由砂岩、砂质泥岩、泥岩、黏土岩和 4～6 层煤组成，分别为 7 号、8 号、9 号、10 号煤层，顶部含 5 号、6 号煤层，厚度为 61～121m，主要分布于古交镇—河口镇、营立—镇城底，杏林坪—上白泉—睦联坡。

古交市有 14 个乡镇，除岔口、阁上等几个乡，其余 11 个乡、镇均有丰富的煤矿资源。西自嘉乐泉、营立、上白泉连线以东，北自嘉乐泉、石堂河、河口连线以南，东自半沟、随老母、石千峰山以西，南自庙前山至狐爷山分水岭以北。

5.1.3.2　煤层

古交地层范围内，煤层比较稳定，是一个属于近水平分布、厚度为 58～136m 且低于河底高程的煤层。从顶部到底部依次为：01 号、02 号、03 号、1 号、2 号、3 号、4 号、5 号、6 号、7 号、8 号和 9 号煤层。

山西组。山西组含煤7层，可采及局部可采煤层为02号、03号、2号、3号、4号煤层，其中2号、3号为主要可采煤层。

太原组。太原组含煤6层，可采及局部可采煤层为6号、7号、8号、9号号煤层，其中6号、8号、9号为主要可采煤层。

5.1.3.3 煤矿开采状况

20世纪50年代，为集中力量发展新中国的工业经济，国家从山西原交城县与阳曲县划出一部分乡镇，组建古交工矿区，此后，古交市正式成立。

古交市1980年以前，仅有部分乡镇小型煤窑开采，开采量少且分布零散，据煤矿调查统计，1960—1980年原煤产量平均为30万t左右；自1980年后古交市大型国有煤矿陆续建立投产，在1990年原煤产量为823万t，2000年原煤产量956.5万t，2008年原煤产量达2000万t，古交市原煤产量呈快速增长趋势。2009年，古交煤矿主要在东曲、西曲、镇城底、马兰矿和屯兰矿等大型国有矿井开采，占全部产量的75%。

2005年后，古交市对境内地方煤矿进行了整合，对煤矿数量进行了压缩，将107座煤矿最终减少到83座，矿井数由122个减少为84个，整合后矿井面积为111.9km^2，核定规模为1356万t/a，井型在9万～120万t/a。山西省批复的古交市地方煤矿整合概况见表5.3。

表5.3　古交市地方煤矿整合概况

井型分类/(万t/a)	整合后矿井数目/个	数量/(万t/a)	比例/%
9	36	324	42.9
15	31	465	36.9
21	7	147	8.3
30	7	210	8.3
45	2	90	2.4
120	1	120	1.2
合计	84	1356	100.0

查阅古交市煤层开采情况，主要开采山西组2号、3号和太原组8号、9号煤层。古交市井田特征见表5.4。表5.4中统计了各个井田的位置和开采标高，例如西曲矿井处地面标高为1008m，开采标高为983m，开采深度达200m，其他各大型井田开采深度一般也在300m以内，有个别小型井田开采深度在300m以上，各井田矿区的开采深度都低于当地汾河河床高程。

5.1.4 古交矿区土地覆被变化状况

解译了1970年、1990年、1995年、2000年与2005年的遥感数据，土地利用情况见表5.5。根据矿区内的实际情况以及模型计算需求，本研究分析中仅考虑了林地、草地和耕地三类土地利用类型。根据解译情况，该研究区内土地利用变化不明显。

表 5.4 古交市井田特征

序号	指标		东曲矿井	屯兰矿井	西曲矿井	镇城底矿井	马兰矿井	杨庄矿井	陈家社矿井	原相矿井	中社矿井	邢家社矿井	嘉乐泉矿井	炉峪口矿井
1	井口位置		井田北部 D2 钻孔以北 300m 附近	井田中央偏北部分	井田东南角的一处平缓地带	城家曲村以北，716 号钻孔附近	武家庄以东，马兰河以北附近	井田西北部 P16 钻孔以东 1.8km	陈家社乡附近	原相镇南 1450m 处	大川河北岸西峪村附近	大川河西岸、邢家社乡邢家社村南 600m 处		炉峪口镇东北
2	主井坐标	X/m	4198013	4196981	4199742	4201739	4182198	4180512	4182435	4183000	4187385	4184760		4205093
		Y/m	19604807	19597591	19601710	19593090	19598187	19595220	19608930	19594875	19602915	19604020		19594322
		Z/m	1073	1006.5	1008	1015.5	1107.592	1534	1560	1310	1250	1177.7		1056
	井田尺寸	走向长/km	10	11	6.5	5.6	16.35	17.18	6.92	3.88	5.07	5.5	5.2	4.46
		倾斜宽/km	7	12	6	5.9	6.65	7.11	8.8	4.78	6.29	5.7	2.05	1.88
		面积/km^2	59.9	80	40.69	23.84	108.7	118.582	67.743	18.2504	32.37	25.1237	7.0342	7.0328
3	开拓方式		平洞-斜井	斜井-立井	斜井-平洞	斜井	斜井-立井	立井	立井	斜井	立井	立井	斜井	斜井
4	资源量/万 t		86063	101351	34806.9	28780	104725.9	130400	74517	23778	34366	21408	6898	5893.2
5	可采储量/万 t		52838	61476.6	18078.5	14843	67846.6	65200	37258.5	12659.57	15542.4	13292.11	2144	1895.1
6	规划生产能力/(万 t/a)		400	400	300	150	400	500	400	120	150	150	103	85
7	矿井服务年限/a		77	87.8	43	55.8	121.2	93.1	66.5	70.3	69.1	63.3	14	15
8	水平数/个		3	2	2	2	2	2	2	2	2	2	2	2
9	第一水平标高/m		973	750	983	760	910	720	860	720	660	650	上下组同采	上下组同采

表 5.5　古交矿区历年土地利用情况对比

类型	1970 年		1990 年		1995 年		2000 年		2005 年	
	面积/km²	比率/%	面积/km²	比率/%	面积/km²	比率/%	面积/km²	比率/%	面积/km²	比率/%
林地	605.9	38.25	605.9	38.25	615.1	38.83	607	38.32	607.1	38.33
草地	558.4	35.25	558.3	35.25	542.7	34.26	554.6	35.01	554.6	35
耕地	408.1	25.76	408.4	25.78	415.2	26.21	409.4	25.84	409.3	25.84
总计	1572.4	99.26	1572.6	99.28	1573.0	99.3	1571	99.17	1571	99.17

5.2　采煤对水循环的影响

5.2.1　采煤前水循环过程

煤矿开采前，矿区内下垫面稳定，并未形成集中的塌陷和裂缝带，区域内地下水水位埋藏浅，蒸发作用明显，地下水的补给、径流和排泄条件清楚，地下水以水平运动为主，水循环简单，其水循环过程如图 5.1 所示。在水循环过程中，大气降水是地表水、包气带水和地下水年复一年不断得到补充的源泉，通过凝结等作用，变为液态或固态降水，经过地表、包气带和饱水带调节后，分别形成坡面流、表层流和基流及潜流，最后以河川径流、潜流和蒸散发的形式排泄出区域。

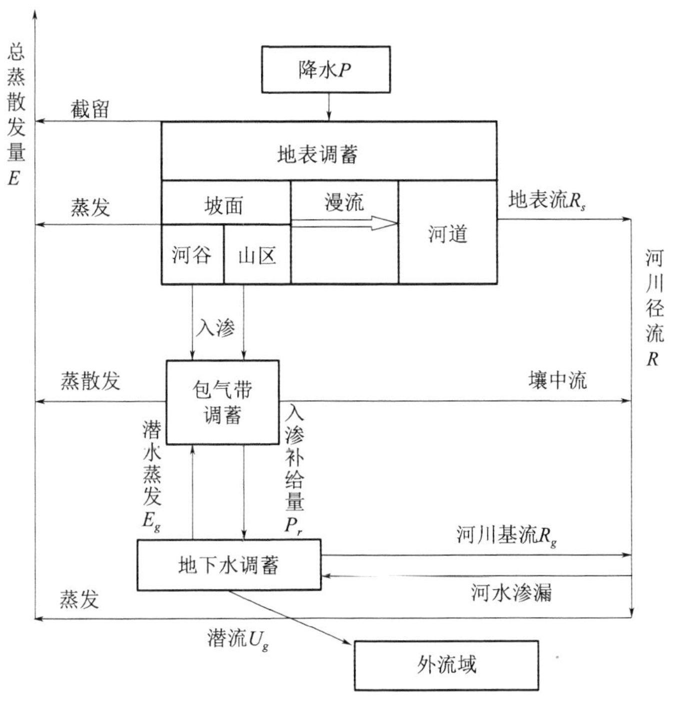

图 5.1　采煤前水循环过程

5.2.2 采煤后的水循环过程

在地质体中，煤和水资源共存于一体中，相互之间存在着必定的联系，随着采煤过程的不断进行，采空区范围不断扩大，揭露的含水层也越来越多。另外，煤矿开采过程中回采放顶和放炮震动等工作，使煤层顶底板破碎，地面甚至出现塌陷，新形成的裂隙与原有自然条件下的构造断裂相互连接，引起“三带”（即冒落带、裂隙带和沉陷弯曲带）波及地面时，才能使地表水及孔隙水渗入井中，同时采煤形成新的塌陷和裂缝影响到地质体中的水重新分布。因而采煤中期矿坑涌水量随之增大，对应的结果，煤层以上各含水层地下水储水量越来越少，甚至被疏干，含水层地下水降落漏斗范围不断变大，地下水水位逐渐降低，河道基流逐渐变小。这一时期，矿坑涌水量增长非常迅速，从涌水来源上分析，煤层以上各含水层中的疏干水量比例较大，地表水对矿坑的补给也逐渐增加。

采煤排水破坏了含水层原先的平衡状态和规律，并会形成以矿井为中心的局部降落漏斗，使得地下水原本以水平运动为主变成了以垂直运动为主，同时改变了原有的补给、径流和排泄条件，随着煤层的不断开采，煤系开采层以上各含水层中地下水储存量被疏干，地下水降落漏斗也发展到一定范围，并趋于稳定，来自含水层的疏干补给量越来越小。此外，煤矿开采塌陷区的地表裂缝在人工治理以及农业耕作的影响下逐渐好转，所以地表渗漏补给量相对地表渗漏量最大时期开始下降。从涌水来源上分析，主要构成是地表水的补给，也就是河道渗漏补给和降水入渗补给，而含水层中地下水存储量及疏干补给不再是主要来源。综上，在此阶段，矿坑涌水量在前期快速增长达到最大值后会逐渐下降，并最终趋向于相对稳定，采煤后水循环过程如图 5.2 所示。从图中可见，煤矿开采排水，一是改变了地下水补给、径流和排泄的关系；二是局部改变了地下水的流场和流向，在矿井“三带”影响范围内，地下水流入矿井；三是局部改变了降水与地面、地下水的转换关系，在自然条件下，降水补给河水，河水补给地下水，而在矿井影响范围内降水、河水、地下水均补给矿井水；四是由于矿井长期排水，开采区水井水位下降，井泉流量减少；五是由于煤矿开采“三带”的影响，煤系各含水层发生了水力联系，引起含水层的水位下降，水量发生变化（姚文艺等，2011）。

5.2.3 采煤前后水循环过程及水量的变化

（1）采煤前后水循环变化对比。对比采煤前后的水循环过程可以看出，煤矿开采形成的“新要素”加入到水循环过程中，如地表塌陷、裂缝和矿坑排水等，在水循环过程中，这些“新要素”使得采煤后的水循环变得更加复杂，同时径流产生和形成的规律也会随之发生变化。具体地说，在产流阶段，由于塌陷和裂缝的作用，降水会更多、更快地填洼和入渗，而入渗到地下的水，在新的排泄途径——矿坑排水作用下，又大大截取了原有的基流，使产流量发生了变化，同时裂隙和塌陷的形成也改变了汇流途径，进而在汇流阶段，洪峰、洪量和过程线都将发生变化。

对比采煤前后的水量过程，开采条件下的水资源总量比天然条件下的水资源总量增加了一项采煤条件下的地下水资源量，但是，地表水、地下水与开采前有了很大差别，各有一部分转化为矿坑水，即矿坑涌水量。矿坑涌水量排到地面处理后，一部分矿坑水被井下

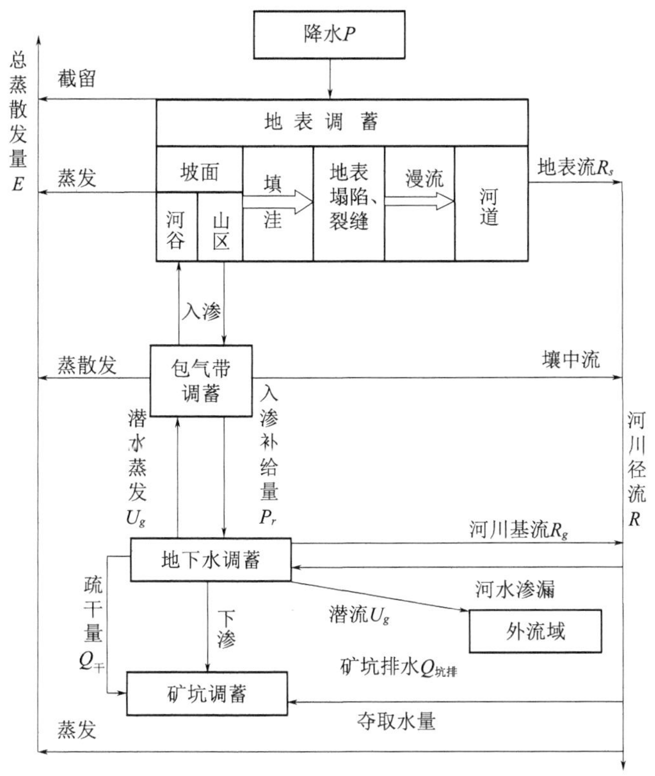

图 5.2 采煤后水循环过程

利用，另外部分将作为水源使用，资源增加量是矿坑涌水量的一部分。

(2) 采煤前后水量平衡关系对比分析。古交市山地和丘陵占总面积的95.8%，河谷川地占4.2%，山地海拔标高一般在1500m以上。根据采煤前的水循环过程，区内某时段的水量平衡方程式可表达为

$$P = R + E + U_g \pm \Delta V \tag{5.1}$$

式中：P为降水量；R为河川径流量；U_g为地下水潜流量；E为总蒸发量；ΔV为研究时段内地表、土壤、地下水蓄变量。

多年平衡条件下，$\Delta V \approx 0$，山丘区地下水埋深一般较大，故地下蒸发量$E_g=0$，因此，对于多年平均的情况下，其区域水资源（W）为降水所产生的地表和地下总量，即可简化表达为

$$W = R_s + P_r \text{ 或 } W = R + U_g \tag{5.2}$$

式中：R_s为地面径流；P_r为降水入渗补给量。

根据采煤后水循环关系图，有

$$W = R'_s + P'_r \tag{5.3}$$

式中：R'_s、P'_r分别为采煤条件下地面径流量与地下水资源量。而采煤条件下地下水资源量P'_r为

$$P'_r = R'_g + U'_g + Q_{坑排} \tag{5.4}$$

式中：R'_g、U'_g 分别为采煤条件下地下水基流量与潜流量；$Q_{坑排}$ 为采煤条件下转化为矿坑水的地下水量。

$Q_{坑排}$ 为地下水基流量、潜流和地面径流转向矿坑的水量以及增加的降水入渗补给量之和，即

$$Q_{坑排} = \Delta R'_g + \Delta U'_g + \Delta R'_s + \Delta P'_r \tag{5.5}$$

将式（5.5）代入式（5.4）得

$$P'_r = R'_g + U'_g + \Delta R'_g + \Delta U'_g + \Delta R'_s + \Delta P'_r \tag{5.6}$$

将式（5.6）代入式（5.3）得

$$\begin{aligned} W' &= R'_s + R'_g + U'_g + \Delta R'_g + \Delta U'_g + \Delta R'_s + \Delta P'_r \\ \because R'_s + \Delta R'_s &= R_s, R'_g + \Delta R'_g = R_g, U'_g + \Delta U'_g = U_g \\ \therefore W' &= R_s + R_g + U_g + \Delta P'_r = W + \Delta P'_r \end{aligned} \tag{5.7}$$

可见，由于煤矿开采导致水量平衡关系发生了变化，采煤后明显增加了地下径流、降水入渗量，还有在这段时间内蓄水的变化量，也就是在除了采煤前的水资源量外还增加了降水入渗变化量。

5.3　煤矿开采对水文系统影响作用机理

山西省煤系地层主要为石炭～二叠系太原组、山西组地层，含煤 10～15 层，主要可采煤层 4～6 层；其次为侏罗系大同组，主要分布于大同煤田，可采煤层 14 层。据煤田地质构造、沉积环境和水文地质条件等因素分析，煤层与含水层、隔水层组合具有的特征表现如下（程东和赵志怀，1998；范堆相，2005）：

（1）煤层、含水层与隔水层三者共同赋存于一个地质体中，一般为同期沉积。

（2）三者既有独立的成层特征，又有互层联系，在层厚上有厚薄和尖灭的变化规律，受后期构造影响。

（3）三者均具被断层切割成块状或挤压成厚薄不一的特征。

山西省地下水主要赋存于六大煤田盆地、河谷地段以及太行山、太岳山、吕梁山等的山麓地区，岩溶大泉均位于山区与盆地间的断裂带和煤田边缘。从垂向上分析，地下水主要赋存于煤系底部奥陶系灰岩（简称“奥灰岩”）中，为岩溶裂隙水，其厚度大、分布广、含水丰富。煤系地层及其上覆岩层含水性微弱。

5.3.1　煤炭开采与水资源的关系

煤炭开采主要与松散岩类孔隙水、煤系裂隙水有关，局部地区与地表水和下伏奥灰岩溶水有关。

（1）与地表水、孔隙水的关系。山西省的煤矿大多位于丘陵区季节性河流的河床或区域地下水位以上，河床与煤系基岩间有隔水层存在，一般情况下地表水、孔隙水与煤炭开采没有联系，只有在煤层埋深浅的地段，煤炭开采引起“三带”波及地面时，才能使地表水、孔隙水渗入井下，形成以矿井为中心的降落漏斗，导致“三水”转化关系发生改变，使降水、地表径流以及孔隙水由水平运动转为垂直运动而补给矿坑水，经矿坑排水又补给

地表径流及孔隙水，如此反复循环。

(2) 与煤系裂隙水的关系。直接受煤炭开采影响的地下水是煤系裂隙水：一是煤矿排水局部改变了地下水的自然流场；二是局部破坏了煤系含水层补、径、排关系，从而改变了“三水”转化关系；三是采区水位下降，在其影响范围内井泉流量减少。

5.3.2 煤炭开采对地表径流量的影响

黄河流域煤炭资源的一个重要特点是煤水资源共生，煤层、含水层与隔水层一般为同期沉积，三者之间赋存于一个地质体中。当煤层采空后，采场周围岩体将产生应力重新分布，使含水层的渗流状态发生改变，当采面达到一定范围后，将形成地表塌陷。当一个煤层开采后，其上部岩层移动时，如果裂隙带到达地表，就会使地表水与井下连通。如果裂隙带达不到地表，但达到了煤系地层中某一个含水层，就会使该含水层破坏，改变其径流特征，使含水层中的水漏入井下，形成矿坑水。因此，煤矿在开采过程中有大量的地下水需要排出。

煤矿开采所造成的塌陷和裂隙范围随着开采的不断继续也随之加大，造成河川径流量大量渗漏，降水入渗系数增大，使得降水更多、更快地渗漏到地下，也使地表水与地下水、矿坑水发生了直接的水力联系。因此，煤矿开采造成的塌陷和裂缝消减了地表水体的补给源。例如古交矿区，经分析计算，1956—1979 年平均降水入渗补给系数为 0.214，1980—2000 为古交市煤矿开采时期，多年平均降水入渗系数为 0.236，大于 1956—1979 年入渗水平。在开采过程中对地表水造成一定的影响，其影响主要表现在地表基流方面，采煤过程中造成的塌陷使矿井顶板坍塌，含水层结构发生变化，且与矿坑直接连通，地下水位大幅下降，局部形成降落漏斗。另外，煤矿经过开采以后，也会形成一些矿坑，这样就造成矿坑周围的大部分基岩裂隙水排向了矿坑，不再排向河道，从而造成河道基流减少。有数据及相关研究表明（宁维亮等，1997；王启亮和程东，2009），在煤矿开采较为集中的地区有些河道已经出现径流减少或断流的现象。有一些地方河道尽管水量看着变化不大，但并不是河道本身的天然基流量，而是由于矿坑水排到了河道，主要是矿坑废水。地面裂缝和塌陷引起区域地表水泄漏，地下水位下降，严重破坏了矿区及周边地下水均衡系统，甚至导致河流断流。因此，煤矿排水是影响所在区域河川径流量减少的原因之一。

以收集到的 1990 年统计矿坑排水量数据为例进行分析，1990 年矿坑排水量情况见表 5.6。1990 年矿坑排水量为 834.9 万 m^3，且总排水量中以开采下组煤（太原组）导致的矿坑排水为主，根据山西省煤矿工业厅的数据统计（2011），2009 年古交市原煤产量达 2200 万 t，因此，在 1990—2008 年期间，随着煤矿的大规模开采，同样会产生大量的矿坑排水，从而消减基流。

表 5.6　古交市 1990 年煤矿矿坑排水调查测试成果汇总（李振栓和杨展，2003）

项目		矿数	占比 /%	原煤产量 /万 t	占总产量 /%	排水量 /万 m^3	占总排水量 /%	排水系数	备注
开采层组	上组	90	70.3	269.4	32.7	103.5	12	0.384	山西组
	下组	38	29.7	553.6	67.3	731.4	88	1.321	太原组
	合计	128	100	823.0	100	834.9	100	1.705	

续表

项目		矿数	占比 /%	原煤产量 /万 t	占总产量 /%	排水量 /万 m^3	占总排水量 /%	排水系数	备注
开采深度	地下水位以上	87	68	279	33.9	74.3	9	0.266	地下水位即当地侵蚀基准面
	地下水位以下	41	32	544	66.1	760.6	91	1.398	
	合计	128	100	823	100	834.9	100	1.664	
所有制性质	市及市以下	121	94.5	325	39.5	361.08	43	1.111	
	统配	7	5.5	498	60.5	473.82	57	0.951	
	合计	128	100	823	100	834.9	100	2.062	

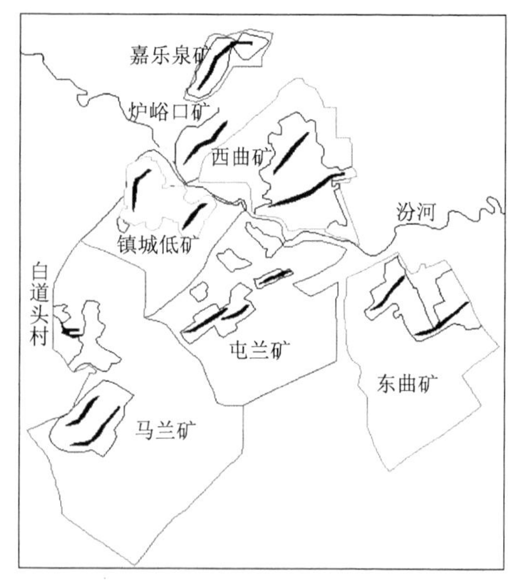

图 5.3 古交矿区裂隙、塌陷分布

以古交矿区为例，煤矿开采对地表径流的影响过程集中表现在以下几个方面：

(1) 对地表形态的破坏。古交市形成的地面塌陷及裂缝比较普遍，2009 年达 150km^2，其空间分布范围与煤矿开采状况密切相关，据不完全统计（葛民荣等，2005)，地面塌陷共 10 处、裂缝 28 处，集中分布在矿区周围，如西曲、东曲、屯兰等矿井，见图 5.3。局部塌陷、裂缝如图 5.4～图 5.7（调研所拍摄)。另外，马兰镇白道头旧村北的梁上耕地，于 2002 年 9 月形成一条走向东西向，弧顶朝南的裂缝，宽 15cm，长 120m，裂缝往西向梅家沟里延伸 120m 并尖灭，向东沿沟而下，并往北东侧梁上继续延伸，下错最大达 50～60cm，长度 1200m。在白道头新村东侧梁上，发育一条近东西向的裂缝，与上述裂缝近平行，北东—西南向延伸，往西南一直延伸到西沟旧村东梁上，裂缝宽 20～30cm，最宽达 50cm，北侧下错最大 50～60cm，长度也在 1000m 以上。

(2) 河川基流大幅度减少。根据 1990 年水文部门的资料，古交地区砂页岩山区河川基流量多年平均为 900 万 m^3（李振栓，2003)。由山西矿井水文地质条件，矿井排水中孔隙水不属于河川基流，且随着开采规模的扩大，孔隙水涌水量不会增大，浅层裂隙水则全部属于基流，深层裂隙水至少有 50%是河川基流，另外一半则属于含水层储水量和侧排量（李世峰等，2009)。1990 年矿坑排水构成为：河谷孔隙水 255 万 m^3，浅层裂隙水 103.5 万 m^3，深层裂隙水 476.5 万 m^3。所以，在煤矿开采后，会导致 342 万 m^3 的河川基流减少，占砂页岩山区基流总量的 38%。

图 5.4 地裂缝（1）

图 5.5 地裂缝（2）

图 5.6 地裂缝（3）

图 5.7 地裂缝（4）

（3）地表径流量减少、径流系数变小。古交市内煤矿塌陷普遍，采空区上方的塌陷、裂缝贯穿地面的地段，暴雨形成的产汇流过程将发生变化，也就是在坡面漫流和河道汇流中，地表径流通过煤矿开采活动导致的裂缝与塌陷区段，大量地表水渗漏进入矿井中，从而使地表径流量减少。根据汾河水库、寨上站 1961—2008 年的降水量和实测径流量，1980—2008 年期间流量减少幅度远大于降水量减少幅度，径流系数减小。

5.3.3 煤矿开采对地下水资源的影响

在地质体中，煤和水资源共存在其中，所以相互之间必定存在联系，采煤形成的塌陷和地裂缝会影响到地质体中水的重新分布，也就是与地下采空区联通，成为新的、统一的含水层，而由于采空区的加入，使得地下水的储水空间加大，形成一个新的含水层。

地下水按照煤水储存条件可分为煤系地层上覆含水层、煤系地层含水层、煤系地层下伏含水层三种类型。其中前两个含水层主要为孔隙、裂隙含水层，下伏含水层是岩溶含水层。天然条件下，各含水层均有其自身的补给、径流和排泄规律，但是采煤排水破坏了它们原先的平衡状态和规律，形成了以矿井为中心的局部降落漏斗，使得地下水径流原本以水平运动为主变为以垂直运动为主，同时改变了原有的补给、径流和排泄条件，地下水在新的排泄途径中向矿坑流动，在局部作用范围内，水流坡度加大、水流速度加快、含水层水位降低，局部由承压变成无压状态，一些含水层变为透水层，使煤系地层裂隙水受到明显的影响，一些水井也发生干枯现象。

5.4　古交矿区水文地质条件

太原市古交地区是我国重要的焦煤生产基地，区域内煤炭储量十分丰富、煤质品种优良，在对我国经济社会的发展发挥重要作用的同时，也产生了一系列不良影响，其中地下水资源问题是突出且亟待需要解决的问题，已引起了人们的广泛关注。近年来由于古交地区持续的煤炭开采，造成了地下水水位下降、以矿坑为中心的降落漏斗不断扩张、含水层疏干、地裂缝、地面塌陷、生态系统退化等问题（段鹏，2015），使得原本就水资源缺乏的古交地区水资源形势变得更加严峻，严重影响到了当地人们的正常生产和生活。

5.4.1　水文地质条件

古交的含水岩层类型种类齐全，按成因古交地区含水层可划分为三个含水岩组，分别为孔隙含水岩组、裂隙含水岩组和岩溶含水岩组。古交孔隙水含水岩组的时代主要为第四系，裂隙水含水岩组时代包括三叠系、二叠系和石炭系，岩溶水含水岩组时代主要包括奥陶系和寒武系。其中，第四系孔隙含水岩组出露面积大约为 69km²，由山西古交水文地质图可以看出其出露位置主要分布在境内的汾河及较大支流天池川、屯兰河、原平河、大川河等的河谷、河床及河漫滩等的阶地中，具有供水意义，大气降水和河水渗漏为其主要补给来源；其排泄途径包括蒸发作用和人类用水。古交市碎屑岩裂隙含水岩分布面积约为 640km²，主要分布在汾河南岸。碎屑岩类裂隙含水岩组各层段均属富水性弱的含水层段，个别地段甚至可认为是相对隔水层，该层供水意义不大，大气降水为其唯一补给来源，泉水出流为其唯一排泄途径。石炭系裂隙岩溶含水岩分布面积为 282km²，主要出露位置为汾河南北两岸及古交煤盆地的西部边缘地带。大气降水为石炭系裂隙岩溶含水层主要补给来源，煤矿排水为其主要排泄途径，含水层在采煤过程中被自然疏干。

5.4.2　补给、径流和排泄条件

5.4.2.1　补给条件

大气降水和汾河渗漏是该区域含水层的主要补给来源，在古交区汾河北部、西南部及文峪河附近，在灰岩露头区奥陶系岩溶含水层可接受大气降水的直接补给。汾河由西向东横穿古交中部，可将汾河分为漏失段和径流段，漏失于灰岩的汾河径流对矿区岩溶地下水的补给起到了不可忽视的作用。据《古交市地下水资源评价报告》（古交市水务局，2004）显示，汾河渗漏段在整个晋祠泉域有三段，分别为罗家曲至镇城底段、古交镇至河下村

段、河下村至峙头寺段（太原理工大学水资源与环境地质研究所、太原市晋祠泉域水资源管理处，2012；钟媛媛，2017）。

图 5.8 标注了汾河各漏失段长度、漏失岩层的岩性及各段径流量。由图可知，古交市奥陶系岩溶含水层可接受的汾河渗漏的区域位于汾河西段，即寨上至汉道岩段，其下垫面岩性为奥灰岩，其多年平均渗漏量 $0.33m^3/s$。另外在河谷冲积层潜水和碳系至二叠系裂隙水有向下越流补给。古交矿区奥陶系岩溶含水层埋藏于第四系至二叠系岩层之下，在大部分区域顶部含水层水位高于奥陶系岩溶含水层的水位，部分区域向下越流补给岩溶水，但其量甚微，可以忽略不计。

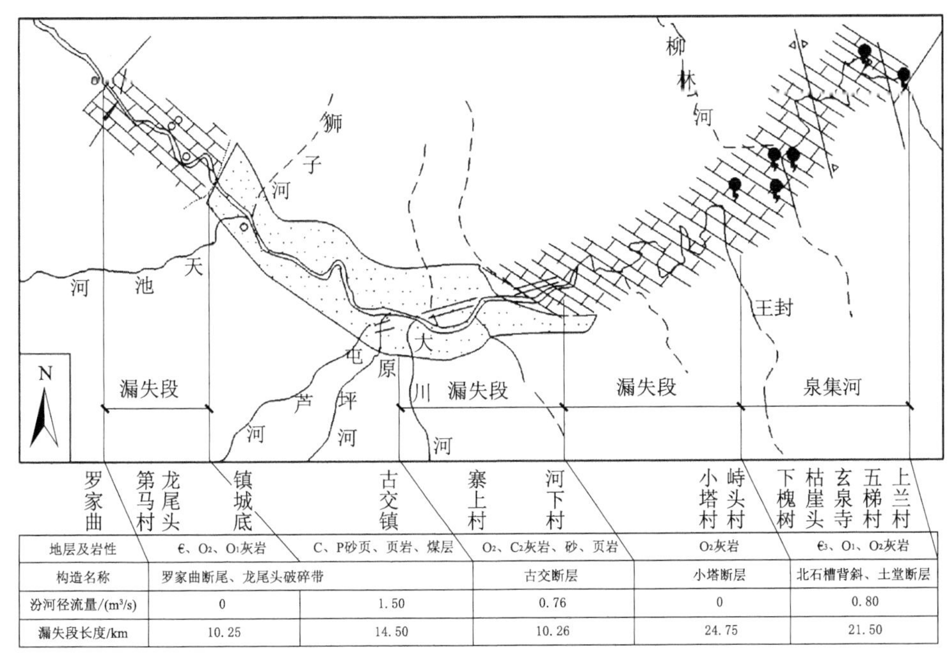

地层及岩性	€、O_2、O_1灰岩	C、P砂页、页岩、煤层	O_2、C_2灰岩、砂、页岩	O_2灰岩	$€_3$、O_1、O_2灰岩
构造名称	罗家曲断尾、龙尾头破碎带		古交断层	小塔断层	北石槽背斜、土堂断层
汾河径流量/(m^3/s)	0	1.50	0.76	0	0.80
漏失段长度/km	10.25	14.50	10.26	24.75	21.50

图 5.8　汾河渗漏区段水文地质条件

5.4.2.2　径流条件

古交境内奥陶系岩溶水含水层的地下水自北、西北流向南及东南。在灰岩裸露区和汾河渗漏区接受补给并垂直渗入岩溶水含水层，据水文地质勘察资料显示汾河沿河钻孔（Z-1～Z-9）岩溶水位相差 2.05m，水力坡度约 5‰，通过地下水平径流向东南排泄带运动。

5.4.2.3　排泄条件

图 5.9 为晋祠泉形成示意图，由于西山岩溶水盆地的运动受到边山断裂带东侧弱透水层的阻挡而形成晋祠泉。晋祠泉是典型的山前断裂溢流泉，泉水出流是古交奥陶系岩溶水排泄的主要途径。另外，岩溶水作为工农业用水和人类生活用水的重要来源，人类直接开采岩溶水也是其主要排泄途径。

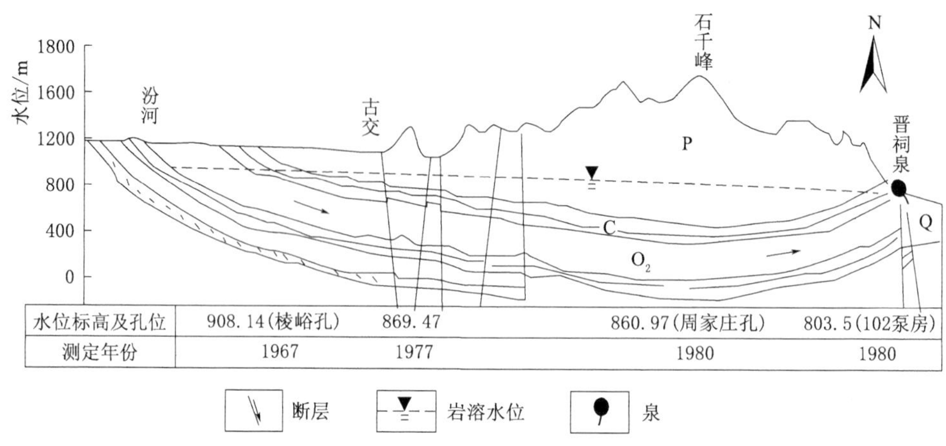

图 5.9　晋祠泉形成示意图

注：资料源于《山西省太原市晋祠泉域水资源开发利用现状调查研究》(太原理工大学水资源与环境地质研究所、太原市晋祠泉域水资源管理处，2012)。

综上所述，奥陶系岩溶含水层的主要补给方式为降水和汾河渗漏，第四系孔隙水和裂隙水虽有越流补给但其量甚微，近年来采煤疏干作用，使得越流补给量可以忽略，泉水出流和人类用水为主要排泄途径。

5.4.3　古交地下水系统分析

根据古交水文地质条件和三维地质剖面图，古交地下水的形成、转化和运移规律受到如下多方面因素的影响：

(1) 从分布上来看，根据古交市综合水文地质图，古交各含水岩组出露比较齐全，在裸露范围内可直接接受大气降水的补给，且古交各含水岩组在垂向分布上呈现平行整合接触、平行不完全整合接触等状态，其垂直分布结构关系着各含（隔）水层之间是否有可能存在垂向水量交换作用。其中，古交区域范围内的岩溶水属于晋祠泉域岩溶水系统，该区域属于晋祠泉域岩溶水系统的补给径流区，分布面积占整个晋祠泉域岩溶水系统面积的 3/4，古交岩溶水的动态变化关系着整个晋祠泉域的水量平衡。

(2) 从古交含水层的空间结构和赋存条件角度来分析，古交矿区的水文地质特性受到了狐偃山岩浆岩穹窿构造、马兰向斜等的控制，古交地下含水系统受石千峰向斜的影响程度并不大。

(3) 从气象因素和人类活动角度来看，降水是影响地下水最主要的气象因素，也是古交地下水系统的重要补给来源，各含水岩层在其裸露区可以接受大气降水的直接补给，降水因素的变化直接关系着古交地下水系统的动态变化，作为人类工农业用水和人类生活用水重要水源的地下水被大量开采。近年来古交地下水问题日益严峻，人类活动影响一方面包括人类开采地下水；另一方面，生产活动需要如煤矿开采活动，对地下水循环模式也产生了巨大的影响。

(4) 从与地表水的关系来看，古交境内最大的河流汾河，由西向东贯穿整个古交矿区，汾河水库至兰村的汾河河道属山区峡谷类型，河段全长 90.7km²，该区间段水文地质条件复杂，地表水与地下水的相互转化作用强烈，作为地下水补给来源之一，汾河对沿岸附近地下水水位的动态变化起到了非常重要的作用。明确汾河在古交境内各渗漏段渗入岩层的含水层类型及渗漏量，对于分析目标含水层水量变化具有十分重要的意义。

5.5 煤矿开采对古交市水资源的影响分析

5.5.1 古交市采煤前后水资源量的变化

古交市水资源利用量主要以地下水为主，在《太原市水资源综合规划报告》（太原市水务局，2006）中，古交市 2000 年以前地表水取用量均在 92.3 万 m^3 以下，且来自汾河水库，所以，古交市 2000 年以前的河川径流量还原主要是汾河水库至寨上区间的渗漏水量。2000 年以后，古交地表水取用量有所增加，需要还原地表水取用量。由于古交市河川径流量资料不足，因此，对序列年河川径流进行了还原计算，结果见表 5.7。参考《古交市地下水资源评价报告》（古交市水务局，2004）中评价的 1956—2000 年古交径流深，其评价的多年平均径流深为 46mm。还原计算的 1961—2000 年古交市径流深为 45mm，误差较小，可认为此次还原计算结果较可靠。

表 5.7　古交河川径流量还原计算结果

时间	区间产流/(m^3/s)	渗漏/(m^3/s)	天然径流/(m^3/s)	天然径流/万 m^3	修正系数	修正后天然径流/万 m^3	多年平均河川径流/万 m^3
1961—1970 年	3.08	1.22	4.30	13560	0.97	13132	9742
1971—1980 年	1.11	0.97	2.08	6559	0.97	6352	
1981—1990 年	0.40	0.81	1.21	3816	0.97	3695	3841
1991—1999 年	0.93	0.93	1.86	5866	0.97	5681	
2000—2008 年	0.33	0.35	0.68	2150	1	2150	

从表中可以看出，采煤前还原结果为 10060 万 m^3，比“七五”期间国家重点科技攻关项目（山西省水文总站、太原市水利局，1990）还原计算的多年平均河川径流量 9742 万 m^3 稍大，因此，以它为准，对本次还原结果进行修正，修正系数为 0.97。另外，2000 年以后，古交市内有取用水情况，直接还原取用河川径流 0.3m^3/s。

综上所述，采煤前（1961—1980 年），根据“七五”期间国家重点科技攻关项目第五十七项子课题“华北地区及山西能源基地水资源研究”：古交市多年平均降水量 492.2mm，多年平均天然河川径流水资源量为 9742 万 m^3；采煤后（1981—2008 年），此阶段古交市多年平均降水量 415mm，还原计算后多年平均河川径流水资源量 3841 万 m^3。

采煤前后多年平均水量变化见表 5.8。从表中可以看出：1961—1980 年降水量为 492.2mm、河川径流量为 9742 万 m^3、地下水资源量为 9271.6 万 m^3；1981—2008 年降水量为 415mm，相比采煤前降水量减少幅度为 15.7%，但是，河川径流量却减少了 60.6%，而地下水资源量却只减少了 13.6%。因此，煤矿开采条件下，河川径流量会大为减少，但同时降水入渗系数的增大，有加大地下水量的趋势，与 5.3 节中采煤前后水量对比的定性分析结果相同。

表 5.8　　采煤前后古交市多年平均水量变化

时段	降水量/mm	河川径流量/万 m^3	地下水资源量/万 m^3	水资源总量/万 m^3
1961—1980 年	492.2	9742	9271.6	11913.6
1981—2008 年	415	3841	8010	9738.5

5.5.2 古交市地下水资源

古交市地下水按照赋存介质的不同，总的来说有孔隙水、裂隙水和岩溶水，细分有五类，即松散岩类孔隙水、碎屑岩类裂隙水、碎屑岩夹碳酸盐岩类裂隙水、碳酸盐岩溶水和变质岩、火成岩裂隙水。参考《古交市地下水资源评价报告》（2004 年）中的数据，阐述采煤前后时期地下水水资源情况。根据地下水补给的来源，分为汾河渗漏补给松散层、渗漏补给碳酸盐岩岩溶水和降水入渗补给，且以降水入渗补给为主。1956—1979 年各补给量分别为：1103.8 万 m^3、1135.3 万 m^3 和 7032.5 万 m^3；1980—2000 年各补给量为：819.9 万 m^3、946.1 万 m^3 和 6244.2 万 m^3。各补给量分别比煤矿开采前减少了 25.7%、16.7%和 11.2%。

表 5.9　　古交市 1956—1979 与 1980—2000 年系列降水入渗和汾河渗漏量对比　　单位：万 m^3

类型	1956—1979 年多年平均水量		1980—2000 年多年平均水量	
	降水入渗	汾河渗漏	降水入渗	汾河渗漏
松散岩类孔隙水	725.3	1103.8	567.7	819.9
碎屑岩类裂隙水	946.1		788.4	
碎屑岩夹碳酸盐岩类裂隙水	946.1		788.4	
碳酸盐岩溶水	4036.6	1135.3	3784.3	946.1
变质岩裂隙水	378.4		315.4	
总量	7032.5	2239.1	6244.2	1766

降水入渗补给地下水的主要类型为孔隙水、裂隙水、碳酸盐岩类裂隙水、岩溶水和变

质岩裂隙水，由表5.9可以看出，补给岩溶水水量最多。1956—1979年各补给量分别为：725.3万m^3、946.1万m^3、946.1万m^3、4036.6万m^3和378.4万m^3；1980—2000年各补给量为：567.7万m^3、788.4万m^3、788.4万m^3、3784.3万m^3和315.4万m^3。各补给量分别比煤矿开采前减少了21.7%、16.7%、6.3%和16.6%。

5.5.3 采煤对河川径流的影响分析

5.5.3.1 采煤对产流的影响

(1) 采煤改变了地表产流条件。煤矿开采形成采空区和“上三带”，且不断扩大，改变了原有地层的应力状态，而且开采过程中回采放顶、放炮震动等工作导致煤层顶底板的破坏，与原有的地质构造相沟通，断裂和裂隙随之进一步扩展，甚至波及地表，产生地表塌陷和裂缝区。古交矿区存在地表变形问题，主要矿区地表出现裂隙宽度达50～60cm，长度1.2km，显然破坏了地表的产流条件，大量降水通过地表裂缝进入到土壤之中，使得地表径流减少。

(2) 截取了壤中流。入渗到土壤中的水量，由于包气带岩土结构被采煤所破坏，垂向裂隙变得十分发育，采煤前的补给、径流和排泄关系被改变，入渗补给量和方式都与之前不同，入渗量加大，方式由活塞式转变为捷径式，速度明显增加。例如古交矿区1980—2000年的降水入渗系数相比之前，有缓慢的增长趋势，同时由于地下水位的下降，矿区的包气带厚度也有稍许增加，其下伏的二叠系、石炭系碎屑岩，古交矿区的煤层都在这一岩层中。煤层的大规模开采，导致大量的裂隙存在，因此，非饱和流垂向运动加剧，壤中流减少，同时地表塌陷的存在，分布的不均一，使得降水对包气带的补给变得更加不均匀。

(3) 采煤使河川基流大幅度减少，甚至干枯。煤层本身为相对隔水层，由于采空区的形成以及开采过程中上伏岩层产生裂隙与塌陷等，破坏了煤采层及以上地下水的赋存条件，降低了地下水的调蓄能力。另外随着采煤向纵深发展，上层各含水层地下水储存量被疏干，形成地下水降落漏斗且不断扩大，局部浸润线也越来越大，降落漏斗影响范围内地层的调蓄能力减弱、地下水位大幅度下降，河川基流进入矿坑，侧向补给河流大幅度减少。古交地下水主要来自降水入渗和汾河河水渗漏，矿坑排水加入到水循环中，改变了基流原来的形成规律，由于煤矿开采，古交地下水水位持续下降，古交矿区3个钻孔的地下水位变化曲线如图5.10所示，因此河川基流也明显减少。

统计了古交矿区“雨型、雨量”基本类似的典型年（1966年和1982年）汛期暴雨-径流过程，统计的特征值见表5.10。1966年，古交矿区尚未建立，煤矿未开采或只有少量开采，属于未大规模开采期；1982年，古交矿区各矿井陆续建立，下垫面破坏加剧，处于煤矿建设开采期，两场暴雨洪水过程具有很好的对比性，从表5.11中可以看出，1966年最大降水出现在8月23日，为78.6mm，其余时间均未出现类似的暴雨情况，而此次降水形成的洪峰流量达到362m^3/s，日降水量超过20mm的降水出现6次，总共216mm，7—9月三个月平均日降水量为4.5mm，形成18.6m^3/s的径流量。1982年最大降水出现在8月1日，为79.4mm，在7月30日，也出现过71.4mm的暴雨，但这两次连续暴雨形成的洪峰流量仅为216m^3/s，日降水量超过20mm的暴雨出现6次，总共231mm，三个月

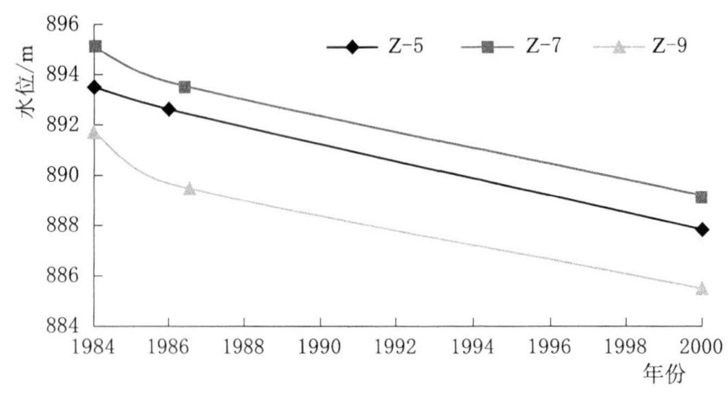

图 5.10 镇城底煤矿三钻孔地下水水位变化曲线

平均日降水量为 4mm，形成 9m³/s 的径流量。1982 年汛期的降水量虽然比 1966 年略少，但产生的径流量却仅有 1966 年的一半。由此可以看出，矿区的建设和采煤对产流影响较大。

表 5.10 采煤前、后典型年暴雨径流情况

类别		1966 年	1982 年	
暴雨	发生时间	8 月 23 日	7 月 30 日	8 月 1 日
	雨量/mm	78.6	79.4	71.4
	连续次数/次	1	2	
洪峰流量/(m^3/s)		362	216	
日降水量大于 20mm/次		6	6	
汛期（7—9 月）	日平均雨量/mm	4.5	4	
	平均径流/(m^3/s)	18.6	9	

总之，采煤多方位地影响矿区产流，地表水和地下水的相互作用是水循环中的重要环节，地表径流、壤中流和河川基流又是相互联系的，采煤对下垫面的破坏对三者有不同的意义。下垫面的破坏主要有 3 种表现：地表塌陷、裂缝；地下采空和地下导水裂隙。其中地表塌陷影响的是地表的产流，也就是地表径流；地下导水裂隙影响的是含水层间的补给、径流和排泄关系，对壤中流和河川基流的产生都有影响；另外采空区的形成，会积累大量的水，使采煤活动不能正常运行，因此，矿坑的排水、疏干会夺取河川基流并破坏其形成。

5.5.3.2 采煤对汇流的影响

汇流过程分坡面汇流与河网汇流，汇流特征包括流量过程线的形状及最大流量的数值。

首先，采煤造成的地面塌陷会滞缓坡面形成漫流的时间，原本较平整或有坡度的地面，当降水填洼补给土壤后，便以漫流的方式向河道汇流，采煤后，由于矿区各处形成的塌陷坑，致使地表流一般不会立刻和周围的水形成漫流。因此采煤不仅在地表产流量上有影响，而且对漫流形成的路径和时间也产生影响。但是，当整片形成漫流后，塌陷区地势的降低，整体提高了汇流的坡度，又使得向河道运动的速度加快。对于包气带土壤水和地下水，矿区采煤后，局部地下水位大幅下降，使局部土壤水和地下水向矿坑排泄，这个坡度很大，对径流出流地表是负效应。1966 年和 1982 年寨上站 7—9 月三个月的暴雨和流量对比过程如图 5.11 所示。从图中可以看出，1982 年连续两次 70mm 以上的暴雨汇流形成洪峰流量仅为 216m^3/s，而 1966 年一次 70mm 以上的降水就形成洪峰 387m^3/s，1982 年这两次暴雨，大约在 3d 后才形成洪峰，在流量过程线上持续 6d 后，流量从起涨点时的 26m^3/s 回落至 33.1m^3/s；1966 年这次暴雨在 1d 后便形成洪峰，起涨点时流量为 1.26m^3/s，经过 5d 后流量降至 29.1m^3/s。综上所述，采煤前总汇流的时间要长一些，但是汇流形成洪峰的时间靠前、洪峰流量大，矿区建设及开采后，总汇流时间比采煤前短、洪峰流量小，形成洪峰的时间靠后。这应该是由于地表塌陷和裂缝导致一定降水强度的雨水被截留和下渗而无法进行汇流，因此总汇流时间短。

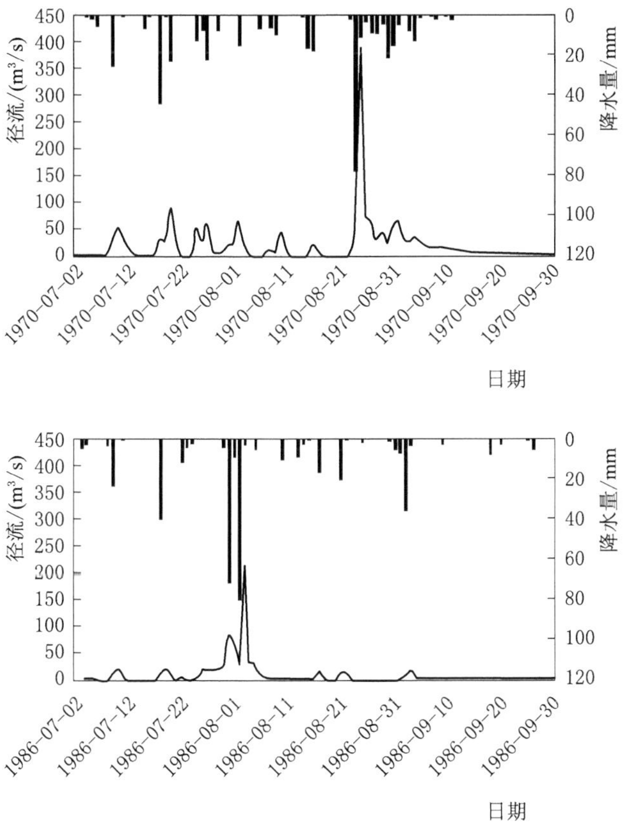

图 5.11 不同时期典型年汛期降水流量过程

5.6 煤矿开采对河川径流影响的模拟研究

5.6.1 模型框架

MIKE SHE 是一个能模拟陆地水文循环过程的分布式水文物理模型，特别是对于地表水与地下水间的交换强烈的情况，有较好的模拟能力（Puente et al.，1989；DHI，2009；DHI，2010；Bahaa－eldin et al.，2012；DHI，2010）。模型水量模块主要包括融雪、蒸散发、坡面流、不饱和流和地下水流。对于每个过程，MIKE SHE 提供了从简单、集成和概念化到高级、分布式和基于物理的不同方法。基于特定的需求和资料的详细程度，简单和复杂的方法也可以结合起来使用。此外 MIKE SHE 能动态地连接一维地表水动力模型 MIKE 11 来模拟一个完整的水文系统。古交矿区水文地质条件复杂，既有地表水补给地下水，又有地下水出露补给地表水，属于汾河流域地表水与地下水交换强烈的地区，因此，采用 DHI 公司的 MIKE SHE 和 MIKE 11 模型构建。

基于所收集到的古交矿区的资料，此次模拟在地下水模块采用了线性水库的方法，表 5.11 总结了古交水文模型的模块和对应的方法，并且在表 5.12 中列举了每个模块所需要的输入参数。

表 5.11　　古交水文模型的模拟过程和方法

模型模块	模拟过程	理论方法
MIKE SHE 坡面流	坡面流、水深、填洼	圣维南方程组二维扩散波
MIKE 11 明渠流	模拟河川径流	一维圣维南方程组
MIKE SHE 不饱和带和蒸散发	不饱和带水流和含量、蒸发、入渗和地下水补给	采用 Rutter 方程或 Penman－Monith 方程双层水量平衡法
MIKE SHE 饱和带	地下水流、基流	线性水库法

表 5.12　　古交水文模型各模块所需要输入的资料

模型模块	所需输入的资料或参数
降水	降水量分布
MIKE SHE 坡面流	地形图（DEM）、土地利用与覆盖、曼宁糙率系数、滞蓄存储分布、初始水深
MIKE 11 明渠流	河网分布与特征、水文监测断面几何特征、边界条件、初始状态
MIKE SHE 包气带和蒸发蒸腾	潜在蒸发蒸腾量、地下水位、土壤分布及特征、土壤饱和水力传导系数、饱和土壤水含水量、田间持水量、凋零系数、叶面蒸发指数、根系深度
MIKE SHE 饱和带	子流域边界、壤中流水库和基流水库的划分、水库深度、给水度、时间常数

5.6.2 数据准备

5.6.2.1 网格划分及地形

模型的边界范围为古交市全境，根据《古交市地下水资源评价报告》（古交市水务局，2004）中提供的最新高清经纬图，经过 ArcGIS 矢量化处理，范围面积为 $1584km^2$，由于汾河河谷冲积层潜流宽度为 600～800m，模拟中使用 500m×500m 剖分网格。

MIKE SHE 的地形选项可以加载标准化的 dfs2 格式栅格数据，模型中使用的地形图是由数字高程数据（DEM）处理所得。原始 DEM 数据从国际科学数据服务平台下载，精度为 30m×30m。

5.6.2.2 气象

气象数据主要有降水和蒸发，研究区境内有 9 个具有连续降水观测资料的雨量站，采用泰森多边形法划分并计算区域雨量。雨量站数据情况见表 5.13。

表 5.13 古交市雨量站及资料序列情况

编号	雨量站	采煤前资料序列	采煤后资料序列
1	常安	1971—1980 年月降水序列	1981—2008 年月降水序列
2	梅洞沟	1963—1980 年月降水序列	1981—2008 年月降水序列
3	水头	1958—1980 年月降水序列	1981—2008 年月降水序列
4	嘉乐泉	1958—1980 年月降水序列	1981—2008 年月降水序列
5	屯村	1971—1980 年月降水序列	1981—2008 年月降水序列
6	河口镇	1963—1980 年月降水序列	1981—2008 年月降水序列
7	邢家社	1971—1980 年月降水序列	1981—2008 年月降水序列
8	岔口	1958—1980 年月降水序列	1981—2008 年月降水序列
9	阁上	1971—1980 年月降水序列	1981—2008 年月降水序列

5.6.2.3 土地利用

模型采用的土地利用资料，来自中国科学研究院（北京）。原始资料为汾河流域土地利用矢量图，将其栅格并截取研究区域，并统一采用GCS _ Krasovsky _ 1940投影，以 D _ Krasovsky _ 1940为基准。收集了古交市1970年、1990年、1995年、2000 年与 2005 年遥感资料，解译出来的不同土地利用类型结果统计情况见表 5.14 和表 5.15，可见该区域土地利用类型变化不大，不同土地利用类型叶面指数和作物系数见表 5.16 和表 5.17。

表 5.14 历年土地利用情况对比

类型	1970 年		1990 年		1995 年		2000 年		2005 年	
	面积/km²	比率/%	面积/km²	比率/%	面积/km²	比率/%	面积/km²	比率/%	面积/km²	比率/%
林地	605.9	38.25	605.9	38.25	615.1	38.83	607	38.32	607.1	38.33
草地	558.4	35.25	558.3	35.25	542.7	34.26	554.6	35.01	554.6	35
耕地	408.1	25.76	408.4	25.78	415.2	26.21	409.4	25.84	409.3	25.84
总计	1572.4	99.26	1572.6	99.28	1573	99.3	1571	99.17	1571	99.17

表 5.15 不同土地利用类型的参数

土地利用类型编号	土地利用类型		最大叶面指数	根深/mm	地表储水量/mm
121	耕地	旱地（山地）	0.4	150	20
122		旱地（丘陵）	0.4	150	20
123		旱地（平原）	0.4	150	20
124		旱地（大于 25°的坡地）	0.4	150	20
21	林地	有林地	1.6	1000	10
22		灌木林	1.6	1000	12
23		疏林地	1.6	1000	8
24		其他林地	1.6	1000	10
31	草地	高覆盖度草地	2.5	200	7
32		中覆盖度草地	2.5	200	9
33		低覆盖度草地	2.5	200	12
40		水域	0	0	0
50		城乡、工矿、居民用地	5	500	5
60		未利用土地	3	300	5

表 5.16 不同土地利用类型叶面指数

类型	叶面指数 LAI											
	1	2	3	4	5	6	7	8	9	10	11	12
耕地	0	0	0	0	0	0.1	0.1	0.2	0.4	0.3	0	0
林地	0.1	0.1	0.1	0.2	0.5	1.5	1.6	1.6	1.5	1.5	0.5	0.1
草地	0.1	0.1	0.1	0.2	1.2	1.5	1.6	1.7	2.5	2	0.5	0.1

表 5.17　不同土地利用类型作物系数

土地利用类型	作物系数 K_c											
	1	2	3	4	5	6	7	8	9	10	11	12
耕地	0	0	0	0	0	0.5	0.5	1	1.2	1	0	0
林地	0.5	0.5	0.5	0.5	0.7	0.7	0.7	0.7	0.7	0.7	0.5	0.5
草地	0.8	0.8	0.8	0.8	0.8	0.8	0.8	0.8	0.8	0.8	0.8	0.8

5.6.2.4 边界条件和水动力参数

MIKE 11 中所有未连接的河网入口和出口均需要边界条件，在模型中，汾河入研究区为上边界，其测站流量序列较为完整，根据汾河水库站测得，其他支流上游边界均为闭合边界，下游边界为定水位边界，结合实际水位情况，定为 2m。汾河采用的初始水深为 2m，各支流常年处于干涸状况，因此设为 0，所有河段曼宁系数均定为 30。

根据《古交市地下水资源评价报告》（古交市水务局，2004），在孔隙水含水层，潜水深度埋深较浅，一般距地面 3～5m，承压水位埋深变化较大，一般在 10m 以上。因此，模型在冲积层区域取值－5m，在其他地方取值－10m。

5.6.2.5 坡面流

模型坡面流模块主要的输入为曼宁系数和滞蓄水深。M 是曼宁系数 n 的倒数。曼宁系数综合反映了灌渠壁面粗糙对水流的影响，坡面流的曼宁系数取值决定于坡面的粗糙程度，对于坡面流无实验数据提供，因此，统一采用简化处理，使用标准的推荐值和先前其他流域模型的经验值 8 作为初始值。模型最终的率定 M 值为 10。

滞蓄水深量是用于限制地表流动的水量，积水深度必须在形成地表层流向相邻单元格之前超过滞蓄水深。同样最终的滞蓄水深值，全区域采用统一值，为 10mm。

5.6.2.6 土壤数据

土壤数据来自南京土壤所共享的部分土壤数据，以及刘耀宗等在 1992 年主持编撰出版的《山西土壤》，结合《古交志》（山西人民出版社，1996）对土壤类型和分布的说明，将研究区内的土壤分为山地棕壤、褐土、草甸土和黄绵土四种类型，各种土壤的参数参考自然资源数据库中黄土高原地区和推荐值，饱和水力传导系数经率定所得，具体见表 5.18。

表 5.18　不同土壤类型参数

土壤	饱和含水率	田间持水量	凋萎系数	饱和水力传导系数
壤土	0.45	0.35	0.05	7.0×10^{-6}
褐土	0.45	0.35	0.05	4.7×10^{-7}
草甸土	0.35	0.25	0.05	5.0×10^{-6}
黄绵土	0.35	0.2	0.05	6.0×10^{-6}

5.6.2.7 水文响应单元（HRU）

水文响应单元的划分是分布式水文模型模拟中重要的一个环节，依据研究区地表河网水系特征，本次研究采用子流域作为响应单元，采用 ArcGIS 水文分析工具进行划分，具体如图 5.12 所示。

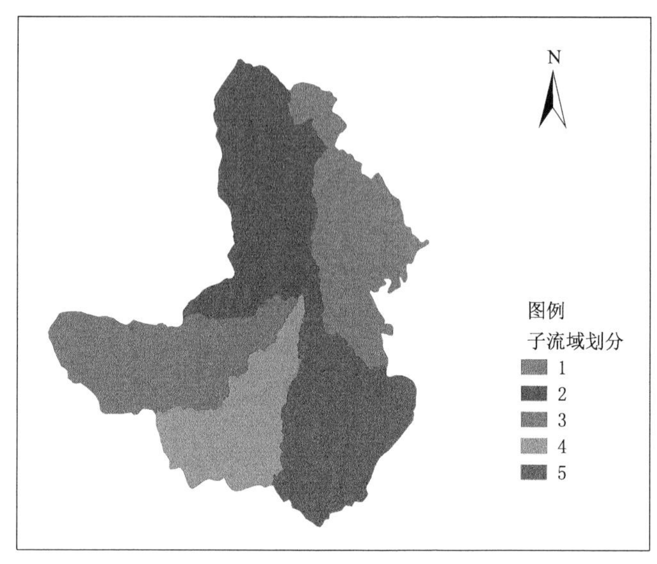

图 5.12 研究区子流域划分

5.6.3 模型的率定及验证

根据收集的资料和古交市煤矿开采的实际情况，将 1980 年以前定为煤矿开采之前的时期。因此，将 1961—1980 年分为两个阶段，1961—1975 年为校准阶段、1976—1980 年为验证阶段。在率定过程中采用汾河寨上站 1961—1975 年连续月流量数据进行参数试算率定，确定已选用参数的最优值，而后保持各参数值不变，进行验证期径流模拟，经过与验证期实测径流对比来检验模型的适用性。另外，根据已有研究成果中关于 1961—1980 年部分实际水量情况，验证模型模拟的水量循环过程，进而检验模型水量模拟的适用性。采用纳什效率系数、平均误差和相关系数对模型进行评定。

运用 MIKE SHE 模型对寨上站 1961—1980 年月径流进行模拟，模拟结果如图 5.13 和图 5.14 所示，评价指标结果见表 5.19。从整个模拟结果来看，率定期的纳什效率系数为 0.87，多年平均误差为−0.23，相关系数为 0.93，模拟结果较好；验证期的纳什效率系数为 0.94，多年平均误差为 0.04，相关系数为 0.92，与率定期各评价结果相近，甚至更小，且均满足了月尺度模型对指标的要求。此外，模拟的月径流过程线形状与实测流量过程相似，无论洪峰大小、模拟的洪峰出现时间都吻合较好，洪峰流量值随机地分布在实测数据上下，从率定期和验证期的散点图也能看出，模拟流量与实测流量总体吻合程度较好。综上所述，所建模型适用于古交采煤前径流的模拟。

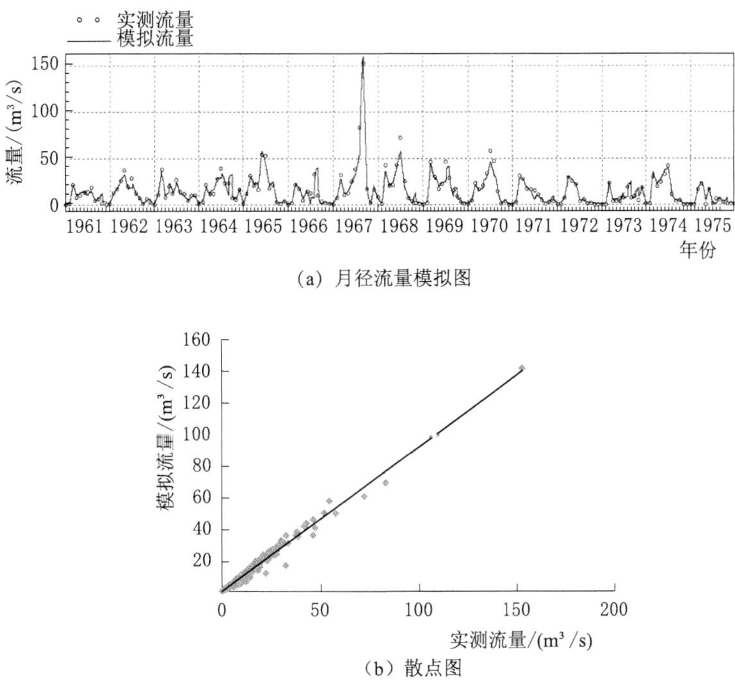

(a) 月径流量模拟图

(b) 散点图

图 5.13 采煤前模型率定期（1961—1975 年）月径流量模拟及散点图

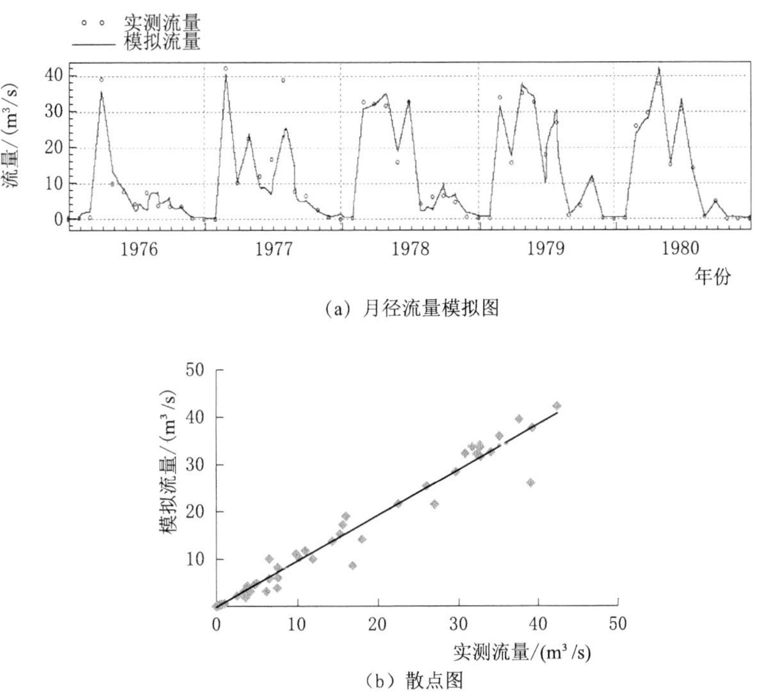

(a) 月径流量模拟图

(b) 散点图

图 5.14 采煤前模型验证期（1976—1980 年）月径流量模拟及散点图

表 5.19　　采煤前模型率定效果指标

指标	参考标准	模拟期	
		率定期（1961—1975 年）	验证期（1976—1980 年）
平均误差	小于实测平均值的 10%	−0.23	0.04
纳什效率系数	>0.6	0.87	0.94
相关系数	>0.5	0.93*	0.92*

注　* 表示 Kendall 相关系数通过 0.05 显著性检验。

率定参数结果见表 5.20，模型中反映煤矿开采对径流影响的下垫面参数主要有：①河床渗漏系数：用来控制河道与地下水间的交换；②滞蓄水深：用来控制模型产生的径流量的数量和时间分布，它也与下渗和蒸散发有间接的关系；③饱和水力传导度：控制入渗，间接地影响地下水的补给、蒸散发和径流；④曼宁系数：控制径流的数量和产生的时间；⑤壤中流、基流水库的时间常数：控制壤中流和基流与河道流间的补给。这些参数代表着古交市的下垫面情况，显然煤矿开采活动会导致下垫面条件的变化，从所率定的参数结果来看，煤矿的大规模开采导致地表和河床形态的变化，部分裂缝沟通地表水和地下水间的联系，而河床渗漏系数和坡面曼宁系数是反映地表情况的参数，因此，在采煤后它们必将发生变化；再者煤矿开采活动是在地下进行的，对土壤和地下含水层的破坏更加直接，而饱和水力传导系数和时间常数正是刻画土壤和地下含水层属性的参数，所以这些参数都与煤矿开采有很大的关系。

表 5.20　　采煤前模型参数率定值

模块	参数		单位	参考范围	率定值
河道流	河道糙率系数		$m^{1/3}/s$	10～35	30
	河床渗漏系数		1/s	$0.1\times10^{-9}\sim1\times10^{-6}$	1.3×10^{-6}
坡面流	坡面糙率系数		$m^{1/3}/s$	5～15	10
	滞蓄水深		mm	5～15	10
不饱和流	饱和水力传导度	褐土	m/s	$1\times10^{-7}\sim1\times10^{-3}$	4.7×10^{-7}
		壤土	m/s		7.0×10^{-6}
		草甸土	m/s		5.0×10^{-6}
		黄绵土	m/s		6.0×10^{-6}
饱和流	壤中流时间常数		d	—	20
	渗流时间常数		d	—	45
	基流时间常数		d	—	2.0×10^{4}

根据《古交市地下水资源评价报告》、“七五”期间国家重点科技攻关项目第五十七项子课题“华北地区及山西能源基地水资源研究”等的研究表明，研究区 1961—1980 年多年平均降水量为 492.2mm，径流量为 61.5mm，降水入渗量为 44.4mm。张宗祜和李烈荣

编写的《中国地下水资源（山西卷）》（2005）中的研究结果中指出，山西汾河流域蒸发占降水量的84%。

本书中模拟的部分水量与已有研究成果中的水量情况进行对比，对比结果见表5.21。从对比结果可以看出，模型多年平均水量情况与已有研究大致相符，各水量项与已有研究误差不超过4%，模型模拟的水量情况较好，模拟结果能反映该地区的水量情况。从径流过程和水量平衡验证的结果，所使用MIKE SHE建立的采煤前水文模型，模拟效果较好，能用来进行模拟采煤期的天然水量过程。

表5.21　　模型1961—1980年模拟水量与已有研究成果中的水量对比

部分水量平衡项	模拟的总深度/mm	模型模拟的多年平均深度/mm	已有的研究1961—1980年多年平均深度/mm	误差/%
降水	10073	503.6	492.2	2.2
渗漏补给	282	14	14.1	0.7
蒸发	8619	431	413.4	4.0
地表径流	339	17	16.7	1.8
基流	890	44.5	44.8	0.7
径流总量	1229	61.4	61.5	0.2

5.6.4 采煤前后模型参数变化及采煤条件下水量过程变化分析

基于采煤时期（1981—2008年）的水文气象等资料所建立的模型，作为采煤后的分析模型，并与采煤前模型所率定的参数进行比较，分析煤矿开采对模型参数的影响，并对采煤前后及不同时期模型模拟的各水循环要素及其水量转换过程进行对比，分析煤矿开采对各水循环要素的影响。

5.6.4.1 采煤时期模型的率定及水量验证

使用MIKE SHE模型对寨上站1981—2008年月径流进行模拟，模拟值和实测值对比如图5.15所示，评价结果见表5.22。从整个模拟结果来看，率定的纳什效率系数为0.96，多年平均误差为−0.46，相关系数为0.98，模拟结果较好，且均满足了月尺度模型对指标的要求。

表5.22　　采煤时期模型率定效果指标

指标	参考标准	模拟期
		率定期（1981—2008年）
平均误差	小于实测平均值的10%	−0.46
纳什效率系数	>0.6	0.96
相关系数	>0.5	0.98

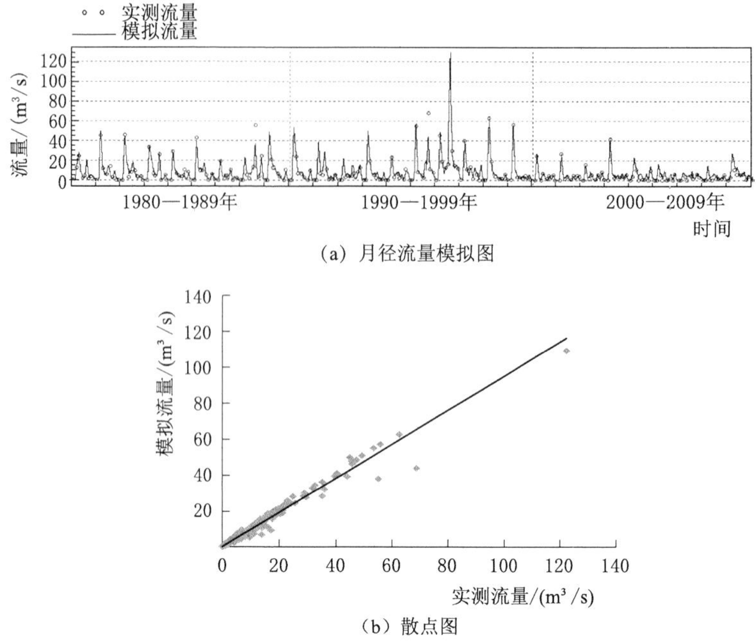

(a) 月径流量模拟图

(b) 散点图

图 5.15 采煤时期模型（1981—2008 年）月径流量模拟和散点图

模拟的月径流量过程线形状与实测流量过程相似，无论洪峰大小、模拟的洪峰出现时间都吻合较好，洪峰流量值随机地分布在实测数据上下，从散点图也能看出，模拟流量与实测流量总体吻合程度较好。所建模型可用于古交采煤时期径流的模拟。

根据率定的采煤时期模型，模拟采煤时期（1981—2008 年）的实际水量循环过程，并与已有研究成果中的渗漏、蒸发等进行对比，模型模拟的实际水量过程见表 5.23。

表 5.23　　模型 1981—2008 年模拟水量与已有研究成果中的水量对比

部分水量平衡项	模拟的总深度/mm	模型模拟的多年平均深度/mm	已有的研究 1981—2008 年多年平均深度/mm	误差/%
降水	11622	415	415	0
渗漏补给	309	11	11.1	0.9
蒸发	10178	363.5	348.6	4.1
地表径流	305	10.8	10.9	0.9
基流	374	13.4	13.3	0.8
径流总量	679	24.3	24.2	0.4

从模型模拟实际水量与已有研究部分水量对比表，可以看出模型多年平均水量情况与已有研究大致相符，各水量项与已有研究误差不超过 4.1%，模型模拟的水量情况较好。率定参数结果见表 5.24，从表中可以看出，采煤时期模型率定的各参数值都在参考范围内，率定参数合理。

表 5.24　　采煤时期模型参数率定值

模块	参数		单位	参考范围	率定值
河道流	河道糙率系数		$m^{1/3}/s$	10～35	30
	河床渗漏系数		1/s	0.1×10^{-9}～1×10^{-6}	1.62×10^{-6}
坡面流	坡面糙率系数		$m^{1/3}/s$	5～15	8
	滞蓄水深		mm	5～15	11
不饱和流	饱和水力传导度	褐土	m/s	1.0×10^{-7}～1×10^{-3}	9.3×10^{-7}
		壤土	m/s		7.0×10^{-6}
		草甸土	m/s		5.0×10^{-6}
		黄绵土	m/s		7.0×10^{-6}
饱和流	壤中流时间常数		d	—	80
	渗流时间常数		d	—	40
	基流时间常数		d	—	3.0×10^{5}

5.6.4.2 采煤前后模型的参数变化分析

采煤前模型（1961—1980年）率定的参数值与采煤时期模型（1981—2008年）率定的参数值对比结果见表5.25，在模型中反映地表下垫面变化的参数主要是坡面曼宁系数、滞蓄水深和河道渗漏系数，根据采煤前和采煤时期模型率定结果，坡面曼宁系数采煤前是1/10，采煤后为1/8，采煤后坡面曼宁系数变大，也就是说经过煤矿开采后，地表变得粗糙、不平整；滞蓄水深从采煤前的10增加为11，说明煤矿开采形成的塌陷坑加大了水量的填洼，影响了产流；同时河道渗漏系数由采煤前的1.3×10^{-6}增大至采煤后1.62×10^{-6}，这表明煤矿开采产生的"三带"对河道产生了影响，形成了裂缝，加大了河道的渗漏趋势。

表 5.25　　采煤前后模型的率定参数值

参数		单位	参考范围	率定值	
				采煤前	采煤后
河道糙率系数		$m^{1/3}/s$	10～35	30	30
河床渗漏系数		1/s	0.1×10^{-9}～1×10^{-6}	1.3×10^{-6}	1.62×10^{-6}
坡面糙率系数		$m^{1/3}/s$	5～15	10	8
滞蓄水深		mm	5～15	10	11
饱和水力传导度	褐土	m/s	1.0×10^{-7}～1×10^{-3}	4.7×10^{-7}	9.3×10^{-7}
	壤土	m/s		7.0×10^{-6}	7.0×10^{-6}
	草甸土	m/s		5.0×10^{-6}	5.0×10^{-6}
	黄绵土	m/s		6.0×10^{-6}	7.0×10^{-6}
壤中流时间常数		d	—	20	80
渗流时间常数		d	—	45	40
基流时间常数		d	—	2.0×10^{4}	3.0×10^{5}

在模型中反映地下水环境变化的参数主要是饱和水力传导系数、壤中流时间常数、渗漏时间常数和基流时间常数。由表 5.25 可以看出，煤矿开采区的饱和水力传导度，在采煤前后发生了变化，采煤后饱和水力传导度比采煤前稍有增加，这是因为采煤形成的导水裂隙带沟通土壤所致；壤中流时间常数也比采煤前大，从 20 增加为 80，主要是由于煤矿开采形成的"三带"沟通了含水层，使得含水层中地下水水平运动减慢导致；渗流时间常数从 45 减小为 40，比采煤前小，也是由于煤矿开采使得含水层中地下水垂向运动加剧导致的；由于煤矿开采形成新的排泄途径——矿坑排水，影响了基流的排泄，使得基流补给减慢，基流时间常数变大，从采煤前的 2.0×10^4 增大为 3.0×10^5。

5.6.4.3 采煤条件下水量过程变化分析

基于采煤前（1961—1980 年）所建立的 MIKE SHE 水文模型，代入采煤后 1981—2008 年的水文气象资料，模拟还原煤矿开采期（1981—2008 年）天然水量过程，并与采煤时期（1981—2008 年）所建立的模型模拟的水量过程进行对比，对比结果见表 5.26，从表中可以看出，采煤条件下水量过程发生了较大的变化，其中渗漏量、地表存储水量变化及饱和带存储水量变化在采煤条件下有增水的影响，而蒸发、地表径流、基流及不饱和带存储水量变化有减水的影响。在降水量条件不变的条件下，由于煤矿开采，导致渗漏补给、边界出流以及地表存储水量增加，而地表径流、基流和径流总量导致减少，其中，径流总量比煤矿开采前减少了 16.7mm，基流减少了 15.3mm，地表径流量减少了 1.4mm，可见煤矿开采对基流的影响最大。因此，由于煤矿开采影响了包气带层内的土壤孔隙条件及下垫面条件，导致塌陷及裂隙孔隙增多，致使渗漏增大，地表存储水量减少，最终导致基流减少、地表径流减少。在水量各项因子发生变化的同时，蒸发量也发生了相应的变化，主要表现在蒸发量减少，煤矿开采后比开采前减少了 12.9mm，蒸发量的减少一方面与大气及影响蒸发的自然环境有关，另一方面与该区域煤矿开采有关，这主要是由于煤矿开采导致地表裂缝增多以及"三带"沟通了含水层，进而加快了垂直运动的速度，减少了蒸发，同时地下水进入矿坑，形成地下水降落漏斗，水位下降，蒸发量减少。

表 5.26　　1981—2008 年模拟的实际水量过程与天然水量过程对比

水量平衡项	采煤时期模型模拟的 1981—2008 年多年平均实际水量/mm	采煤前模型模拟的 1981—2008 年多年平均天然水量/mm	变化量/mm
降水	415	415	0
渗漏补给	11	8.9	2.1
蒸发	363.5	376.4	−12.9
地表径流	10.9	12.3	−1.4
基流	13.4	28.7	−15.3
径流总量	24.3	41	−16.7
边界出流	2.6	1.5	1.1
地表存储水量变化	11.8	10.5	1.3
不饱和带存储水量变化	−16.3	−12.8	−3.5
饱和带存储水量变化	40.2	7.3	32.9

5.6.5 采煤对河川径流影响分析

根据1961—1980年建立的MIKE SHE水文模型，代入采煤后1981—2008年的水文气象资料，不改变坡面流、不饱和流和线性水库等的参数，模拟煤矿开采期的水量过程，对比煤矿开采期水量平衡关系，分析古交市煤矿开采对河川径流的影响量。

张宗祜和李烈荣在《中国地下水资源（山西卷）》（2005）中指出，1956—2000年山西省基流指数平均为0.6，结合左海凤和武淑林等（2007）对汾河流域河岔水文站基流的研究，2000年以后基流指数平均为0.55，因此，采煤后多年平均基流系数在0.55左右。模型模拟1981—2008年的水量关系与古交市1981—2008年的实际水量关系见表5.27。

表5.27　　1981—2008年模拟的水量与实际水量

<table>
<tr><th>水量项</th><th>1981—2008年模拟的多年平均水量/mm</th><th>1981—2008年多年平均实际水量/mm</th><th>变化量/mm</th><th>古交市面积/km²</th><th>变化水量/万 m³</th></tr>
<tr><td>降水</td><td colspan="2">415</td><td>0</td><td rowspan="6">1584</td><td>0</td></tr>
<tr><td>降水入渗</td><td>27.1</td><td>40</td><td>12.9</td><td>2043</td></tr>
<tr><td>渗漏补给</td><td>8.9</td><td>11.1</td><td>2.2</td><td>348.5</td></tr>
<tr><td>地表径流</td><td>12.3</td><td>10.9</td><td>1.4</td><td>222</td></tr>
<tr><td>基流</td><td>28.7</td><td>13.4</td><td>15.3</td><td>2423</td></tr>
<tr><td>径流总量</td><td>41</td><td>24.2</td><td>16.7</td><td>2645</td></tr>
</table>

从表5.27中可以看出，模拟的多年平均水量与实际过程，在降水入渗、渗漏补给、地表径流和基流这些要素上均发生了较大的变化，以模拟径流总量来讲，模拟水量比实际水量多了16.7mm，即2645万 m^3。因此，结合采煤对河川径流影响的机理，分别阐述采煤对地表径流、基流和河川径流的影响。

5.6.5.1 采煤对地表径流的影响

根据煤矿开采对地表径流的机理分析，地表径流的减少是由于采煤形成塌陷、裂缝导致地表形态变化造成的。古交市形成的地面塌陷及裂缝比较普遍，其空间分布范围与煤矿开采状况密切相关。因此，采煤前后古交地表径流必然发生了变化。

首先，煤矿开采增加了降水入渗量。古交矿区采煤形成的“上三带”（沟通含水层），原本水平运动为主的地下水，垂向运动加剧，降水入渗方式由“活塞式”转为“捷径式”。由表5.27可知，模拟的1981—2008年古交市降水入渗量为27.1mm，而1981—2008年多年平均实际降水入渗量有40mm，因此，这些“上三带”和塌陷、裂缝导致降水入渗量增加了12.9mm，即2043万 m^3。

其次，采煤还会导致汾河渗漏量增加。由表5.27可知，模型模拟的多年平均渗漏量为8.9mm，即1409万 m^3 水量；1981—2008年多年平均实际的汾河渗漏水量为11.1mm，即1758万 m^3。因此，由于煤矿开采活动导致古交市汾河渗漏量增加了349万 m^3。

采煤对降水入渗、渗漏和地表径流的影响情况见表5.28，采煤所造成的塌陷、裂缝造成地表径流减少 1.4mm，径流量减少了 221.7 万 m^3。

表 5.28　　采煤对降水入渗、渗漏和地表径流的影响情况　　单位：mm

降水入渗量			汾河渗漏量			地表径流		
实际降水入渗量	模拟降水入渗量	变化	实际汾河渗漏量	模拟汾河渗漏量	差值	实际地表径流	模拟地表径流	变化
40	27.1	12.9	11.1	8.9	2.2	10.9	12.3	−1.4

5.6.5.2　采煤对基流的影响

采煤对地下水的补给、径流和排泄都会产生影响，反过来正是由于地下水补给、径流和排泄的变化，导致了地下水环境的再变化，其中新的排泄途径——矿坑排水起着重要的作用，它不仅排走了河川基流，破坏了基流的形成规律，而且使地下水位下降，导致地下水补给地表水大幅减少。

采煤对古交市河川基流产生影响，主要是因为采煤改变了地下水的排泄途径，矿坑排水成为主要的排泄方式，参与水循环过程，改变了水循环原来的路径。采煤对所有类型地下水的排泄都会产生影响，天然条件下，古交矿区碎屑岩夹碳酸盐岩岩溶裂隙水，补给区主要分布于层间灰岩、砂岩露头或第四系浅覆盖的地势较高处。层间灰岩上部岩层处于风化带及伏于河床冲积层之下可接受大气降水。地表水及河谷孔隙潜水的垂直入渗补给，向下越流补给深层岩溶水为主要排泄途径。大规模采煤后，处于自然与人为破坏的复合状态，导致地表塌陷，地裂缝增加，大气降水入渗量增加，河流基流量减少。地下水在天然补给的基础上增加了人工开采及矿坑疏干排水，疏干排水也就成为了主要的排泄途径。

根据资料情况，在模拟中，地下水模块采用线性水库方法进行模拟，该模拟只能反映采煤对基流的影响，而不能区分孔隙水、裂隙水和岩溶水这些成分，也是模型中的不足之处。通过模型模拟分析，采煤对古交市河川基流的影响分析见表 5.29，从表中可以看出：1981—2008 年模拟的多年平均河川基流量为 28.7mm，1981—2008 年实际多年平均水量为 13.4mm。因此，1981—2008 年古交市煤矿开采活动，导致河川基流多年平均减少 15.3mm，即 2423 万 m^3的水量。

表 5.29　　采煤对基流的影响

水量项	1981—2008 年模拟的多年平均水量/mm	1981—2008 年多年平均水量/mm	变化量/mm	古交市面积/km^2	变化水量/万 m^3
基流	28.7	13.4	−15.3	1584	−2423

5.6.5.3　采煤对河川径流的影响

根据煤矿开采对河川径流的机理分析，地表径流的减少是由于采煤形成塌陷和裂缝造成地表形态变化，基流减少主要是地下含水层结构的破坏，导致地下水排入矿坑，影响了地下水补给地表水的规律。因此，基流的减少与矿坑排水有着密切的联系。

采煤造成的水量减少情况见表 5.30。1981—2008 年煤矿开采对径流的影响量平均为 16.7mm，即 2645 万 m^3。其中由于采煤破坏了地表的下垫面条件，形成的塌陷和裂缝而造成地表径流减少 1.4mm，由于地下含水层的破坏和矿坑排水造成基流减少 15.3mm。古交煤矿开采对河川径流影响如图 5.16 所示。

表 5.30　　采煤造成的水量减少情况

时间	实际径流深/mm			模拟径流深/mm			采煤减少的河川径流/mm			面积/km^2	采煤减少的河川径流量/万 m^3
	地表	基流	河川径流	地表	基流	河川径流	地表	基流	河川径流		
1961—1980 年	17	44.5	61.5							1584	2645
1981—2008 年	10.9	13.4	24.3	12.3	28.7	41	1.4	15.3	16.7		

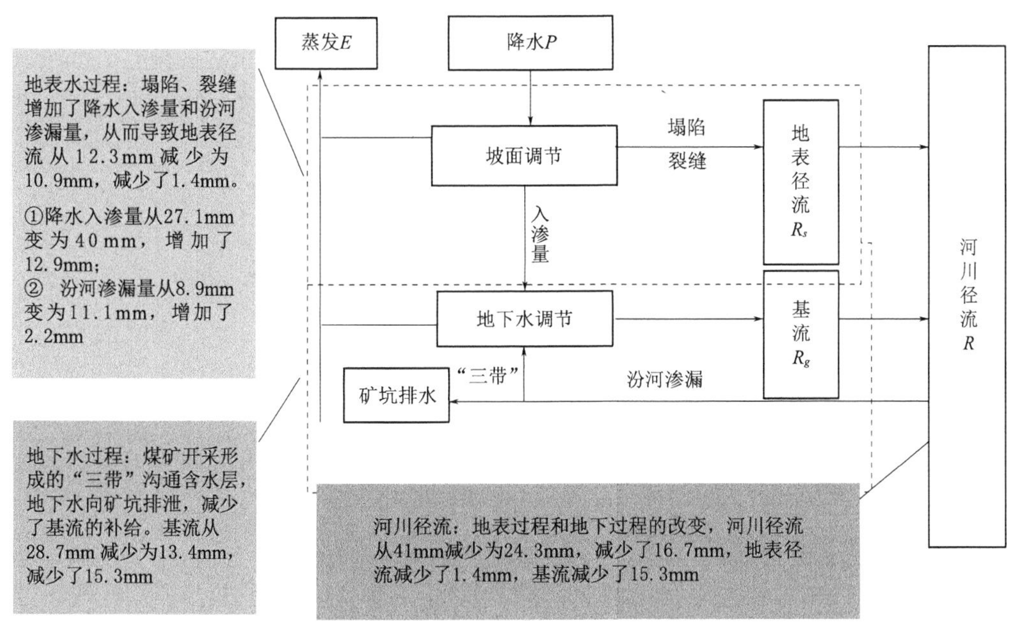

图 5.16　煤矿开采对河川径流的影响

5.6.5.4　不同时期采煤对河川径流的影响

为了分析不同时期采煤对径流的影响，分别选择 1981—1990、1991—1999 和 2000—2008 年三个时期进行模拟，对不同时期煤矿开采对径流的影响进行分析，表 5.31 为三个不同时期采煤对河川径流的影响，可见，1981—1990 年此阶段由于采煤造成的河川径流量平均减少 1113 万 m^3，1991—1999 年由于采煤造成的河川径流量平均减少 2182 万 m^3，2000—2008 年由于采煤造成的河川径流量平均减少 3806 万 m^3，各时期采煤对河川径流量的影响逐渐变大。

表 5.31 不同时期采煤对河川径流的影响

时间	模拟的累计河川径流深/mm	平均河川径流深/mm	面积/km^2	模拟的天然河川径流量/万 m^3	实际河川径流量/万 m^3	河川径流减少量/万 m^3
1981—1990 年	304	30.4	1584	4815	3702	1113
1991—1999 年	447	49.7		7872	5690	2182
2000—2008 年	338	37.6		5956	2150	3806

李振栓和杨展等编写的报告《山西省煤矿开采对水资源的影响研究》(2003) 中指出，店头流域位于西山煤田西山矿区南部，与古交市相邻，相距 10km 左右，同属于西山煤田、煤层和开采时期与古交矿区类似。以店头流域煤层开采破坏情况为例进行分析，店头流域内主采煤层与古交矿区相同，为上组煤（2 号、3 号煤层）和下组煤（8 号、9 号煤层)。新中国成立后至 20 世纪 80 年代初，只有少数社队小煤窑，产煤主要供附近村民使用，数量很少。自 20 世纪 80 年代起，乡镇、集体煤矿大量涌现，截至 2000 年年底流域内煤矿资源均已在开采。对比古交矿区大型井田的建井时间，古交矿区与店头流域煤矿开采时期相同。20 世纪 80 年代后，店头流域内煤矿大规模开采，由浅部向深部延伸，到 90 年代后期浅部山西组 2 号、3 号煤层均已采完，转入深部开采太原组 8 号、9 号煤层。且古交矿区 90 年代初也有太原组 8 号、9 号煤层的开采，与店头流域情况相似。

综上所述，20 世纪 80 年代初至 90 年代末，古交大规模的煤矿开采已将所有主采煤层破坏，包括山西组上组煤层和太原组下组煤层，特别是山西组 2 号、3 号煤层附近含水层几乎已全部破坏，太原组 8 号、9 号煤层附近含水层至少也有部分破坏。

根据古交国有大型煤矿的设计开采年限可知，截至 2008 年，大部分矿井剩余服务年限在 90 年左右，也就是说，1981—2008 年二十多年煤矿开采在整个矿区服务年限中属于开采的初中期，所以随着矿井巷道的开掘以及煤矿开采活动，起初处于自然饱和状态的含水层，逐步被揭露和破坏，由于开采面积的增大，逐步发生顶板冒落，沟通裂隙导水带，煤系顶部含水层中地下水就会直接渗入矿坑。所以在 1981—2008 年，采煤对河川径流的影响逐步增大，呈现递增趋势，2000—2008 年煤矿开采对河川径流的影响加大，这是由于煤层开采面积增大和太原组 8 号、9 号下组煤层的开采所致。

5.7 小结

汾河流域煤矿分布丰富，由于煤矿的开采破坏了矿区内原来的地貌形态及含水层，致使原来的平衡状态和水循环规律发生了变化，本章选择以古交矿区为典型研究对象，在介绍研究对象基本情况的基础上，分析了由于煤矿开采所带来的对研究区内的水文系统的影响机理，并采用 MIKE SHE 和 MIKE 11 模型，模拟了煤矿开采对研究区内水文系统的影响，得到如下结论：

(1) 古交矿区位于汾河中游，矿产资源丰富，煤田面积 660km^2，已探明储量 98.3 亿 t，是全国主要的煤焦基地。矿区主要煤系地层为石炭系太原组和二叠系山西组，含煤地层总厚 150m，含煤 13 层，总厚 11m，含煤系数 7%。2000 年该矿区原煤产量 956.5

万 t，2008 年后原煤产量超过了 2000 万 t。

（2）分析了煤矿开采前后水循环过程及水量变化，煤和水资源共存于一体中，煤矿开采后，形成了新的裂隙和塌陷，引起“三带”涉及地面，会使地表水、孔隙水渗入井中，导致水重新分布；采煤过程中排水破坏了原先的平衡状态和规律，导致形成新的降落漏斗，而煤矿开采中各含水层中地下水的疏干，人工干预导致水再次进行重新分配，因此，采煤后由原来自然条件下的水资源量增加了一项采煤期间引起的降水入渗变化量。

（3）经过调研和对所收集资料的分析，古交矿区由于煤矿开采对地表径流的影响主要表现在：对地表形态的破坏；河川基流大幅度减少；地表径流减少、径流系数变小。古交市采煤前（1961—1980 年）多年平均水资源量为 11913.6 万 m^3，采煤后（1981—2008 年）多年平均水资源量为 9738.5 万 m^3。

（4）基于 DHI 公司的 MIKE SHE 和 MIKE 11 模型，构建了古交矿区分布式水文模型，率定和检验了采煤前（1961—1980 年）模型，检验结果表明，模型模拟精度较高，与实测过程吻合较好，模拟结果能反映该地区的水量变化情况，具有较好的适用性。

（5）基于所构建的该区域水文模型，模拟分析了采煤前后河川径流的变化，分析结果表明，由于煤矿开采形成的“上三带”及裂缝和塌陷导致降水入渗增加了 12.9mm，导致河道测渗增加了 2.2mm，综合原因导致地表径流减少了 1.4mm，即相当于减少了水量 221.7 万 m^3；导致河川基流减少了 15.3mm，即减少了 2423 万 m^3 的水量，因此，采煤后，煤矿开采对径流的影响量为 16.7mm，即 2645 万 m^3 的水量。

（6）基于所构建的水文模型，分析了不同时期采煤对河川径流的影响，分别选择了 1981—1990、1991—1999 和 2000—2008 年三个时期，分析结果表明，1981—1990 年期间由于采煤造成的河川径流量平均减少 1113 万 m^3，1991—1999 年由于采煤造成的河川径流量平均减少 2182 万 m^3，2000—2008 年由于采煤造成的河川径流量平均减少 3806 万 m^3，采煤对河川径流量的影响逐渐变大。

第 6 章

基于数值模拟的煤矿开采对流域内岩溶水的影响研究

6.1 汾河流域岩溶水分布概况

汾河流域岩溶泉水丰富，流域内从上游到下游分布的泉有雷鸣寺泉、兰村泉、晋祠泉、洪山泉、郭庄泉、霍泉（又名“广胜寺泉”）、龙子祠泉和古堆泉等岩溶大泉，各泉域描述如下。

6.1.1 雷鸣寺泉

雷鸣寺泉是指位于汾河源头、东寨以西较集中出露的雷鸣寺泉及其以上沟谷中溢流的散泉。泉水出露高程 1650.00～2200.00m。泉水无系列观测资料，1971—2004 年共有 13 次实测资料，平均泉水流量 0.2m^3/s。泉水不同测次流量相差较大，估计与测流位置选择、测前的降水情况有关。

雷鸣寺泉域位于宁武县西部中段的管涔山，北部部分边界已跨入神池县境，西接五寨县，其他均在宁武县境内。泉域属干旱半干旱大陆性气候，但由于泉域地处山区且有大面积森林覆盖，降水量高于平川地区，泉域多年平均降水量 637.65mm。根据忻州市水资源管理委员会和忻州市水文水资源勘测分局评价结果，泉域水资源岩溶地下水天然补给资源量为 0.54m^3/s，可开采资源量为 0.118m^3/s。目前部分岩溶水为宁武县城供水水源，灵沼为引水口，年设计引水能力为 340 万 m^3/a，现状用水总量 157.93 万 m^3/a。引水工程于 1997 年 11 月 14 日通水。其余部分除少量当地居民饮用外，基本未利用，流入汾河，补给下游。

6.1.2 兰村泉

兰村泉出露于太原市西北 25km 处上兰村汾河流入太原盆地的出口处，主要由大海子、小海子泉水组成。泉口标高 810.92m。1958 年兰村水源地投产以前泉水年均流量为 3～4.3m^3/s。水源地投产后，由于泉域岩溶水及西张地区松散层孔隙水的大规模开采，泉水流量逐年减少，1986 年后干涸。

泉域年平均降水量 460mm，主要集中在 6—9 月，占全年降水量的 56%～63%。在兰村泉域建有数个大型水源地，其中兰村水源是太原市城市生活供水的主力水源地，1993 年开采量为 14257 万 m^3（4.52m^3/s），2003 年开采量为 13753 万 m^3（4.36m^3/s）。除上兰村附近泉水集中排泄外，由于汾河侵蚀下切及寒武系地层的阻水作用，在下槐一带尚有玄泉寺泉群出露。泉水流量受降水量影响，动态不稳定，最大近 $1m^3/s$，一般 $0.3m^3/s$左右。由于严重超采，岩溶地下水位不断下降。目前兰村水源地水位已下降到泉口以下28～30m。

6.1.3 晋祠泉

晋祠是国家重点文物保护单位，晋祠“三绝”之一的晋祠难老泉水，出露于太原西山悬瓮山下，距太原市25km，“悬瓮之山，晋水出焉”，是晋祠泉域岩溶水的集中排泄点，由难老泉、圣母泉、善利泉组成，出露高程 802.59～805.00m。1933 年及 1942 年实测流量约为 $2m^3/s$，1954—1958 年实测泉水平均流量为 $1.94m^3/s$，最大 $2.06m^3/s$（1957 年），最小 $1.81m^3/s$（1954 年），趋于动态稳定状况。自 20 世纪 60 年代特别是 80 年代以来泉水流量逐年减少，由 60 年代的 $1.69m^3/s$，70 年代的 $1.21m^3/s$，80 年代的 $0.52m^3/s$，降至 90 年代的 $0.18m^3/s$，1994 年 4 月 30 日断流。

按水文地质条件分析，晋祠泉域分布于太原西山一带，属西山石千峰复向斜构造。其范围主要包括太原市的古交市、原南、北郊区、清徐县以及忻州市静乐县、吕梁市交城县的小部分地区。

6.1.4 洪山泉

洪山泉位于山西省介休县城东 10km 的洪山镇附近。洪山泉出露于太岳山北端西麓与太原盆地交接处。该泉为一泉群，较为集中，大部分泉组分布在几百米长度内，由小池、七星泉（八角池）、源神池、黑虎泉及槐柳泉等组成。该泉最终流向太原盆地入汾河，属汾河水系。

泉水 1955—1995 年系列年平均流量为 $1.25m^3/s$。从 1998 年开始，泉水流量开始急剧衰减，2000 年时年平均流量为 $0.61m^3/s$，2001 年为 $0.39m^3/s$，2002 年为 $0.266m^3/s$，2003 年为 $0.182m^3/s$，2004 年为 $0.196m^3/s$，2005 年 4 月调查仅有 $0.12m^3/s$。昔日洪山泉区风景秀丽，但如今面目皆非，除了八角池还有少量泉水外，其他泉点全部干涸，到处杂草丛生。

6.1.5 郭庄泉

郭庄泉位于山西省霍州市南 7km 处东湾村至郭庄村的汾河河谷中，大部分出露于河漫滩上，少部分出露在一级阶地，南北出露长度约 1.2km。该泉群共有 6 个泉组，河西岸有累山泉（厂库区泉）、五龙泉（厂区泉）、马跑泉；河东岸有普济泉、海眼泉、方池泉。大部分以散泉形式出露，大小泉眼井有 60 多个。泉水多年平均出流量为 $7.59m^3/s$（1968—1984 年），如按 1956—1984 年系列则为 $8.17m^3/s$，1985—1999 年平均流量为 $5.15m^3/s$，2001—2003 年平均流量为 $2.12m^3/s$。

郭庄泉历史上就是当地重要的灌溉及生活水源。1958 年，在郭庄泉下游修建了著名的七一渠，引泉水灌溉，成为汾西灌区的组成部分，灌溉面积 26 万亩。从 1967 年开始建设霍州发电厂，以该泉为水源地，自 1974 年建成投产后，泉区水位逐渐下降，现在绝大部分泉水干涸，目前所测的“泉水流量”实际为电厂排水量与泉水天然流量之和。泉域内分布有霍西煤田，特别是霍州煤矿区白龙井田就靠近泉区，矿床水文地质条件很复杂。

6.1.6 霍泉

霍泉，又名广胜寺泉，因出露于霍山南麓而得名，位于山西省洪洞县东北15km。泉水出露于霍山山麓与平原交接处的坡积物中，出水点较为集中。1958年4月17日扩泉以前，泉水出露在南北长57m，东西宽16m的长方形池内，由池周围坡积物中涌出。扩泉后，挖了长155m、宽5m、深6～7m的截流槽，槽中发现大小泉眼108个，均从东侧山边的奥陶系灰岩溶蚀裂隙中渗出。该泉水1956—1993年多年平均流量为3.91m^3/s，1994—2000年平均流量为3.22m^3/s，2001—2003年平均流量为2.92m^3/s。总的来看，尽管霍泉目前还保持较大的流量，但实际也在逐渐衰减。霍泉泉水目前主要用于灌溉，霍泉灌区灌溉面积10余万亩。此外还供山西焦化厂、临汾市水泥厂、县化肥厂等作为生产、生活用水。

6.1.7 龙子祠泉

龙子祠泉位于山西省临汾市西南13km西山山前。西山属吕梁山脉，泉水出露于西山与临汾盆地交接处的坡积物中，由南池、北池、东池等泉组组成。其中南泉占总流量的40%，东泉占总流量的50%，北泉约占总流量的10%，泉水大多以散流形式溢出地表。龙子祠泉水有高水与低水之分，高水指北泉和南泉，高水和低水相差13m。泉水流向临汾盆地，弃水入汾河，属汾河水系。20世纪60年代泉水平均流量为6.14m^3/s，70年代为5.11m^3/s，80年代为5.05m^3/s，90年代为4.08m^3/s，2000—2003年平均流量为3.125m^3/s。

6.1.8 古堆泉

古堆泉出露于新绛县三泉镇古堆村九原山西侧寒武系、奥陶系灰岩中，上覆有薄层第四系松散层，由22个单泉组成，出露面积500m^2，较大单泉有龙王泉、莲花泉、琵琶泉、清泉等。1957—1959年多年平均流量为1.3m^3/s，流量稳定。受井群开采的影响，泉水逐年衰减，1997年泉水流量为0.5m^3/s，现已干涸。

泉域范围内，盆地多年平均降水量520mm，山区多年平均降水量560mm，盆地与山区多年降水量均值为544.1mm。汾河由北向南穿越临汾盆地中部，经侯马盆地向西汇入黄河，山区沟谷多属夏雨型季节河，水量较少。

汾河流域岩溶泉水变化明显，随着社会经济的不断发展，在气候变化的大背景下，人类活动加剧，泉域内水文过程也发生了明显的变化。晋祠泉、兰村泉及郭庄泉的流量及开采量随时间的变化过程如图6.1所示。晋祠泉和兰村泉在1957年以前尚未开发，处于自然状态下，20世纪60年代后随着开采量的增加，使泉水流量逐年下降，减少趋势明显。本章选择影响因素复杂的晋祠泉为典型研究泉域，对汾河流域内泉水变化的影响因素进行定性和定量影响分析。

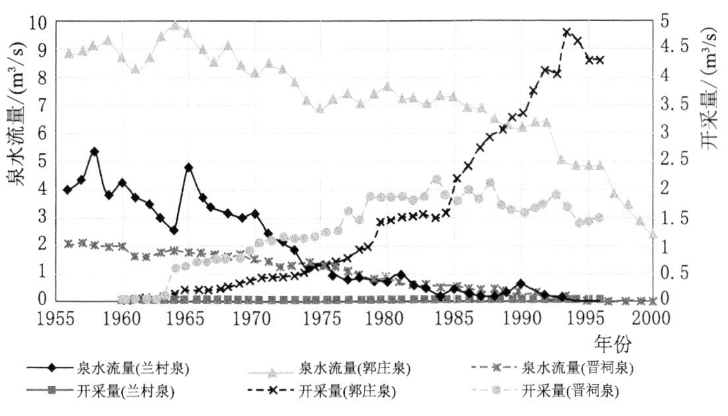

图 6.1　晋祠泉、兰村泉及郭庄泉的流量及开采量变化过程

6.2　晋祠泉域泉水变化特点及其影响因素定量分析

晋祠泉位于山西省会太原市晋源镇，是山西省一大旅游胜地，由于圣殿母脚下难老泉的泉水清澈透明，致使旅游者络绎不绝。晋祠泉的泉域范围基本上包括了整个西山煤田。泉域的东北部边界与兰村泉为共同边界，此边界为可变边界；北部及西北部边界以变质岩系为边界，西边界位于狐堰山、寨儿坡、岭底村至山前大断裂；东部与南部以山前大断层为边界，为排泄边界。

6.2.1　泉水流量变化特点

晋祠泉实测流量的记载最早见于 1933 年，泉流量为 2.4m^3/s。自 1954 年起，晋祠泉流量有了连续的记录，据此流量序列，晋祠泉的最大年流量出现于 1957 年，为 2.06m^3/s。1957 年以后，晋祠泉的流量一直处于衰减状态，到 1994 年 4 月 30 日，晋祠泉断流。该泉在 47 年间（1954—2000 年）泉流量变化过程及其开采量如图 6.2 所示。从图中可见，晋祠泉的流量变化经历了两个阶段：①泉流量相对稳定期（1954—1960 年），泉域内岩溶水的开采量很小，岩溶水位较高，岩溶水的排泄主要以自流为主、开采为辅，开采量与泉水自流量之比约为 1∶20，泉水流量的变化比较平稳且泉流量较大，平均泉流量为 1.957m^3/s；②泉流量加速下降期（1961—2000 年），20 世纪 60 年代以来，晋祠泉域内大量开采岩溶地下水，80 年代以来，西山煤田大规模开发，煤矿大量疏干排水和降压排水，导致晋祠泉域岩溶地下水位逐年下降，泉水流量逐年大幅度减少直至 1994 年断流。各年际特征值统计情况见表 6.1。

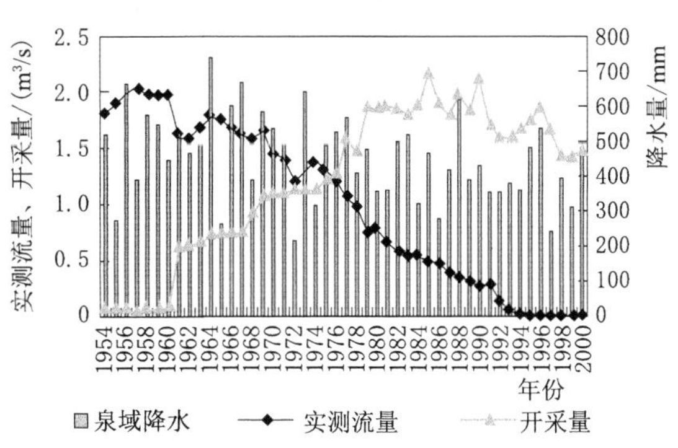

图 6.2　晋祠泉域泉流量、降水量、开采量变化过程

表 6.1 晋祠泉流量统计特征

时间	平均值/m^3	最大泉流量/m^3	出现年份	最小泉流量/m^3	出现年份	极值比
1954—1959 年	1.953	2.060	1957	1.820	1954	1.13
1960—1969 年	1.697	1.980	1960	1.590	1968	1.24
1970—1979 年	1.209	1.460	1970	0.740	1979	1.97
1980—1989 年	0.518	0.800	1980	0.320	1989	2.5
1990—1995 年	0.067	0.285	1991	0	1995	∞
1954—1995 年	0.993	2.060	1957	0	1995	∞

在泉域内煤炭开采具有悠久的历史，以西山煤电集团公司为主的开采在规模地进行大量开采，据不完全统计，在泉域内分布的煤矿共有 392 座，开采能力 3822.75 万 t/a，总排水量达 2068.17 万 m^3/d。

晋祠泉泉水流量衰减明显且受降水等气候、人类活动包括煤炭开采等因素的影响，泉流量是由泉域的补径排条件决定的。根据晋祠泉泉域的补给-排泄模式，可以将影响泉流量的因素分为：大气降水量、汾河渗漏量、人工开采岩溶水、煤矿矿坑排水等。

6.2.2 泉水流量变化影响因素定性分析

6.2.2.1 大气降水量对泉流量的影响

大气降水是晋祠泉域的主要补给来源，其多年变化规律与晋祠泉流量具有密切关系。表 6.2 为晋祠泉在 20 世纪 50—90 年代的平均降水量、泉流量及开采量变化表，可见泉流量与降水量一样，总体上呈下降趋势，但其下降幅度远远大于降水量的下降幅度，泉水流量每年以 0.0513m^3/s 的速度减少（趋势系数 0.9820），降水每年 2.969mm 下降（趋势系数 0.3342）。晋祠泉 20 世纪 90 年代的平均降水量比 20 世纪 50 年代减少了 29.3%，而同期的平均泉流量却由 1.953m^3/s 下降到 0.146m^3/s，减少了 92.5%。所以，尽管降水量的减少对晋祠泉流量的衰减具有一定的影响，但它不是晋祠泉流量衰减的主要因素，而其开采量却呈现增加的趋势。同时，统计分析了晋祠泉流量和开采量、泉域降水与前第 1 年、第 2 年及第 3 年降水量的相关关系，具体见表 6.3。泉流量和地下水开采量与当年、前第 1 年、前第 2 年及前第 3 年降水量均有较高的相关程度，且均通过了显著性检验，说明开采量及降水是影响泉流量的主要因素，但降水的影响存在一定的滞后性，这是由于不同区域降水量对泉水流量的补给状况存在滞后情况（王国卿，2007）。

表 6.2 晋祠泉域 20 世纪 50—90 年代多年平均降水量、泉流量及开采量变化

项目	降水量/mm	泉流量/(m^3/s)	开采量/(m^3/s)
1954—1959 年	543.9	1.953	0.042
1960—1969 年	517.8	1.697	0.695

续表

项目	降水量/mm	泉流量/(m^3/s)	开采量/(m^3/s)
1970—1979 年	466.9	1.209	1.299
1980—1989 年	423.6	0.518	1.895
1990—2000 年	384.3	0.146	1.686
50—90 年代下降（增加）幅度/%（下降为－，增加为＋）	－29.3	－92.5	＋3914

表 6.3　晋祠泉流量与各影响因素相关性计算表

影响因素	显著性水平	相关性	显著性	是否显著
开采量/(m^3/s)	0.01	－0.797	0	是
泉域降水量/mm	0.01	0.463	0.003	是
前第 1 年降水量/mm	0.01	0.597	0	是
前第 2 年降水量/mm	0.01	0.587	0	是
前第 3 年降水量/mm	0.01	0.406	0.009	是

为了进一步研究岩溶泉流量与降水量的变化关系，揭示之间的本质联系，采用时序分析方法中的季节分解方法对泉流量、降水量进行处理，从而消除泉流量和降水量变化曲线中短周期项与随机项对分析结果的干扰，提取其变化的趋势项。同时泉流量采用还原流量（实测流量与开采量之和），以屏蔽人类开采岩溶水活动对分析结果的影响。图 6.3 为还原流量和降水量的趋势变化曲线，从图中可以看出，还原流量在 20 世纪 50—70 年代呈现上升趋势，70 年代以后则明显衰减；降水量在 50—60 年代也呈现上升趋势，60 年代以后同样呈现衰减趋势。还原流量与降水量呈现相同的趋势，但还原流量的下降趋势更为明显，且存在一定的滞后性。这也再次表明岩溶泉流量与降水量密切相关，大气降水是泉流量变化的控制性因素。

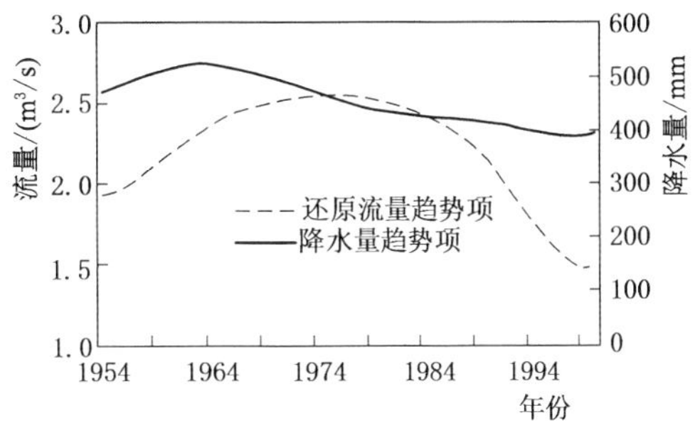

图 6.3　还原流量与降水量趋势项曲线对比

6.2.2.2　汾河渗漏对泉流量的影响

除大气降水入渗补给外，汾河地表径流渗漏是晋祠泉域的另一种补给方式。汾河的罗家曲—镇城底渗漏段全长约 10.25km，全部处于晋祠泉域范围内。该渗漏段河床为寒武系、奥陶系裸露灰岩，岩溶裂隙发育，其地下水位低于河床 100m 以上，河水流经此段时，必然产生渗漏。

图 6.4 为汾河渗漏量年变化曲线（赵娇娟，2012），由图中可以看出，从 20 世纪 50—90 年代渗漏量呈下降趋势，其多年平均渗漏量由 50 年代的 4258.8 万 m^3/a 下降到 90 年代的

3564 万 m^3/a。由于 1960 年修建的汾河水库，改变了流经汾河渗漏段径流量的大小，从而影响了晋祠泉域的河流渗漏补给量。由此可见，汾河渗漏量对晋祠泉流量有一定的影响。

而由于渗漏量难以确定，同时汾河侧渗量与径流量密切相关，基本成相同的趋势，故采用侧渗段汾河干流的寨上站点的径流量来分析汾河侧渗对泉流量衰减的影响。图 6.5 为寨上站径流量与晋祠泉流量的变化过程图，从图中可见，1976 年以前寨上站的径流量和晋祠泉的流量有着大致相当的变化趋势，变化较为一致，而 1976 年以后，径流量还是呈现波动变化的趋势，而泉流量则急速下降，相关关系并不明显。

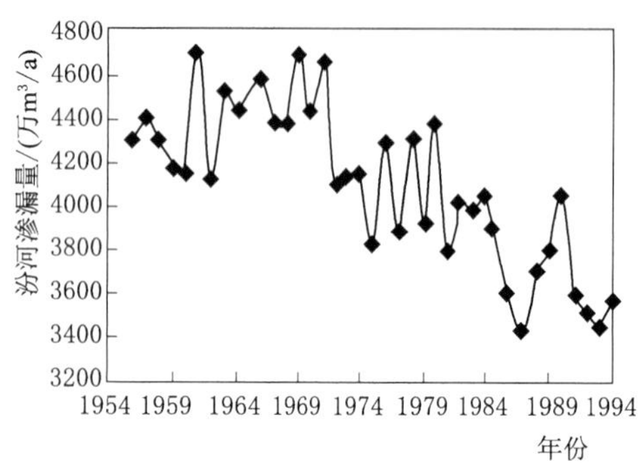

图 6.4 汾河渗漏量年变化曲线

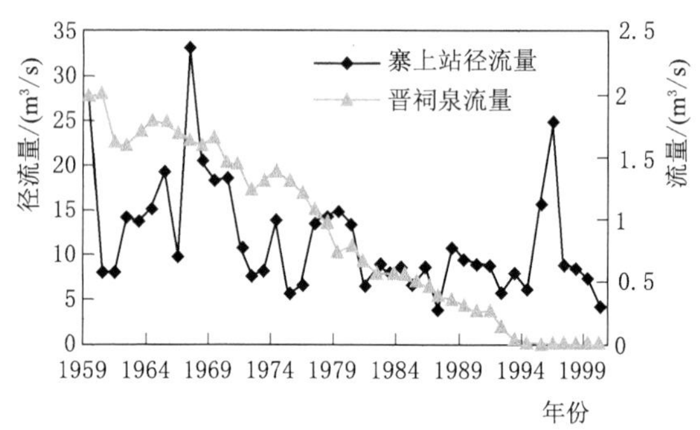

图 6.5 寨上站径流量和晋祠泉流量变化过程

6.2.2.3 人工开采地下水对泉流量的影响

晋祠泉域岩溶水的开发始于 20 世纪 60 年代初期。1961 年太原化学工业公司在晋祠泉附近兴建 101、102 两处泵站，凿井 5 眼，集中大量开采岩溶水，开采量达 0.57m^3/s。1968 年该公司又在开化沟口开凿岩溶深井 5 眼，岩溶水开采量由 1962 年的 0.57m^3/s 增加到 1970 年的 0.84m^3/s，致使晋祠泉流量由 20 世纪 50 年代的平均 1.945m^3/s 下降到 1970 年的 1.54m^3/s。

20 世纪 70 年代以来，太原地区持续干旱，西边山地农村大量打井，累计打井 30 眼，农灌季节集中大量开采岩溶水。1977—1980 年，清徐县在平泉村和梁泉村建成两处自流井群，打井 14 眼，最大自流量为 1.03m^3/s。1979 年南郊洞儿沟自流井建成，最大自流量为 0.125m^3/s。工农业大量开采岩溶水，不仅袭夺了晋祠泉流量，而且大量消耗和释放了岩溶水含水系统的储存量，导致岩溶水位下降，泉水流量减小。晋祠泉流量由 1970 年的 1.54m^3/s 下降到 1980 年的 0.8m^3/s，善利、渔沼两泉干枯。

进入 20 世纪 80 年代以来，太原地区的旱情仍在持续，工农业开采量有增无减，与此同时，大量的煤矿矿坑排水和降压疏干排水，进一步加剧了晋祠泉的衰减势头。1984 年西山矿务局白家庄矿 2 号井，在井下利用勘探孔开采岩溶水，4 个孔最大开采量可达 14240 万 m^3/d。同时西山矿区大规模开发建设，煤矿矿井排水量大幅度增加，由 1980 年的 0.22m^3/s 增加到 1988 年的 0.72m^3/s，致使晋祠泉流量由 1980 年的 0.8m^3/s 减少到 1988 年的 0.36m^3/s，1990 年进一步减少为 0.3m^3/s，到 1994 年 4 月 30 日千古名胜难老泉终难逃过干枯断流的命运。

根据表 6.2，在 20 世纪 50 年代，该泉域的平均岩溶水开采量为 0.042m^3/s，占该期平均泉流量的 2.2%，即这一时期岩溶水开采对泉流量几乎没有影响。从 20 世纪 50 年代到 90 年代，晋祠泉多年平均流量由 1.953m^3/s 降为 0.146m^3/s，净减少量为 1.807m^3/s；同期岩溶水开采量增加了 1.644m^3/s。两者相比较，岩溶水开采量的增加占到了晋祠泉流量减少量的 91%。

从图 6.1 也可以看出，泉流量与岩溶水开采量的变化趋势相反，增加幅度明显，每年以 0.0411m^3/s 的速度增加（趋势系数 0.8742）。据此可证明岩溶水的过量开采是导致晋祠泉断流的主要原因。

6.2.2.4 煤矿矿坑排水对泉流量的影响

经统计调查，1998 年西山煤田有各级各类煤矿 209 座，原煤总产量为 2300 万 t，煤矿矿坑排水总量为 1478 万 m^3，平均日排水量 40000m^3，排水系数为 0.64m^3/t。其中，国家统配及市营以上煤矿 14 座，原煤产量 1674 万 t，占区内原煤总产量的 72.8%；煤矿矿坑排水量 1005 万 m^3，占区内煤矿矿坑排水总量的 68%。县及县以下煤矿 195 座，1998 年原煤产量 626 万 t，占区内原煤总产量的 27.2%；煤矿矿坑排水量 473 万 m^3，占矿坑排水总量的 32%。

西山煤田煤炭资源的大规模开发及煤矿矿坑排水对晋祠泉有明显的影响，它不仅截断了裂隙水对岩溶水的下渗补给，而且由于矿坑疏干排水，造成岩溶水位和裂隙水位倒挂，岩溶水在局部有利部位向上越流进入矿井，以矿坑废水的形式排泄。煤矿矿坑排水，一方面减少了晋祠泉的补给量；另一方面直接或间接排放岩溶水，造成泉水分流，从而加剧了晋祠泉的流量衰减。

因此，晋祠泉泉水流量衰减的原因在于区域内降水量的减少、汾河侧漏水量的减少、开采量的增加以及煤矿矿坑排水对泉流量的影响。汾河流域内降水的减少、干支流径流的减少致使河水侧渗补给减少、开采量的增加以及煤矿矿坑排水等多种因素导致流域内泉水流量呈现明显的减少趋势。而流域内子系统发生变化的同时，也影响着流域的水文系统，也致使其输出发生变化。

6.2.3 晋祠泉泉水衰减原因定量分析

6.2.3.1 基准期的划分

为了进一步分析气候变化、汾河干流侧渗与人类活动对泉流量变化的贡献，采用双累积曲线法计算区分三者对泉流量变化影响的大小。在定量分析中，认为影响泉流量的因素只有气候变化、汾河干流侧渗和人类活动，共占 100%，其余较小的影响暂不考虑。

20 世纪 70 年代是晋祠泉域大量人类活动开始的时期，也是泉水开采量突增的时期。特别是从 1976 年开始，地下水开采量超过泉水流量，标志着从此后地下水开采量成为晋祠岩溶水系统的最重要输出项。采用变异系统对晋祠泉水流量进行诊断分析，取第一显著性 $\alpha=0.05$，第二显著性 $\beta=0.01$，其诊断结果见表 6.4，可见，晋祠泉水流量的突变年份为 1978 年，且在 95%置信水平上存在显著下降趋势，趋势和变异均显著，变异的效率系数更大，说明变异较强。综上分析，晋祠泉水流量呈现显著的减少趋势，且在 1978 年左右发生突变，1978 年之前，泉水流量为 1.6016m^3/s，1978 年之后，年均泉水流量为 0.3024m^3/s，突变前后泉水流量变化明显。因此为了分析突变前后各个因素对于泉流量的影响，把 1978 年以前作为基准期，分别分析降水和泉流量，以及径流和泉流量的相关关系，从而得出大气降水、汾河干流渗漏、人类活动对泉流量变化影响的大小。

表 6.4　晋祠泉水流量诊断结果

项目	判断结果	项目	判断结果
Hurst 系数	0.972	跳跃综合显著性	3（+）
整体变异趋势	巨变异	趋势综合显著性	3（+）
趋势变异程度	趋势巨变异	跳跃效率系数	83.74
跳跃点	1978 年	趋势效率系数	96.43
跳跃综合权重	0.57	诊断结论	1978 年（+）↓

6.2.3.2　气候因素的定量分析

为了分析气候变化与人类活动对泉流量变化的贡献，区分两者对泉流量变化影响的大小。建立 1954—1978 年的降水量和泉流量双累积曲线关系，其基准关系为 $\sum R = -1\times 10^{-6}(\sum P)^2 + 0.0626\sum P + 4.1472(R^2 = 0.9994)$。该阶段实测多年平均泉流量深为 25.3mm，而计算泉流量深为 24.7mm，绝对误差为 0.6mm，相对误差为 2.4%，表明该方法的拟合精度高（检验结果分别见图 6.6 和表 6.5），可以用于将 1978—2000 年的泉流量还原到基准的泉流量状况。将 1979—2000 年的降水量代入基准期双累积曲线，计算该年段的泉流量深，即可以定量地评价气候变化和人类活动条件的变化对泉流量的影响，计算结果见表 6.5。1978 年后，计算值与实测值差异明显，计算值高于实测值，该阶段实测泉流量多年平均为 4.92mm，而计算泉流量深为 12mm，这表明由于人类活动的影响使泉流量变小，而且变化明显。1978 年后泉水径流深共减少了 20.38mm，1978 年后降水量比

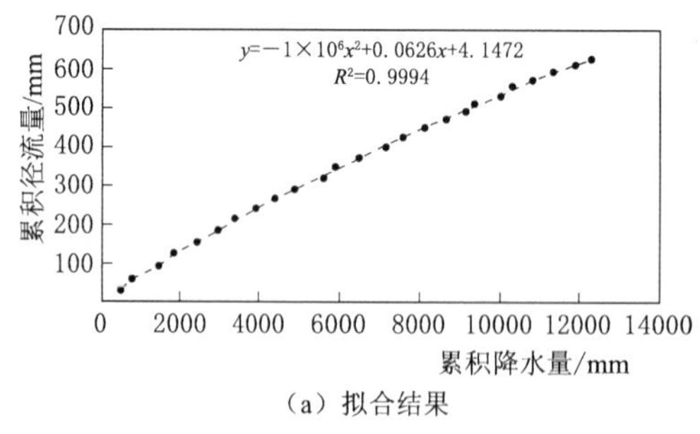

（a）拟合结果

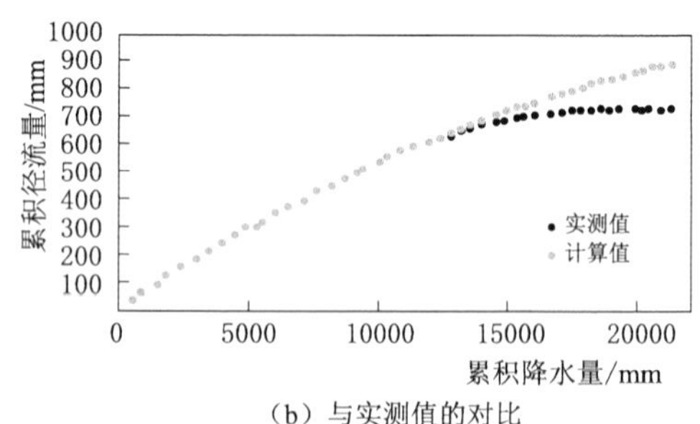

（b）与实测值的对比

图 6.6　降水量和泉流量基准期拟合结果计算值与实测值的对比

1978年前减少了82.6mm，1978年前径流系数为0.051，因此，由于降水量减少的泉水径流深为4.21mm；而由于人类活动导致泉水径流深减少了16.17mm。为了定量其影响程度，引用贡献率概念，即影响量与总量的比值，结果见表6.6，可见，气候变化因素对减少的贡献率为20.66%，人类活动因素占79.34%。在晋祠泉泉水也是主要的供水水源，1978年前年均开采量为10.87mm，1978年后年均开采量增加到27.65mm，1978年后年均开采量增加了16.78mm，开采量的增加也导致了泉水径流量的减少。因此，根据晋祠泉域的实际情况，人类活动综合因素包括了煤矿开采所导致的径流、渗漏及开采等的影响。

表6.5　　泉流量模拟率定结果

时间	实测年均泉流量/mm	计算年均泉流量/mm	绝对误差/mm	相对误差/%
1954—1978年	25.3	24.7	0.6	2.4

表6.6　　气候变化对汾河泉流量影响统计值

时间	平均降水量/mm	实测平均泉流量深/mm	计算平均泉流量深/mm	降水影响影响量/mm	人类活动影响量/mm
1954—1978年	493.5	25.3	24.7	4.21	16.17
1979—2000年	410.9	4.92	12.0		
贡献率/%				20.66	79.34

6.3　煤矿开采对岩溶水的影响机理

古交市岩溶水系统位于晋祠泉域的补给径流区，近年来由于人类活动的影响，使得岩溶水被大量开采，导致晋祠泉泉水流量持续下降，与此同时采煤的影响作用更是加剧了岩溶地下水的下降速度（古交市水务局，2004）。古交矿区各含水层的附岩地层与煤系地层互相夹杂呈现平行复合的结构，其中煤层在含水层之间起到层间隔水的作用（常毅军，2007）。随着采煤工作面的不断推进，地下煤层出现大范围采空现象，古交煤层顶板岩层和底板岩层在上覆岩层压力和底板奥陶系含水层水压力的作用下失去平衡而发生破坏变形，使得各含水层的附岩条件和循环路径发生变化。

在前期对煤炭开采对河川径流的影响进行研究的基础上，拟以古交奥灰岩溶水为目标含水层，通过对古交地区水文地质条件和采煤对岩溶水的影响机理进行分析，构建古交三维地质模型，揭示各含（隔）水层的空间结构和水力联系，明确煤炭开采对目标含水层岩溶水补给径流排泄的影响，并基于地下水模拟软件GMS建立了古交煤炭开采对岩溶水影响的数值模型，分析探讨古交煤炭开采对岩溶地下水的影响。一方面完善研究区古交煤炭开采对水资源系统影响的相关理论体系，另一方面为该地区地下水资源可持续利用和煤炭能源的合理开发利用与保护提供科学依据。

6.3.1 采煤后煤层顶板地质结构变化

6.3.1.1 顶板岩体移动特征

随着采煤工作面的推进，研究区地下煤层范围内逐渐形成采空区，其直接上覆岩层由于失去底部的支撑作用而在垂直方向上失去平衡。岩石受自身重力作用及其他外力作用的综合影响，当岩层受到破坏力作用大于岩体强度时，其上覆岩层为了适应新的应力平衡发生移动变形，导致煤层顶板损伤，形成从煤层直接顶板岩层开始从下到上依次位移离层，形成裂缝、塌陷等地质现象。煤矿开采对煤层顶板结构的破坏影响因素可以概括为以下几个方面：①采煤方式；②采煤厚度和采煤工作面宽度；③上覆岩层的厚度、构造与岩性。

基于不同的分区所形成的地质形态和破坏程度的差异，煤层上覆受损岩层影响分区可分为三种类型，即冒落带、裂隙带、弯曲变形带，简称为“上三带”（Zhang et al.，2007；Zhang et al.，2015；Wang et al.，2015；王志强等，2013）。

随着采煤活动的进行，采空区影响范围内的上覆岩层逐层发生变化，“三带”的波及范围也会逐渐扩大，最终达到一个相对稳定的状态，如图6.7所示（刘黎，2015）。最初，采煤直接影响的位置在煤层顶板，当顶板的最大下沉值超过下沉的临界值时发生垮落形成冒落带，其变形程度最大；随后，影响范围逐渐向上递进，裂隙带范围内岩层由于底部支撑作用变化而逐渐发生变形形成不同程度的裂隙。其中，冒落带内的岩石呈现不规则块状散落分布形态，碎胀性及密实度差、导水性良好。采空区上覆岩层在裂隙带范围内呈现大量的裂缝，在垂向上具有明显的分带性，根据其分布特征可以划分为微小断裂带、一般断裂带和严重断裂带，裂隙分布呈现一定的规律性，是良好的导水通道。弯曲变形带除了在形态上发生变形，其岩石性质基本保持不变。

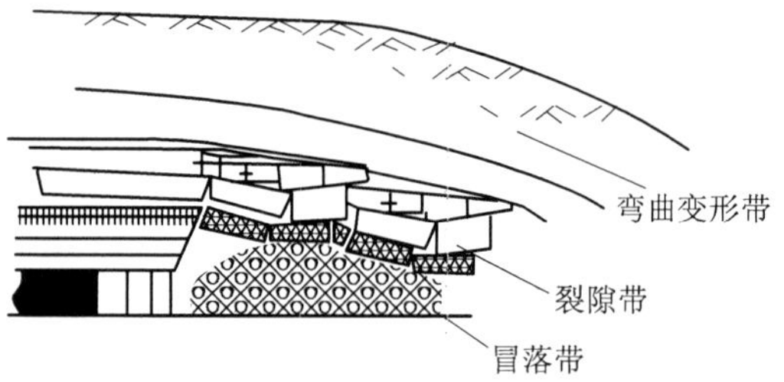

图6.7 覆岩变形“三带”分区示意图

地下水的导水性能与岩性特征密切相关，基于“上三带”的形态结构及导水特征，对地下水影响范围内的岩层统称为导水裂隙带。煤炭开采造成的岩石破碎导致上覆岩层的透水性增大，形成的破碎和裂隙互相连通容易构成导水通道，其波及范围内含水层中的地下水会沿导水裂隙进入矿坑，从而导致矿井涌水量增加，因此导水裂隙带在研究煤炭开采与地下水变化的相关问题中具有十分重要的意义。

6.3.1.2 古交顶板裂隙分布特征

古交市山地和丘陵区占古交市总面积的95.8%，地形十分复杂。古交大型煤矿开采方式主要为长臂采煤法。随着采煤活动的进行，地下采空区逐渐扩大，“三带”的波及范围逐渐变广，煤层埋深较浅的区域裂隙裂缝甚至可以波及地面表层。据相关文献统计（彭飞，2007；西山煤电（集团）有限责任公司地质处、中国矿业大学资源与地球科学学院，2010)，古交地区地裂缝均属小型裂缝，呈现单条裂缝或成组出现。多数组裂缝为3～5条，最多高达28条，其长度为15～600m，常见为长50～100m，宽0.01～0.5m的地裂缝。一般情况下，裂缝的规模大小与采空区的规模大小相对应（廖进德和张连三，1991)。

据《古交矿区奥灰水文地质补勘报告》[西山煤电（集团）有限责任公司地质处、中国矿业大学资源与地球科学学院，2010] 显示，山西组和太原组的裂隙含水层是8号煤层的顶板直接充水含水层。开采古交8号煤层在采煤采动作用下产生的导水裂隙会波及太原组和山西组的裂隙含水层，含水层的水通过导水裂隙汇入矿坑必然会影响下组煤的开采与生产。

6.3.2 采煤后煤层底板地质结构变化

6.3.2.1 底板岩体移动特征

开采煤层与底部承压含水层之间的岩层与煤层顶板的上覆采动岩层一样存在分区，即"下三带"理论（Liu et al.，2016；王国际等，2011；Zhu et al.，2013)。该理论认为不同分区岩体的性状差别很大，但彼此之间存在内部联系，按照导升充水、保护阻水、破坏导水将底板岩层进行分区（图6.8)，分别为采动底板破坏带、完整岩层带、承压水导高带。"下三带"的范围为开采煤层底面至含水层顶面之间的岩体。然而由于不同的矿区煤层底板岩层的岩性、厚度及构造不同，"下三带"的完整性及高度也存在差异。

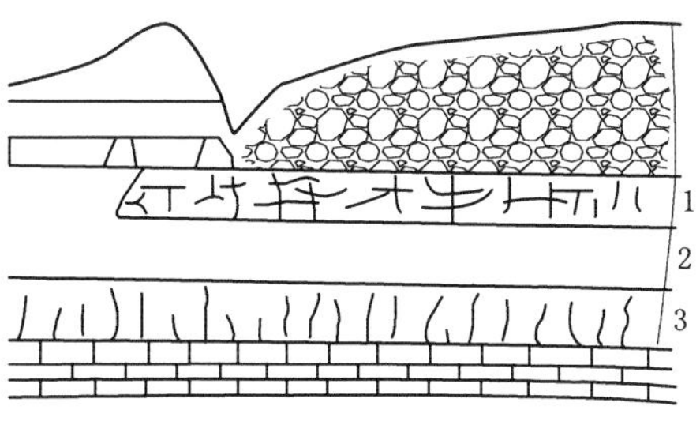

图6.8 "下三带"示意图
1—采动底板破坏带；
2—完整岩层带；
3—承压水导高带

煤层与底部直接承压含水层之间存在一稳定的隔水层，多数研究（葛信立，2011；Yin et al.，2015；张保良等，2016）表明煤层底板隔水层除了受到水压破坏外，其浅部还会受到矿压的影响，评价底板突水不能只考虑水压的作用，还要考虑矿压的作用。底板突水是承压含水层对煤层底板隔水层破坏后的产物，而底板隔水层的破坏又是水压和矿压综合作用的结果。煤层底板是否突水与底部承压含水层的水压及隔水层厚度有关。突水系数法是评价煤层底板突水最常用的方法（吴瑞芳，2015；赵正国，2016；Ma和Bai，2015)。古交绝大多数地方属于基本安全区。据古交水文地质勘查资料显示，古交矿区下组煤8号煤层与奥陶系间的岩层具有较好的隔水性能，发生渗流型越流的可能性也不大，最有可能发生底板突水现象。

6.3.2.2 古交煤矿排水形成分析

古交煤矿各含水层在天然情况下有独立的补给径流排泄关系，地下水以水平运动为主，煤系地层与各含水层之间、各独立含水层之间往往存在隔水层，在天然状态下无水力联系。由于煤层采空、水压、矿压、采煤扰动等综合作用使得煤矿层顶（底）板发生断裂、错动，在采煤的影响范围内产生大量裂隙，在煤层埋深较浅的地区，导水裂隙带甚至波及地表导致地下水与地表水产生水力联系。由于煤炭开采形成的导水裂隙及底板突水作用，使各含水层的水力联系加强。

结合水文地质分析及采煤对地质条件的影响分析可知汇入矿坑的地下水由三部分组成，分别为煤层顶板第四系孔隙水和碎屑岩裂隙水、煤系地层的水源石炭系裂隙水直接充水、煤层下伏的奥陶系岩溶水底板突水。各含水层的地下水岩裂隙集中汇入矿坑并通过矿井排水集中排泄，采煤产生的裂隙沟通了各含水层之间的水力联系，地下水运移路径和方式的改变势必会造成地下水动态过程的变化，采矿导致影响范围内的浅层地下水资源枯竭、泉水断流、供水井干枯或地下水位大幅度下降等现象，矿井底板突水和降压疏水，对奥陶系岩溶水资源也会产生一些影响（廖进德和张连三，1991），使矿坑排水成为岩溶水新的排泄途径。

6.3.3 采煤对各含水层补给径流排泄条件的影响

距地表300m以内的煤矿开采后，上部岩层均可形成不同程度的弯曲下沉和裂隙。煤矿开采形成大范围导水裂隙，使得影响范围内的水资源改变原始移动路线，沿采煤形成的导水裂隙进入矿坑，并集中以“矿坑排水”形式排出。古交煤矿集中分布在汾河干流及其主要支流的沿岸，煤层位于河床之下，部分位于河床之上。古交市汾河沿岸的煤层埋深绝大多数为150～250m，上部岩层厚度在采煤影响范围内，弯曲下沉和裂隙可以波及地表，因此该地区煤矿开采对上部岩层的孔隙水及地表水都有一定影响。

6.3.3.1 采煤对汾河渗漏的影响

通常情况下，古交煤层埋深在河床之下，少部分位于河床之上。天然状态下煤系基岩与河道水之间存在有相对隔水层，煤矿开采与地表水之间没有直接关系。当煤层埋藏较浅时，煤矿开采引起“三带”波及地表，采煤活动形成导水裂隙穿透河床的作用使得汾河渗漏比例增加。天然状态下，降水落至地面表层后在下垫面的调蓄作用下，扣除填洼、下渗、植物截留和蒸发等损失形成径流，一部分沿着地面表层汇入河道，形成地表水，另一部分通过下渗作用补给地下水。由于采煤对地质环境的破坏作用使下垫面结构发生变化，采煤形成的地裂缝使降至地面的雨水更多更快地渗入地下，产流作用发生变化，汇入河道的地表水减少。

6.3.3.2 采煤对孔隙水的影响

古交孔隙水分布在河谷冲积层，其埋深浅，富含潜水（部分承压），天然状态下水流方向以水平运动为主，与地表径流流向基本保持一致。由于煤炭开采形成的地裂缝穿透孔隙含水层，沟通了孔隙水含水层与煤层基岩的联系，使得松散岩类地层中的孔隙水沿导水裂隙渗入井下，并集中以矿坑排水形式进行排泄。松散岩层中的孔隙水天然状态以水平运动为主，在采煤影响下沿导水裂隙通道垂直汇入矿坑，在含水层的局部形成以导水裂隙带为中心的降落漏斗。使得部分孔隙水在原有的补给径流排泄过程中增加垂直排泄形成矿坑水，改变了原有的水循环途径。

6.3.3.3 采煤对裂隙水的影响

古交的裂隙水分为两类：碎屑岩类裂隙水和石炭系裂隙水，其中碎屑岩类裂隙含水岩组各层段属于富水性弱的含水层段，个别地段甚至可认为是相对隔水层，在矿井生产过程中，当古交各矿井巷系统、采掘工作面及导水裂隙带揭露该含水岩组各含水层段时，碎屑岩类裂隙含水层中的水在煤层开采中可以被自然疏干。太原组含水岩组钻孔单位涌水量 $q<1.0L/(s \cdot m)$，属于富水性中等的含水层，因此，在 8 号煤层开采过程中，山西组和太原组含水层不致构成顶板充水的灾害含水层，顶板充水含水层可自然疏干。古交煤系地层位于石炭系裂隙含水岩组的基岩中，该层段的裂隙水是古交煤炭开采的直接充水水源，属于富水性弱或中等的含水层，不至于构成水害，汇入矿井的裂隙水在采煤过程中直接被疏干。由于古交煤矿开采的影响，矿坑排水成为古交裂隙水的主要排泄途径。

6.3.3.4 采煤对岩溶水的影响

在采煤作用下位于煤层底板下的岩溶水会受到“下三带”的影响。据已有资料，古交市大部分地区，奥陶系灰岩岩溶水水位标高低于煤系地层底板标高，在古交市东南部地区以及马兰向斜轴部区域的奥陶系岩溶水水位高于煤系地层的底板标高，该部分岩溶水为承压水，开采这部分煤层需要带压开采，风险较大。

一方面在煤矿生产过程中常采取超前探放水措施，使煤层底板高压区承压岩溶水的水位降低，减少发生突水风险，采煤疏排岩溶水加剧了古交岩溶水位下降的速度。另一方面，煤系地层底板低于下部深层岩溶水位的地区，当矿井拓至奥陶系深层岩溶水位以下时，特别是当煤层下部防水层较薄或断裂、裂隙构造发育与下伏奥陶系深层岩溶水有联系时，下伏深层承压岩溶水可能突破煤系地层底板隔水层发生坑矿底拓突水。突水后不仅仅形成地质灾害也增加了岩溶水开采量，改变岩溶水流向流场形态和径流排泄条件。

因此，在煤矿开采的影响下古交地下水系统处于自然影响和人类影响的复合状态。在自然状态下，煤层作为隔水层与各含水层之间并无水力上的联系，但是采煤过程中随着开挖井道和煤层采空面积的不断扩大，使得所穿越含水层的结构及煤层顶底板受到破坏，从而以煤系地层采空区为中心的顶底板岩层中形成逐渐扩大的导水裂隙带，使得各含水层之间的水力联系及水循环途径发生改变。在人类影响的作用下，古交地下水循环在自然水循环的基础上增加了矿坑排水和人类开采的过程。煤矿开采直接影响到系统内的补水、径水和排水机制。

6.4 古交矿区水循环模拟模型建立

6.4.1 研究区三维地质模型建立

为了描述研究区各个含（隔）水层的厚度及空间分布状态，在系统分析研究区水文地质图、水文地质剖面图及钻孔资料的基础上，采用 GMS 软件建立古交目标区域的三维地质结构模型。通过在任一方向切割三维地质模型，由 GMS 软件自动生成该路线剖面图，从内部展示该剖面各含水层及隔水层空间结构、厚度变化情况及目标含水层与其他含水层的空间关系和水力联系。

GMS (Groundwater Modeling System) 是一个能够从平面到空间、从钻孔到地层结构、从单元到系统的系统性、综合性、全面性的软件。GMS 除了具有地下水流模拟的功能，还可以进行三维地质可视化建模（黄新迎，2011），研究中以研究区钻孔资料和水文地质资料为基础，通过前期对基础资料的处理，以 GMS 为平台通过导入底图、导入基础数据、空间剖分等步骤建立古交目标区域的三维地质实体模型，建模流程如图 6.9 所示。

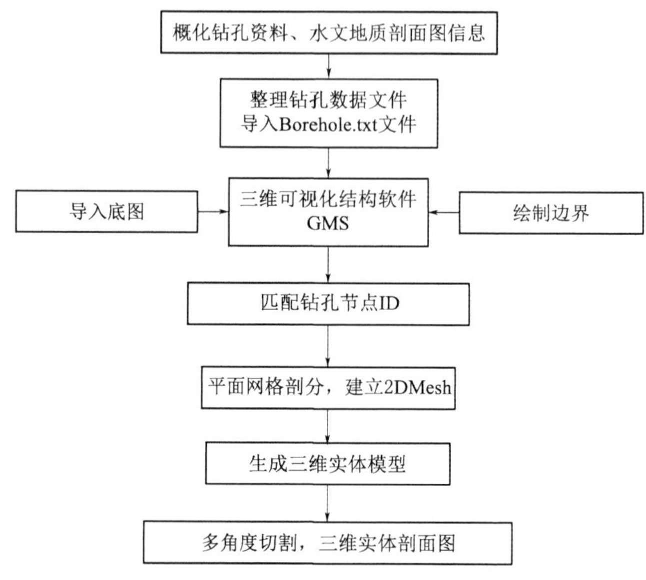

图 6.9　GMS 三维实体模型建模流程

6.4.1.1　模拟区范围

本次研究的目标含水层为奥陶系岩溶含水层，属于晋祠泉域地下水系统的补给区，模拟范围的大小关系着地下水系统各补给源、排泄源的覆盖范围，影响着地下径流的数量和运移方式，为了正确评价地下水变化，计算区域尽可能以天然边界为界。本书基于山西省地质工程勘察院于 2005 年制作的区域岩溶水底板标高等值线图，对古交模拟范围进行划分。研究区模拟范围西南部以区域岩溶水隔水边界为界，北部边界以中奥陶系和寒武系分界线为界，西北、东部、南部边界以古交县界为界。

6.4.1.2　导入钻孔数据

研究区第四系孔隙含水层埋深较浅且局部分布，基于资料限制和插值方法存在误差的原因，在三维地质建模时将第四系孔隙含水层统一概化到裂隙含水层。一个垂向分布完整的钻孔从上到下地层类型依次概化为二叠系～石炭系裂隙水含水岩、本溪组隔水层、奥陶系含水岩、底部隔水层。结合已有钻孔资料及水文地质剖面图数据，统计整理各个钻孔的坐标、岩层种类及不同岩层的顶面和地面高程，并以（Name，X，Y，Z）的格式进行整理，存入 Borehole.txt 文件，导入 GMS 中。

6.4.1.3 三维实体建模及多角度剖面切割

在建立模型前首先需要导入底图，作为绘制模型边界和定位钻孔坐标的参考依据。通过三点法对导入 GMS 的底图进行坐标校核。底图导入成功后通过 Map 模块建立边界图层，并使用 Create Arc _ tool 工具进行边界绘制。

进入 Boreholes 模块，对导入的钻孔数据进行断面匹配。手动或自动连接钻孔生成空白断面，利用 Auto _ assign Horizon 命令自动分配钻孔各地层 ID，利用 Auto - Fil Cross Sections 对界面进行填充，形成如图 6.10 所示的连接断面。由于断面连接采用自动插值的方法，可能与实际情况不符，可双击断面进行局部观察，基于实测剖面图手动调整断面形状，使得所建三维地质实体模型更加接近于实际分布。在建立不规则三角网格剖分时，由于绘制边界节点分布不均匀，需要重新分配边界节点，待边界分布均匀后选择 Map to TINs，得到模拟范围的不规则三角剖分网格，如图 6.11 所示。

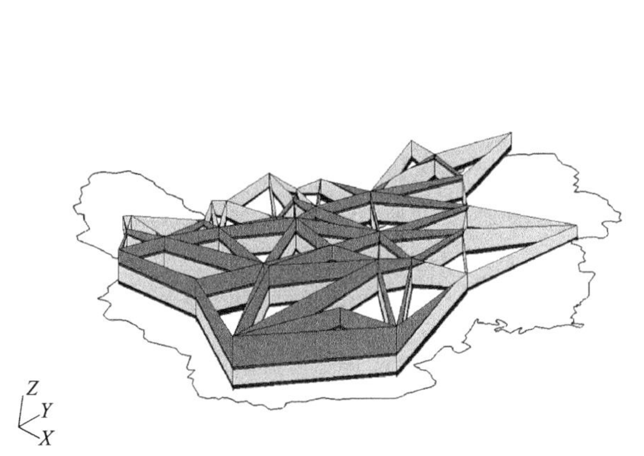

图 6.10 连接断面

图 6.11 古交插值网格

选择 TIN to Solid，生成三维地质实体模型。在 Solid 模块中利用 Create Cross Section 工具可以对三维地质模型进行剖面切割，以便观察三维实体模型任意位置和任意层面的分布概况。本次研究共切割了四个剖面，分别为 A - A′、B - B′、C - C′、D - D′，如图 6.12 所示。

从剖面图可以看出，裂隙含水岩东南部偏厚，并沿着西北方向逐渐变薄尖灭。目标含水层奥陶系含水岩在模拟范围内呈现全分布状态，在北部和西部边缘地带为裸露地表，可接受降水直接补给。奥陶系含水岩与裂隙含水岩之间有一相对隔水层，且目标含水层底部分布一稳定隔水层，且目标含水层厚度整体变化不大。古交地势整体西高东低，整体向中间河谷倾斜，与实际情况基本相符。

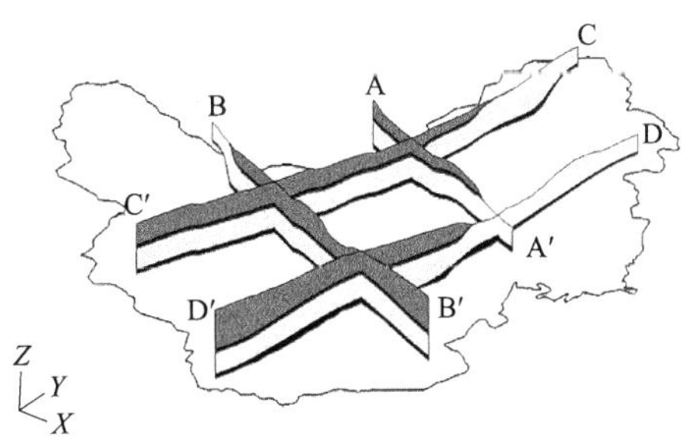

图 6.12 古交地质剖面图

综上，从空间结构来看，奥陶系岩溶水展布于第四系孔隙水含水岩和二叠系～石炭系裂隙水含水岩之下，覆盖区可接受顶部孔隙水和裂隙水含水层的越流补给，古交煤炭开采对顶部含水层的影响将间接导致古交奥陶系岩溶水的变化，但由于奥陶系岩溶水含水层与顶部含水岩覆盖区之间存在一相对隔水层，即本溪组，导致其越流补给量很少。古交矿区开采煤层分布于石炭系裂隙水含水岩组，从三维地质结构模型可以看出，目标含水层奥陶系岩溶水位于古交可采煤层之下，奥陶系岩溶水对古交煤层底板充水起到了不可忽视的作用。

6.4.2 采煤对古交岩溶水影响数值模拟研究

6.4.2.1 GMS的概述

GMS为地下水模拟系统（Groundwater Modeling System）的简称，是由美国陆军排水工程实验工作站和美国环境模拟研究实验室合作研发的地下水环境模拟软件包（郭晓东等，2010），可以处理复杂二维、三维地下水流动问题、溶质运移问题和热传导问题等。GMS是一个地下水数值模拟软件的集成系统，系统把MODFLOW、MT3DMS、MODPATH、FEMWATER、RT3D、SEEP2D、UTCHEM、MODAEM等模块集成在同一环境下，辅助模块有Map、Tins、Borehole、Solid、Mesh、2D-Scatter points、3D-Scatter points、Grid、GIS等，具有强大的前后处理功能、计算能力及良好的可视界面和图形操作，使用者可以方便快捷地处理目标问题，是国际上最常用的地下水模拟软件之一。

其中GMS中的MODFLOW模块为模块化三维有限差分地下水流动模型（Modular Three-dimensional Finite-difference Ground-water Flow Model）的简称，是20世纪80年代美国地质调查局McDonald和Harbaugh开发，由一套基于网格的三维有限差分方法刻画地下水流运动规律的计算机程序，它通过将研究区域在时间和空间上离散，建立每个网格上的水均衡方程，应用有限差分方法，迭代计算每个网格的水头值。MODFLOW用来进行地下水流数值模拟，包括river、recharge、drain、wells及边界等子程序包，可以模拟河流、湖泊、水井、人工补给、降水、排泄、潜流等水文要素对非均质及复杂边界条件下地下水流的影响。

基于研究区目标含水层的水文地质概念模型的基本特征，在建立古交地下水流运动模型时，设置模拟时段内各运动要素不随时间发生变化，且目标含水层与顶部底部含水层不发生水力联系，不考虑垂直渗流作用，因此将古交地下水模型概化为二维稳定流数学模型，基于达西定律及水量平衡方程采用数学方法对古交地区奥陶系岩溶水流运动用以下公式进行描述：

$$K\left(\frac{\partial^2 h}{\partial x^2}+\frac{\partial^2 h}{\partial y^2}\right)+\omega=0 \quad (x,y)\in\Omega \tag{6.1}$$

$$h\big|_{\Gamma_1}=h(x,y) \tag{6.2}$$

$$\left.\frac{\partial h}{\partial n}\right|_{\Gamma_2}=f(x,y) \tag{6.3}$$

式中：Ω为研究区域；K为渗透系数，m/d；ω为含水层的源汇项，1/d；Γ_1为第一类边界；

Γ_2 为第二类边界；$h(x,y)$ 为第一类边界的水位函数，m；$f(x,y)$ 为渗流区第二类边界上的流量函数，m/d。

6.4.2.2 参数及条件设置

（1）研究区域范围。以古交奥陶系岩溶水为研究对象，因此模拟区范围为分布于古交境内的奥陶系岩溶水所在区域，数值模拟边界与前文三维地质模拟边界选择一致，其中，模拟区西南部以区域岩溶水隔水边界为界，北部边界以中奥陶系和寒武系分界线为界，西北、东部、南部边界以古交行政边界为界，总面积约 1219.6km^2，如图 6.13 所示。

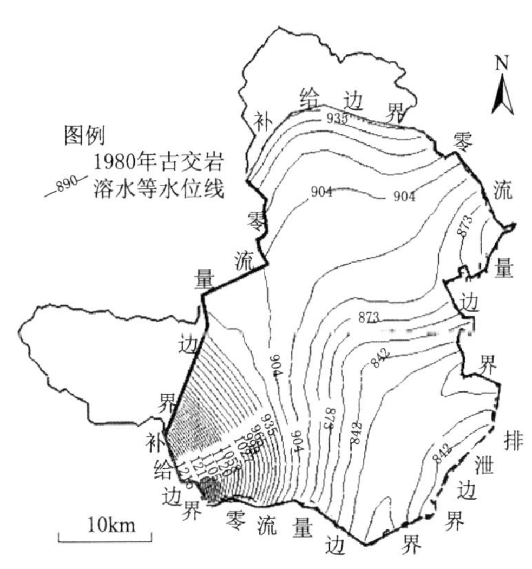

图 6.13 古交边界条件概化

目标含水层由奥陶系碳酸盐岩岩溶水组成，底部为亚黏土层隔水性良好，与深层岩溶水不发生水力联系，含水层中、南部地区上部覆盖岩层为本溪组泥岩，具有良好的隔水能力，可以很好地阻断其与上覆裂隙水和孔隙水含水层的水力联系，北部和西部边缘为岩层出露区，可直接接受大气降水补给。

研究区地下水系统通过补给过程、径流过程和排泄过程维持水量平衡，符合质量守恒定量，从空间来看，目标含水层为单一含水层，不考虑垂直项含水层之间的渗透作用，运动方向仅考虑平面水平运动，在 x、y 方向同时存在分量，且设定在计算时段内运动要素保持不变，故将古交岩溶水运动概化为二维稳定流。

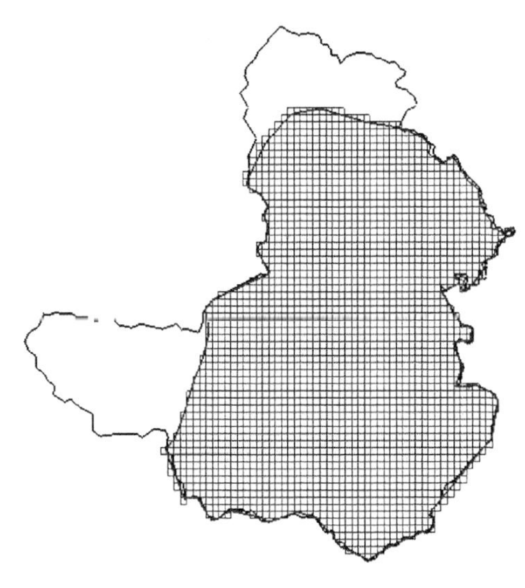

图 6.14 模拟区空间剖分网格

（2）边界条件概化。根据古交市的边界条件及性质，结合已有的古交岩溶水水位等值线图及水文地质剖面图，对古交岩溶水的边界条件进行概化。其中，研究区范围西部为奥陶系岩溶水出露边界，不接受侧向补给，概化为隔水边界；南部及东部有岩溶水可以通过，概化为二类流量边界，其地下水流场线与边界相垂直，为零流量边界。北部和西南部为岩溶水流入边界，概化为补给边界。岩溶水流向自北部、西部流向东南，在东南边界流出，因此东南段概化为排泄边界，具体如图 6.14 所示。

（3）网格剖分。GMS 提供了两种网格剖分方式，一种为自定义模式；另一种为基于精确点自动加密剖分模式。空间剖分采用自定义模式，模拟区总面积为 1219.6km^2，东西最宽约 34.8km，南北最长约 46.3km，设置模拟区有限差分网格数行数×列数为 60×70，如图 6.15 所示。

（4）资料准备与参数确定。古交煤炭产业发展始于 20 世纪 80 年代后，80 年代前的地下水运动可视为天然状态下的运动，为了建立无采煤影响的古交岩溶水数值模型，将 1975—1980 年作为采煤前期，基于水文地质报告及抽水井等资料，整理并输入该阶段基础数据及水文地质参数。

6.4.3　源汇项处理

6.4.3.1　降水入渗补给

目标含水层可接受的入渗补给来源为研究区北部和西部边缘地带奥陶系裸露碳酸盐岩区大气降水直接补给，这是目标含水层地下径流的主要补给来源之一。其中东部覆盖区顶部含水层与目标含水层之间存在相对隔水层，通常目标含水层与上层裂隙水和孔隙水的水力联系差，不接受入渗补给。

参考古交地下水评价报告中的裸露灰岩区降水入渗系数统计表，古交采煤前期 1975—1980 年降水入渗系数统计均值为 0.235，计算得目标含水层裸露区可接受的降水入渗补给量为 1.651m^3/s，其中灰岩裸露范围为 288km^2，降水入渗补给量换算为 GMS 所需格式为 4.986×10^{-4}m/d。覆盖区不接受补给，入渗系数处理为 0。

降水入渗补给在研究区域空间分布的不均匀性通过入渗分区作概化处理。基于古交市水文地质条件，对研究区降水入渗系数进行概化分区，如图 6.16 所示。

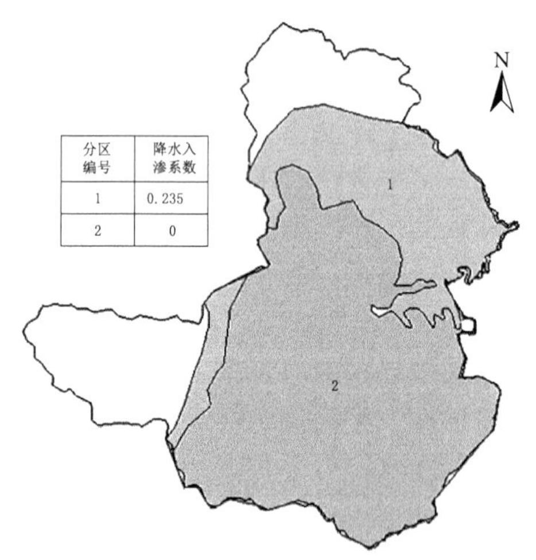

图 6.15　研究区降水入渗系数分区图

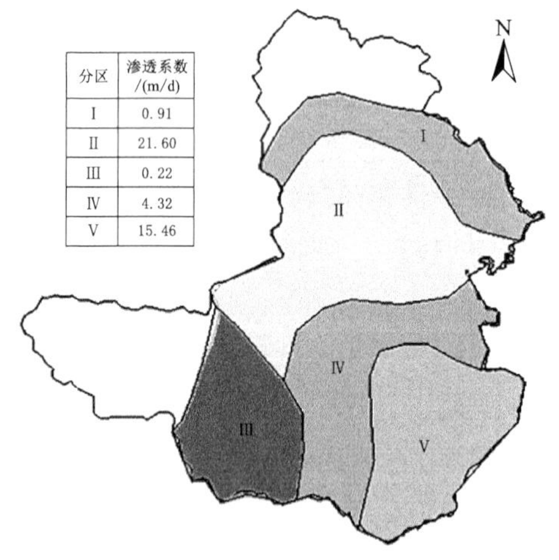

图 6.16　水文地质参数分区及参数初值

6.4.3.2　地下水开采量

根据《山西省太原市晋祠泉域水资源开发利用现状调查研究报告》（太原理工大学

水资源与环境地质研究所，太原市晋祠泉域水资源管理处，2012），晋祠泉域内古交市的岩溶水井总计 37 眼，占整个泉域岩溶水井总数的 19.68%，占岩溶水总开采量的 15.61%，古交市岩溶水主要用于工业用水和生活用水，境内无城镇生活用水井和农业灌溉用水井，古交各乡镇岩溶水平均开采量见表 6.7，该表统计了古交境内各乡镇对岩溶水的取水比例，通过将古交各年岩溶水用水总量与古交各乡镇取水比例相乘，换算得出各年古交不同乡镇人类开采岩溶水取水量。

表 6.7　　采煤前 1975—1980 年古交各乡镇岩溶水平均开采量

分区	东曲办	西曲办	桃园办	河口镇	镇城底镇	嘉乐泉乡	梭峪乡
开采量/万 m^3	38.80	1.17	26.33	35.30	14.10	60.70	5.59
开采面积/km^2	78.73	21.29	64.3	198.47	49.66	122.15	40.4
人类开采量/(m/d)	1.35×10^{-5}	1.50×10^{-6}	1.12×10^{-5}	4.87×10^{-6}	7.78×10^{-6}	1.36×10^{-5}	3.79×10^{-6}

由于缺乏岩溶水井的地理坐标数据，古交岩溶水开采量在空间分布上的不均性以古交不同乡镇为分区作概化处理。根据收集到的古交每年岩溶水总开采量数据，基于表 6.7 各乡镇岩溶开采量比例求取古交各乡镇岩溶水开采量平均值，并加载到模型网格中去，各分区岩溶水开采量以 Recharge 模式进行处理。其中，采煤前 1975—1980 年古交各乡镇岩溶水平均开采量见表 6.8。

表 6.8　　采煤前 1975—1980 年古交各乡镇岩溶水平均开采量

县、区	乡、镇	岩溶水井数量/眼						水井所占比率/%	年取水量/万 m^3	取水所占比率/%
		工业	城镇生活	乡村生活	农业灌溉	地热水	合计			
古交市	东曲办	9		1			10	5.32	50.76	3.33
	西曲办	1					1	0.53	1.50	0.10
	桃园办	3		1			4	2.13	34.40	2.26
	河口镇	4		7			11	5.85	46.21	3.03
	镇城底镇			4			4	2.13	18.47	1.21
	嘉乐泉乡	1		2			3	1.60	79.35	5.21
	梭峪乡	1		3			4	2.13	7.28	0.48
	小计	19		18			37	19.68	237.97	15.61

注　数据来源于《山西省太原市晋祠泉域水资源开发利用现状调查研究》（太原理工大学水资源与环境地质研究所，太原市晋祠泉域水资源管理处，2012）。

6.4.3.3 汾河入渗补给量

汾河渗漏段在古交境内有三段，其中渗透进入奥陶系岩溶水含水层的汾河渗漏补给段为寨上至汉道岩段，长 6km，汾河下垫面为奥陶系灰岩，基于古交地下水评价报告数据统计，采煤前 1975—1980 年汾河平均渗漏量为 0.889m^3/s，河水入渗以弧段的形式进行加载，将其定义为 river，单击“属性”按钮并输入相关数据。

6.4.4 水文地质参数分区

为了描述古交岩溶水的渗透系数在空间分布上的不均匀性，基于《西山煤田综合水文地质报告》中抽水试验钻孔数据和岩溶水地下水位流场图，将古交岩溶水含水层的水文地质参数大致划分为 5 个区域，参考古交境内的钻孔试验及参数经验值确定目标含水层各分区渗透系数的初始值，如图 6.18 所示。

6.4.5 模型识别验证

晋祠泉泉水流量的突变点为 1978 年，考虑数据的实际情况，且 1980 年前煤矿还未开采，选择 1975—1980 年前的数据建立模型。将该阶段收集整理的基础数据及水文地质参数数据作为初始条件输入所建模型。GMS 软件有独有的一套识别方法，通过 MAP 模块在已构建的地下水模型中建立 observation wells 观测井图层，选取古交境内分布相对均匀的有实际水位数据的观测井若干，依次输入各个观测井的坐标及该点的实测水位数据，通过双击观测井设置评价阈值，设置 Obs. Head interval 项为 0.5，表明计算值与观测值的误差极差范围为 0.5m，设置 Obs. Head conf（%）项为 95，表明衡量模型置信度为 95%。若观测值与计算值的差值显示在置信区间内，表明校核效果很好；若观测值与计算值的差值显示超出置信区间但小于 200%，说明校核效果较好；若观测值与计算值的差值超出置信区间范围 200%，校核效果差。

在古交境内选取六个岩溶地下水位资料相对比较齐全的水文钻孔：J21、933、JS-1、416、C-14、MS-5 作为本次模型校核的观测井，具体分布位置如图 6.17 所示，以初始水文地质参数运行模型后，表明在初始水文地质参数下，古交 1980 年的计算水位与观测水位存在较大误差，初始参数不符合实际情况。通过不断调参并运行模型，并对比观察校核目标状态，使计算值尽可能在理想的误差范围内。校核结果最终呈现如图 6.18 所示，其中观测井 JS-1、416 处的校核目标在置信区间内，表明该处计算结果较好，J21、933、C-14、MS-5 的校核目标超出置信区间，且小于 200%，表明模型计算结果误差在置信区间内，具有一定精度。

表 6.9 统计了古交境内 1980 年各个钻孔的最终计算水位与观测水位，对比结果显示计算值与观测值的误差最小为−0.44m，最大误差为 1.45m。其中，多数校核目标观测值与计算值差值在置信区间内，少数超过置信范围 95%，但小于 200%，校核结果较好，模型结果在精度范围内。

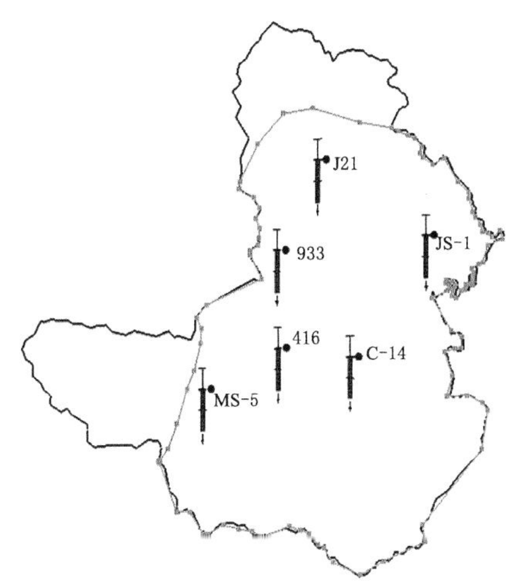

图 6.17 模型校核前

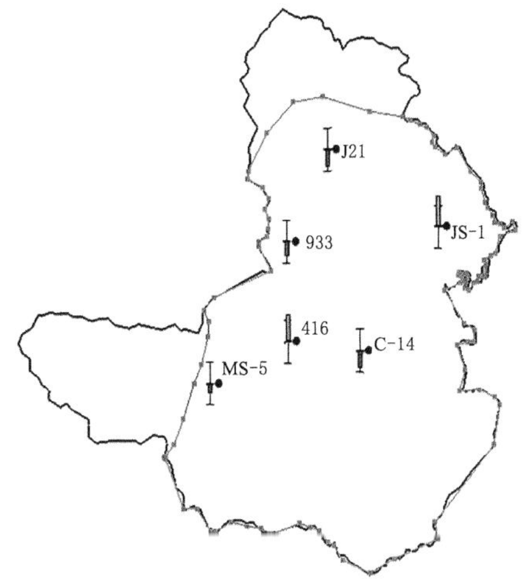

图 6.18 模型校核后

表 6.9 计算结果与实际结果统计对比结果

钻孔	实测水位/m	计算水位/m	极差	校核效果
MS-5	937.00	936.56	-0.44	好
933	893.00	892.38	-0.62	好
C-14	879.00	878.24	-0.76	好
J21	897.97	897.22	-0.75	好
JS-1	884.00	885.45	1.45	较好
416	887.00	888.22	1.22	较好

图 6.19 为地下水模型模拟值与实测值的 45°线对比结果图，可以看出，本次模拟各个观测井散落在 45°斜线周围，偏离程度小，表明校核结果较好，进一步说明此时的地下水模型具有一定的精度，可以用于地下水模拟。

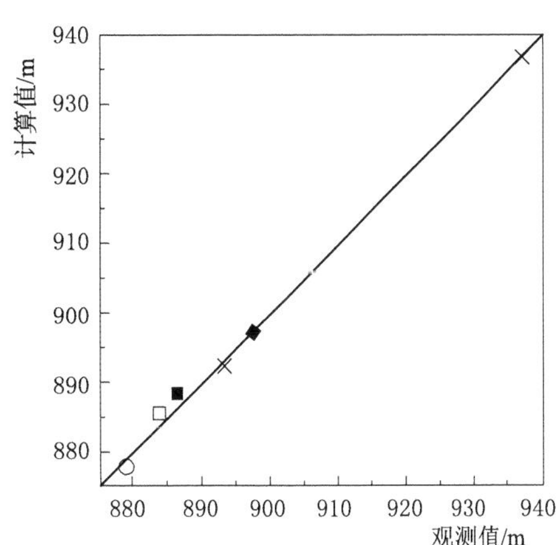

图 6.19 古交地下水模型模拟值与实测值 45°线对比图

渗透系数是反映岩土体透水能力的重要指标（颜文珠，2011）。根据前期分析，古交采煤活动使得岩溶含水层结构破坏，势必会引起岩溶水附水岩层岩体透水性能发生变化，即采煤前后，渗透系数发生变化，从而改变古交岩溶水的运动规律，渗透系数 K 是本次采煤对岩溶水影响建模的关键参数。模型最终精度基本满足要求，能够较好地反映古交无采煤影响条件下岩溶水的水流特征，能够满足后续采煤对古交岩溶水的影响模拟分析要求，水文地质参数最终识别结果见表 6.10。

表 6.10　　水文参数识别结果

分区	Ⅰ	Ⅱ	Ⅲ	Ⅳ	Ⅴ
渗透系数/(m/d)	1.014	24	0.242	4.8	13

6.5　古交采煤对岩溶水的影响数值模拟分析

6.5.1　计算思路

在无采煤阶段，古交岩溶水不受煤炭开采的影响，古交岩溶水的影响因素主要包括降水、汾河渗漏、人类开采等。古交煤炭开采对岩溶水的影响主要体现在：①煤层底板岩溶含水层在采煤作用下含水层结构发生破坏，在地下水模型中体现为采煤前后渗透系数的变化，②突水和降压疏水的作用使得古交岩溶水的排泄过程发生变化，影响岩溶地下水水资源量。采煤阶段岩溶水的影响因素为降水、汾河渗漏、人类开采、采煤排水、含水层结构变化等。基于所建立的无煤矿开采情况下的模型，其水文地质参数 K 即为天然状态下的渗透系数；在采煤阶段为了从岩溶水影响因素中分离出采煤因素对古交岩溶水的影响，以前期建立的无采煤影响的地下水模型为基础，控制模型结构及水文地质参数 K 值不变，将采煤期其他岩溶水影响因素降水入渗、汾河渗漏、人类开采实际数据等输入该模型，模拟得到的地下水位即为采煤期在实际条件下地质参数无变化，无采煤排水影响的地下水位，即为无煤炭开采影响的岩溶地下水水位，通过与实测地下水位数据对比，其差值即为古交地区煤炭开采对岩溶水的综合影响量。

地下水实测资料有限，在 1984—1986 年西山煤田进行过一次岩溶水位统测、2000 年西山煤电集团有限责任公司地测处和山西煤田水文地质二二九队共同合作在古交矿区进行了一次岩溶水文观测孔统测水位工作、2009 年组织过一次岩溶水位统测工作。基于收集到的实测岩溶水水位资料，选取 1985 年、2000 年、2009 年三个年份作为参照，分别模拟 1985 年、2000 年、2009 年无采煤影响的岩溶水水位，通过与三个年份实测水位的对比，分析古交煤炭开采对岩溶水的影响情况。

6.5.2　模拟结果及对比分析

保持模型结构和参数不变，将 1985 年、2000 年、2009 年间除采煤因素外的其他岩溶水影响因子的实测基础数据输入前期建立的古交无采煤影响的岩溶水数值模型，运行后分别得到 1985 年、2000 年、2009 年古交奥灰岩溶水在无采煤影响下的水位。本书分别选取了若干在古交境内分布相对比较均匀的、有实测水位数据的钻孔作为参照，根据计算结果，统计各水文钻孔位置岩溶水水位的模拟结果和实测结果，具体结果如图 6.20～图 6.22 所示。

古交岩溶水的补给、径流、排泄条件随着水文要素和人类活动条件的变化而变化。本模型中的模拟水位是指基于实际人类开采岩溶水和水文气象条件下，无采煤影响的岩溶水

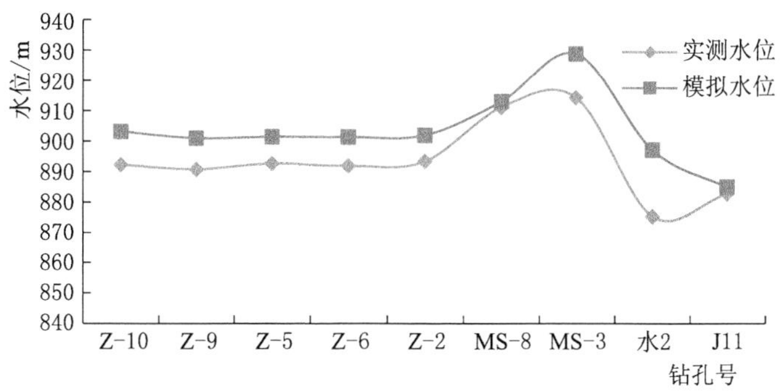

图 6.20　1985 年实测水位和模拟水位对比

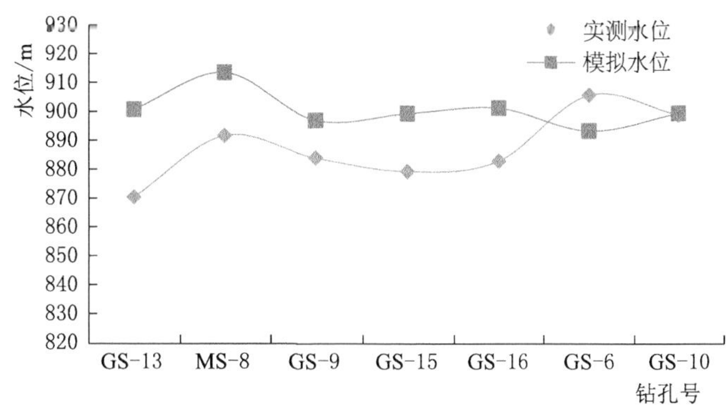

图 6.21　2000 年实测水位和模拟水位对比

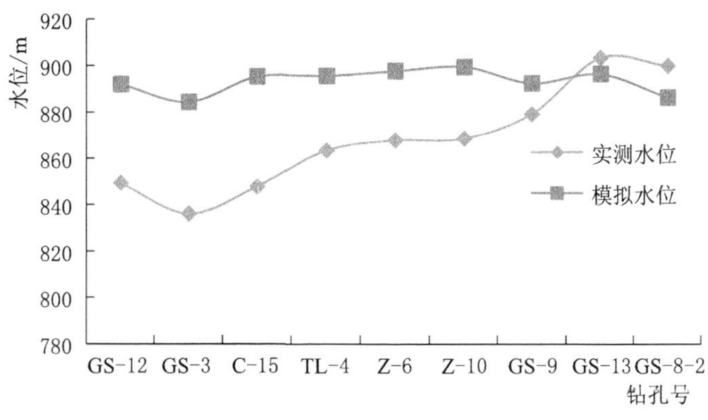

图 6.22　2009 年实测水位与模拟水位对比

水位；实测水位指的是实际人类开采岩溶水和水文气象条件，有采煤活动影响的实际岩溶水位。基于控制变量的思想，模拟水位和实测水位的差值即为采煤对岩溶水位的综合影响量。从 1985 年、2000 年、2009 年的模拟水位和实测水位对比图可以看出：

（1）三个年份的实测水位基本低于模拟水位，说明了在古交采煤活动破坏含水层结构和采煤疏排岩溶水的综合影响下，导致古交岩溶水减少。

(2) 1985年、2000年和2009年各钻孔间模拟的水位曲线和实测水位曲线形状趋势基本保持一致，表明模拟结果和实测水位之间的差值在各个钻孔分布有一定的稳定性，这也进一步佐证了前期建立模型的合理可行性，符合古交实际地下水流情况，具有一定的精度。

(3) 2009年模拟水位与实测水位的平均差值大于2000年的差值，2000年的模拟水位与实测水位的平均差值大于1985年的差值，说明煤炭开采活动对古交岩溶水的影响程度随着时间增大。

(4) 在模拟的各个钻孔中，1985年的钻孔MS-8、J11和2000年的钻孔GS-10水位变化不大，GS-6孔的实测水位没有下降反而上升，2009年的钻孔GS-13、GS-8-2与模拟水位相比，实测水位没有下降反而上升。局部水位上升原因很难解释，参考《古交矿区奥灰水文地质补勘报告》[西山煤电（集团）有限责任公司地质处，中国矿业大学资源与地球科学学院，2010]，这种现象可能是由于钻孔在各含水层之间未进行隔离止水作用，沟通了相邻含水层，使得局部水位上升，也进一步说明了煤矿开采对地下水影响的复杂性和空间分布的不均匀性。

在剔除异常点后分别求取采煤影响下古交岩溶水位下降均值，结果显示，在采煤活动影响下，1980—1985年岩溶水位下降7.42m，1980—2000年岩溶水位下降20.65m，1980—2009年岩溶水位下降29.71m，这也进一步说明了，在模拟时间期限内，岩溶水位减少量随采煤活动的推进作用，其影响量逐渐增大。表6.11分别统计了1985年、2000年、2009年古交矿区累计原煤产量、古交煤矿开采引起的岩溶水水位减少量，换算得出采煤影响的古交岩溶水量，其中，1980—1985年采煤影响古交岩溶水量为2.06亿m^3，1980—2000年采煤影响古交岩溶水量为5.74亿m^3，1980—2009年采煤影响古交岩溶水量为8.26亿m^3。用岩溶水减少量除以累计原煤产量，计算出古交煤矿开采对岩溶水影响的吨煤影响量，经计算得到1985年的平均吨煤影响量为4.65m^3/t，2000年的平均吨煤影响量3.32m^3/t，2009年的平均吨煤影响量2.51m^3/t。1980—1985年、2000年、2009年，古交原煤产量和煤炭开采影响下岩溶水位减少量均呈现递增趋势，其中，岩溶水位减少速率小于古交原煤产量增大趋势，该结果也可以从岩溶水的吨煤影响量得到证实，如图6.23所示，古交吨煤影响量随着时间的推进呈现递减趋势。近年来，为了缓解岩溶水下降速率，政府设立了古交重点保护区，并出台了一系列岩溶水保护政策，另外，政府对于煤矿资源整合调控作用、采煤技术方法的改进等政策措施也对古交岩溶水的下降起到了一定的缓解作用。

表6.11　　采煤对古交岩溶水的影响量统计

年份	累计原煤产量/亿t	岩溶水位下降/m	岩溶水减少量/亿m^3	吨煤影响量/(m^3/t)
1985	0.443	7.42	2.06	4.65
2000	1.728	20.65	5.74	3.32
2009	3.292	29.71	8.26	2.51

综合以上的模拟分析可以看出，煤矿原煤开采量的不断增加和开采的继续，加大了对

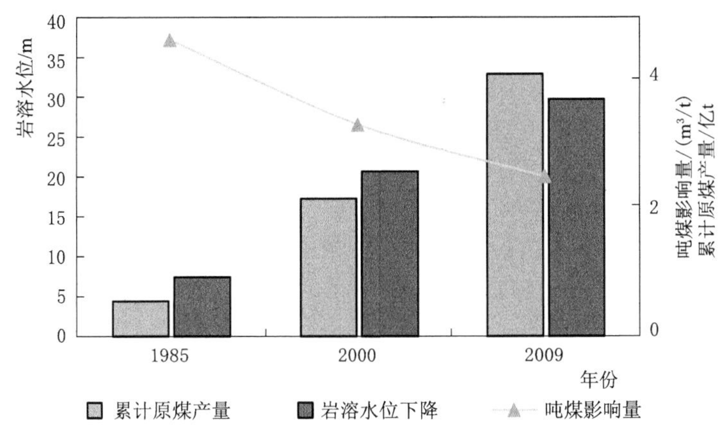

图 6.23 古交采煤对岩溶水的影响结果趋势分析

岩溶水的影响，也影响着相对应的晋祠泉水流量，在大气候变化背景下，在补给减少的情况下，加之人类对岩溶水的开采以及煤矿开采导致泉水断流。

6.6 小结

汾河流域内岩溶水系统丰富，也是流域内水文系统的一个重要组成部分，本章在介绍流域内岩溶泉域基本概况的基础上，选择流域内有代表性的晋祠泉作为典型研究对象，采用定性定量的方法分析了晋祠泉泉水流量的变化特点及其影响因素，以古交矿区为典型研究对象，在建立三维古交矿区地质模型的基础上，基于 GMS 软件建立了煤矿开采对岩溶水影响的水文模型，模拟分析了煤矿开采对岩溶泉水的影响，得到主要结论如下：

（1）汾河流域岩溶泉域丰富，从上游到下游分布有 8 个岩溶大泉，且是主要的供水水源地，现状开采量为 4.99 亿 m^3，其中晋祠泉、兰村泉和古堆泉处于严重超采状态，均已断流。基于所收集到的数据资料及泉域情况，选择晋祠泉对泉水流量的变化特点及其影响因素进行了定性定量分析。分析结果表明，1954—1960 年为泉水相对稳定期，平均流量为 1.957m^3/s，1961—2000 年为快速下降期，影响衰减的主要因素为大气降水量、汾河渗漏量、人工开采量和煤矿开采等。定量分析结果表明，人类活动是影响泉水衰减的主要因素，其贡献率为 79.34%，而大气降水影响的贡献率为 20.66%。

（2）在介绍古交矿区水文地质条件、补给、径流和排泄条件及地下水资源系统的基础上，分析了煤矿开采对岩溶水的影响机理，主要表现在采煤引起的导水裂隙及矿坑排水。首先，采煤引起的导水裂隙。古交采煤形成采空区煤层顶板垮落形成“上三带”，及采煤底板突水形成的“下三带”，导致含水层间被导水裂隙穿透，改变了地下水含水层的运移方式和路径。导水裂隙的存在一方面使原本相对独立的含水层系统发生水力联系，另一方面改变原有的地下水循环路径，使地下水的运动方向由原始的以“水平方向运动”为主变为“水平和垂直方向运动”的模式。其次是矿坑排水。矿坑排水来源包括三方面：煤层顶板的孔隙水、裂隙水和煤层底板岩溶水。对于汇入矿坑的各个含水层的地下水，都要集中以矿坑排水的方式排出，使得原本代谢循环缓慢的地下水，在重力作用下迅速沿导水裂隙汇入矿坑集中排出，加快了地下水循环过程，不仅改变了地下水资源量，也使得地下水在空间循环路径上和时间上都发生了改变。最后，采煤对岩溶水的影响：岩溶水位于煤层下方，由于采煤形成的"下三带"的影响，一方面改变岩溶含水层的结构；另一方面，突水和降压疏水成为古交岩溶含水层新的排泄途径。

(3) 基于古交矿区水文地质及下垫面情况，在概化边界条件的基础上，以 GMS 为基础，构建了古交矿区地下水流运动模型，以 1975—1980 年数据为基础建立古交无采煤影响的岩溶水数值模型，基于实测钻孔水位数据在研究区内设置校核目标，通过不断调试，使模型模拟结果在误差范围内，校核结果显示：模型计算结果误差均在置信区间内。此外，通过对比，各观测井的计算值和实际值都散落在 45°斜线周围，表明该模型具有一定精度。基于所建立模型模拟分析了采煤对岩溶泉水的影响，模拟结果表明，在采煤影响下，古交岩溶水位 1980—1985 年平均下降 7.42m，1980—2000 年下降 20.65m，1980—2009 年下降 29.71m；平均吨煤影响量 1985 年为 4.65m^3/t，2000 年为 3.32m^3/t，2009 年为 2.51m^3/t。表明在模拟期内，随着时间推移，采煤规模逐渐变大，采煤对古交岩溶水位的影响逐渐变大，但吨煤岩溶水影响量在减少。

第7章

汾河流域水文系统演变特征研究

汾河流域水文系统内输入、输出和中间过程的子系统——降水、径流、植被以及土地覆被面积等均发生了变化，流域内降水呈现波动的减少趋势，干流主要水文站点的年径流量都呈现减少状态，且随着流域面积的增大，这种减少趋势也越来越显著且减少速率越快，随着流域内土地覆被面积的变化，以及流域内煤矿开采对水文过程的影响，流域内降水径流关系及其过程也发生了相应的变化。因此，在辨识汾河流域水文系统特点及其演变的基础上，对入黄径流锐减的影响因素进行甄别，确定主要影响因素，并对汾河流域水文系统演变特征进行分析，明确汾河流域水文系统演变趋势，以对水文水资源的规划与管理提供参考依据。

在径流形成过程中，降水量的多少对断面出口径流量的多少起着非常重要的作用，是形成径流的必要条件，降水量的数量及其时空特征与流域出口断面的径流量关系密切。当降水到达地面后，经过蒸散发、填洼、下渗、植物截留等蓄渗过程形成径流，当流域内水文系统输入发生变化后，一方面气候因素直接影响形成的径流量，另一方面通过该区域蒸散发量及下渗过程影响径流的蓄渗过程，致使系统输出发生变化。而人类活动（包括水利工程、水土保持措施以及煤矿开采等）一方面通过影响区域蒸散发量影响径流形成的蓄渗过程，另一方面人类活动通过土地覆被面积的变化以及影响土壤孔隙特征等改变了下垫面条件，也使流域内的蓄渗过程发生了变化。在经过蓄渗过程后，人类活动通过改变流域下垫面条件及河道特征，改变了原来的汇流过程，通过坡地汇流过程形成径流，进入河道后到达流域出口断面，对径流的产汇流过程产生影响。因此，汾河流域内的水文系统不再是单一的自然系统，成为了自然-社会共同作用下的复合系统，其相互作用的过程如图7.1所示。

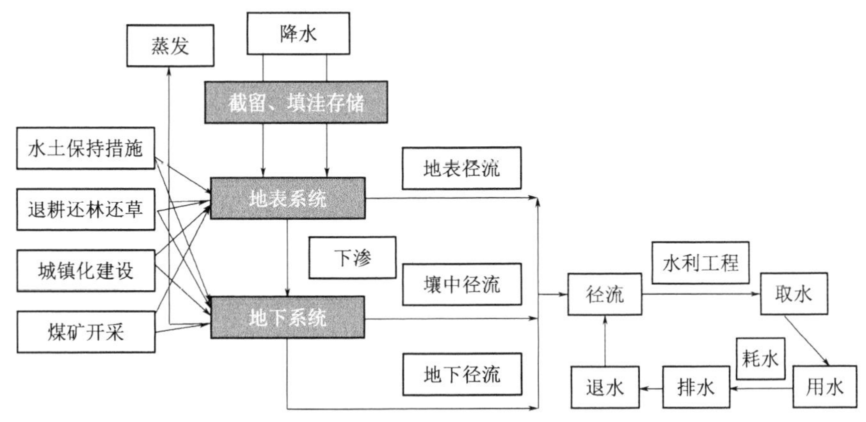

图7.1　流域水文系统水分运动

可见，随着社会经济的不断发展，城镇化建设、煤矿开采、水利工程的建设以及退耕还林还草等生态工程措施使下垫面条件发生了变化，同时人类取水、用水、耗水和排水等均使流域内的水文过程及特征值发生了变化。

本章在前面分析研究的基础上，从影响汾河流域内水文系统的气候系统和影响下垫面变化的调蓄系统的人类活动两个方面对引起汾河流域输出系统的入黄径流量锐减的原因进行分析，并对该流域的水文系统演变特点进行分析总结。汾河流域径流变化影响量分析思路如图 7.2 所示。

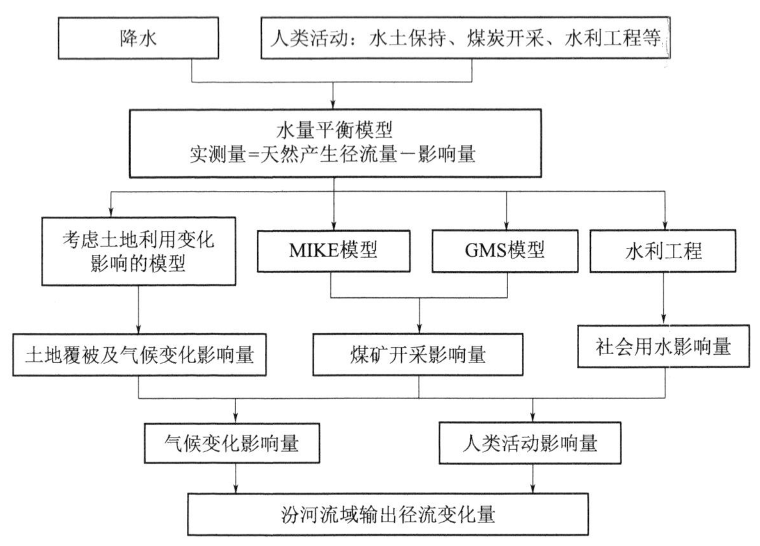

图 7.2 汾河流域径流变化影响量分析思路

7.1 汾河流域水文系统输出变化成因定性分析

7.1.1 气候因素

7.1.1.1 降水

汾河流域内降水时空特征分布不均，东部及东南部较多，自下游向上游递减，且旱涝异常，20 世纪 50—60 年代降水丰沛，气候偏湿，80—90 年代降水偏少，气候偏干，到 2002 年后雨量增大。降水是汾河流域河川径流的主要补给来源，在天然状态下，降水量的大小在一定程度上决定河川径流量的多少，因此汾河流域降水量的变化是汾河流域入黄径流量锐减的一个非常重要的影响因素。1956—2012 年汾河流域的年降水量呈现减少趋势（图 7.3），由年降水量的 9 年滑动均值可以看出 2002 年之前，汾河流域年降水量呈现稳定的持续减少，而 2002 年之后年降水量有所增大。1956—2012 年汾河流域年降水量平均每年减少 3.88 万 m^3，远小于河津站年径流量平均每年减少 1580 万 m^3 的速度。同时年降水量 M－K 检验的 Z 值为－1.466，年降水量减少趋势不显著。且根据水文变异诊断系统甄别汾河流域降水量变化趋势微弱，不存在突变。

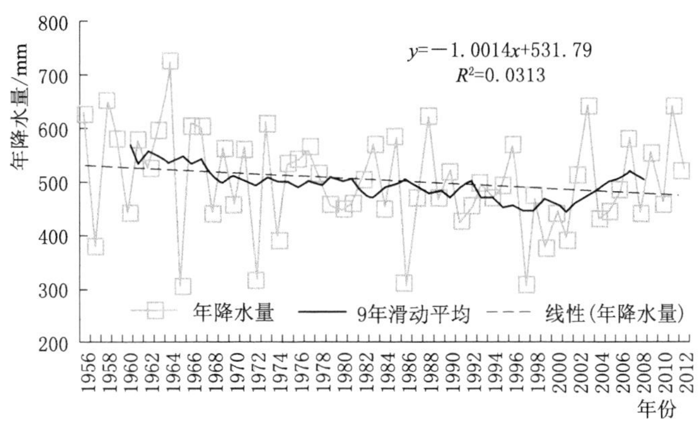

图 7.3 1956—2012 年汾河流域年降水量

入黄径流河津站年径流的突变点为 1971 年，因此，以 1971 年为分界点，点绘 1956—1971 年和 1972—2012 年两时段的降水径流关系，具体如图 7.4 所示。从图中可以看到，两个子序列的线性回归方程的斜率差异很大，因此，流域的产汇流机制发生了明显变化；而突变后的降水径流关系在突变前降水径流关系下方，表明在相同降水条件下，1971 年前产生的径流量远大于 1971 年后产生的径流量，说明 1971 年后产流量减少，因此，汾河流域内水文系统的特点在不同时期表现出的不同特点，也即表明流域水文系统内的降水及径流形成过程中的调蓄系统部分发生了变化，这里的调蓄系统包括引起流域内调蓄系统变化的土地覆被面积变化、水利工程建设以及煤矿开采所带来的对下垫面的改变等。

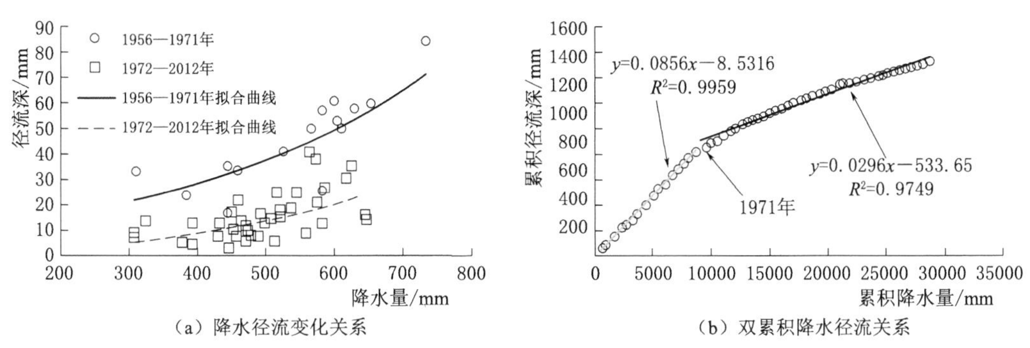

图 7.4 1956—2012 年汾河流域降水径流关系

7.1.1.2 蒸发

气温、风速、日照时数等气象因素的变化是影响汾河流域径流变化的另一个气候因素，很多研究表明，气温、风速等气象因子的变化通过影响流域蒸散发量而影响径流量，如王炳亮（2014）、赵玲玲（2013）等认为气温和风速的升高会导致区域蒸散发量的增大，相对湿度的增大导致蒸散发量的减少。

潜在蒸散发是气温、风速等气象因子的综合体现，因此本小节通过分析汾河流域潜在蒸散发量的变化来分析气温、风速等气象因子的变化对径流量的影响。在 3.2.2 小节中分析了潜在蒸散发量随时间的变化特征，流域内潜在蒸散发量呈现下降趋势，这和很多研究的结果一致（Irmak et al.，2012；Donohue et al.，2010；高歌等，2006），且 1956—2012 年汾河流域潜在蒸散发量通过 M－K 检验表明汾河流域潜在蒸散发量的减少趋势显著，因此，系统内输出量蒸散发量在气候背景下出现减少的趋势，通过水量平衡原理可知，在保持降水量和流域蓄水量不变的前提下，流域蒸发量的减少会引起径流量的增加。

7.1.2　人类活动因素

研究表明，在长时间尺度上，气候变化是引起河川径流变化的主要原因，但是在短期内，由于人类活动改变了流域内相应的水文系统，成为河川径流变化的主要因素。人类通过修建梯田、毁林开荒、植树造林等活动改变下垫面的条件改变区域产汇流机制而间接改变河川径流量；或者通过修建水利工程、河道取水等直接改变河川径流量和河川径流量的时空分布。因此，本小节通过分析各种人类活动对汾河流域河川径流的影响，确定汾河流域入黄径流量锐减的主要人类活动因素。

7.1.2.1　地表水开采

人类文明大多起源于大江大河区域，人类为了生存和发展，大多选择“伴河取水”，河川径流是人类重要的地表水源。汾河是山西省的“母亲河”，也是山西省内最大的河流，汾河一直是山西省重要的地表水水源，特别是近年来，汾河流域径流更是山西省重要的地表水源。

随着人口的增加、农业和社会经济的不断发展，人类的需水量不断增加，从河道中的取水量增加，直接导致河川径流量的减少。图 7.5（a）给出了 1980—2012 年典型年汾河流域地表水用水量，1980—2012 年典型年汾河流域地表水用水量呈现增加趋势，以每年 0.1806 亿 m^3的速率增加，尤其是 2005 年后，地表水用水量增加最快，2009 年后超过 10 亿 m^3，2010 年后，地表水用水量超过了 12 亿 m^3。

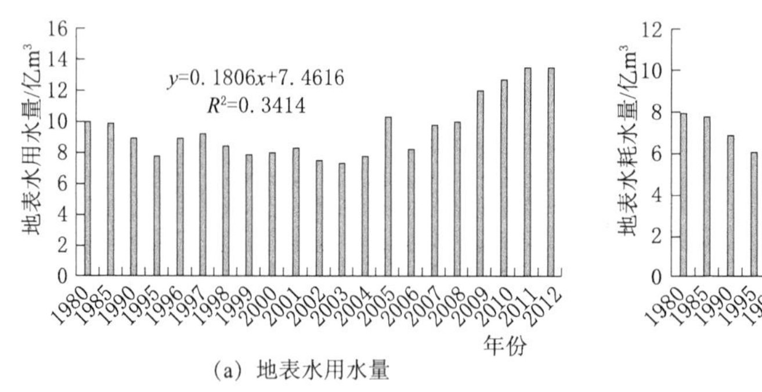

(a) 地表水用水量

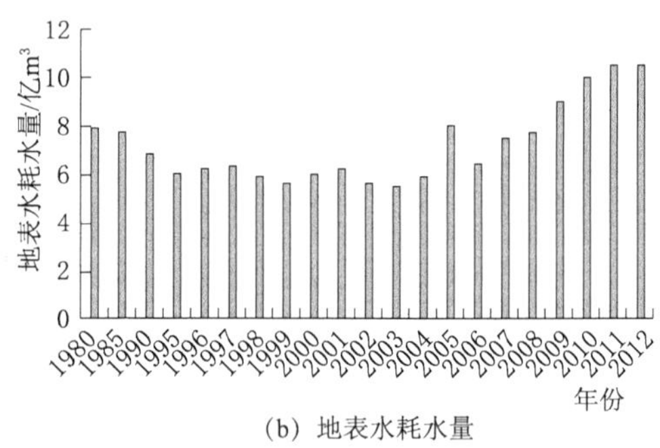

(b) 地表水耗水量

图 7.5　汾河流域 1980—2012 年典型年地表水用水量及耗水量

在天然循环的大框架内，形成了取水—输水—用水—排水—退水五个基本环节构成的人工水循环，流域水的人工水循环形成，使地表径流的通量不断减少，主要表现在耗水量上，图 7.5（b）给出了 1980—2012 年典型年汾河流域地表水耗水量，1980—2012 年汾河流域年多年平均耗水量为 7.19 亿 m^3，同时，1980—2012 年汾河流域的年耗水量呈现增加趋势，2009年前，地表水耗水量低于8亿m^3，2010年后达到10亿m^3。耗水量的增加致使在人工水循环中回到河道中的水量减少，进而影响河川径流量。

7.1.2.2 地下水开采

地下水是汾河流域内的重要水源，1980—2012年，汾河流域地下水供水量占总供水量的63%。图7.6（a）给出了1980—2012年汾河流域地下水开采量，在1995年前，汾河流域地下水开采量呈现增加趋势，1995年之后地下水开采量减少，是由于地表水用水量增加的原因。在地下水中，深层承压水开采量占汾河流域地下水开采总量的69%，深层承压水是地下水开采的主要水源。地下水的超采造成很多问题，主要表现在如下三个方面：

（1）造成大范围的地下水降落漏斗。随着经济社会的发展，汾河流域地下水开采量增加，地下水的超采造成大范围的地下水降落漏斗。图7.6（b）给出了1998—2012年太原盆地两个典型降落漏斗的面积和漏斗中心地下水埋深的变化，两个降落漏斗的面积在短暂减小后又快速增大，漏斗面积最大达到354km^2。

（2）地面沉降。地下水的超采，是含水层中水的浮托力与松散岩层空隙水的支持力小时，改变了自然状态下地下水的流向，使土体压缩，因此产生地面沉降，地面沉降会改变区域水循环，进而影响到河川径流发生变化。

（3）岩溶泉流量减少甚至断流。汾河流域内岩溶泉域丰富，有雷鸣寺泉、兰村泉、晋祠泉、洪山泉、郭庄泉、霍泉、龙子祠泉和古堆泉等八大岩溶大泉，这些岩溶大泉的天然平均流量达28.7m^3/s，合年径流量9.02亿m^3，是汾河清水径流的重要组成部分。但是随着汾河流域地下水的超采，改变了熔岩泉水的降水补给条件，造成汾河流域岩溶泉流量的减少甚至断流。

因此，地下水的超采不仅会改变流域下垫面条件，还会改变水循环的循环路径，进而影响到地下水和地表水的转化机制，改变地下水和河川径流的相互补给条件，使其水文系统内的循环过程发生相应的变化，进而影响到汾河流域的径流量发生变化。

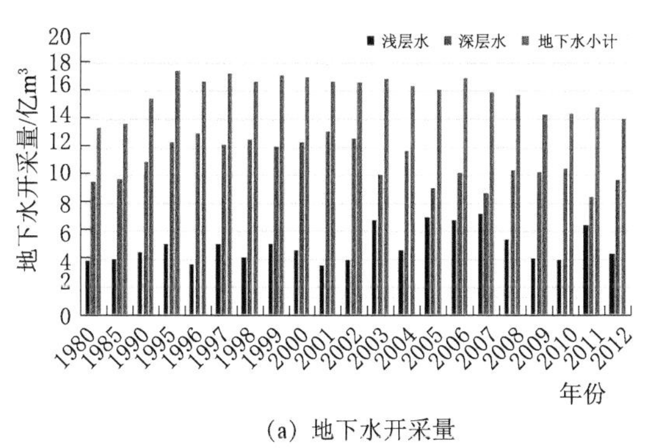

(a) 地下水开采量

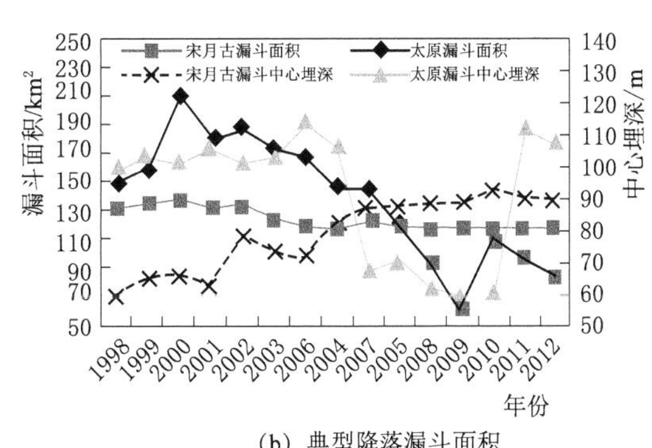

(b) 典型降落漏斗面积

图7.6 汾河流域地下水开采量及典型降落漏斗面积变化

7.1.2.3 煤炭开采

煤矿区是一个地面与地下、自然与人类社会相互作用的复杂生态系统，各要素之间相互依存，相互制约，煤矿开采破坏了矿区水循环系统，同时也会因水循环系统的破坏而诱发一系列的灾害，如井泉干枯、地表塌陷、土地荒漠化和地面沉降等。山西省是我国主要的煤炭生产基地，煤田分布面积约占全省土地面积的37%。山西煤炭资源丰富，全省39%的面积地下有煤层分布，截至1995年全国第三次煤田预测，现有煤炭资源总量为6400亿t。自北向南分布有大同、宁武、河东、西山、霍西及沁水六大煤田和浑源、五台、平陆、垣曲等煤产地。随着经济的发展，煤炭开采量范围及其速度逐年加大，尤其是20世纪90年代后，1991年全省总产量2.8857亿t，到1993年突破3亿t，最高为1996年达3.4946亿t，往后开采量逐渐减少，2000年为2.4611亿t。由此带来的采煤区水资源问题也越来越突出。根据山西省第二次水资源评价中进行的调查统计（范堆相，2005），开采25.8713亿t煤，要排掉地下水近2.25亿m^3，相当于每吨煤排水0.87t水。山西省平均排水系数0.88，按现在山西省每年采煤3亿t计算，年影响水资源量2.5亿m^3，而排水的回用率仅为0.3左右，其余全部排入河道或渗入地下。根据评价结果，按山西省2000年原煤产量24611×10^4t计算，生产1t煤破坏2.54t水资源。采煤对河川径流的影响主要表现在，由于煤矿开采疏干了上部孔隙水，基流量锐减，随着采空范围的扩大，采空区裂隙甚至地面塌陷范围也随之扩大，因而造成了河川径流大量渗漏，影响范围内地表径流也急剧减少，同时煤矿开采不断破坏着流域环境地质条件，使地表水产汇流条件不断改变，原有的水资源时程变化规律不断改变，水资源开发利用条件不断恶化。

7.1.2.4 水利工程

水利工程对流域河道实测径流产生较大的影响，而其中的蓄水工程，特别是大中型水利枢纽对实测径流产生较为明显的影响，到目前为止，汾河流域已兴建各类蓄水工程（李英明等，2004；裴群，2006），其中包括大中型水库17座，总控制流域面积14736km^2；小（1）型和小（2）型水库165座，总库容达到17.2016亿m^3，总控制流域面积1.5317万km^2。水利工程的修建改变了汾河流域内径流及其形成的时空分布，由于水利工程的蓄水供给了人类生活生产用水，减少了水利工程下游的河道水量，同时由于增加了水面面积，也相应增加了流域蒸发量，影响到流域内径流的时空分布特点发生变化。刘昌明等（2004）认为蓄水水利工程主要通过增加区域蒸发量影响径流量。

7.1.2.5 水土保持措施

水土保持措施主要通过改变流域下垫面条件而影响河川径流，人类通过植树种草、修建梯田、退耕还林等水土保持措施改变流域下垫面条件和土地利用类型的面积。

从20世纪50年代开始，山西省多次实施汾河流域规划和汾河水土治理工作。但是汾河流域规划和水土治理主要集中在汾河水库上游流域，在1980—1997年间，汾河水库上游初步治理面积为15万hm^2，为治理前38年治理面积总和的6倍多，平均治理度为4.9%。1997年以后，整个汾河流域水土保持的投资力度依然很大，治理速度很快。截至2013年年底，汾河流域已完成水土流失初步治理面积11669km^2，治理度47.05%。共建设基本农田32.5万hm^2；营造水土保持林草71.2万hm^2，其中，乔木林40.8万hm^2，灌木林13.5万hm^2，经济林13.2万hm^2，人工种草3.7万hm^2；封禁自然修复面积13.1万hm^2；建设淤地坝1870座，其中，骨干坝169座，中型淤地坝163座，小型淤地坝1538

座。通过多年综合治理，大量坡耕地改造为梯田，并配套了农田道路和水利设施，有效地提高了土地生产力，农村生产生活基本条件得以改善；林草植被面积占比增加到21.33%，生态环境明显趋好，蓄水保土能力不断提高，有效拦截了入河泥沙，水土流失明显减轻。

汾河流域实施的水土保持措施、城镇化建设、人类活动等改变了流域土地利用类型的面积，且随着城镇化建设、各种水土保持措施及国家退耕还林和退耕还草等措施的不断实施，1978—2012年汾河流域的林地面积呈现增加趋势，林地面积增加了2037km²，草地面积增加了169km²，城镇用地面积增加了1828km²，水域面积几乎没有变化，而耕地面积减少了4032km²。且根据2000—2012年MODIS数据的解译结果，中高盖度的面积在增加，植被覆盖度大于70%的面积在逐年增加，覆盖度在70%～80%的面积从2000年的17.10%分别增加到2005年的22.55%和2010年的22.60%，覆盖度在90%～100%的面积到2005年和2010年分别增加了6.49%和7.39%。根据相关研究（刘晓燕，2015），当林草植被覆盖度大于40%～50%以后，减水量仍将增加。流域内植被覆盖度的增加，将会使流域内的产水量减少。

汾河流域水土保持措施和规划多次实施，使汾河流域的土地利用发生了很大变化，改变了流域下垫面条件，致使流域内的产汇流机制发生改变，从而影响了汾河流域径流的时空分布特征，进而影响到汾河流域的输出-入黄径流量发生变化。

7.2 汾河流域水文系统输出变化成因定量分析方法

7.2.1 基于Budyko公式的径流变化敏感性因素分析方法

径流要素的变化主导着流域水文系统的变化，其变化具有非线性、突变性和随机性等复杂特性，这一变化在汾河流域表现尤为突出，对于引起径流变化的各个影响因素的敏感性分析也显现得非常重要，以Budyko水热耦合平衡理论为基础的水量平衡方法，一般用于识别历史基准期气候变化和人类活动对径流变化的贡献率，可以比较好地描述降水、潜在蒸散发以及流域属性之间的定量关系（杨大文等，2015；孙福宝等，2007）。

Budyko公式用来分析流域径流量（Q）对降水量（P）、潜在蒸散发（E_0）和流域属性参数（n）变化的敏感性。一般形式的Budyko公式为

$$E=\frac{PE_0}{(P^n+E_0^n)^{\frac{1}{n}}} \tag{7.1}$$

n值通常为0.6～3.6（n值由实测和计算径流误差得到）。采用式（7.1）的微分形式来估计气候变量（P，E_0）的变化以及流域特性（n）的变化对实际蒸散发量（E）的影响，即

$$\mathrm{d}E=\frac{\partial E}{\partial P}\mathrm{d}P+\frac{\partial E}{\partial E_0}\mathrm{d}E_0+\frac{\partial E}{\partial n}\mathrm{d}n \tag{7.2}$$

各偏微分方程分解为

$$\frac{\partial E}{\partial P}=\frac{E}{P}\left(\frac{E_0^n}{P^n+E_0^n}\right) \tag{7.3a}$$

$$\frac{\partial E}{\partial E_0}=\frac{E}{E_0}\left(\frac{P^n}{P^n+E_0^n}\right) \tag{7.3b}$$

$$\frac{\partial E}{\partial n}=\frac{E}{n}\left[\frac{\ln(P^n+E_0^n)}{n}-\frac{(P^n\ln P+E_0^n\ln E_0)}{P^n+E_0^n}\right] \tag{7.3c}$$

式（7.3a）～式（7.3c）构成了理解气候和流域特性变化对实际蒸散发量（E）影响的基础，径流 Q 的变化即为

$$\mathrm{d}Q=\mathrm{d}P-\mathrm{d}E \tag{7.4}$$

结合式（7.3）和用于径流 Q 的变化式（7.4），即有

$$\mathrm{d}Q=\left(1-\frac{\partial E}{\partial P}\right)\mathrm{d}P-\frac{\partial E}{\partial E_0}\mathrm{d}E_0-\frac{\partial E}{\partial n}\mathrm{d}n \tag{7.5}$$

径流 Q 相对变化为

$$\frac{\mathrm{d}Q}{Q}=\left[\frac{P}{Q}\left(1-\frac{\partial E}{\partial P}\right)\right]\frac{\mathrm{d}P}{P}-\left(\frac{E_0}{Q}\frac{\partial E}{\partial E_0}\right)\frac{\mathrm{d}E_0}{E_0}-\left(\frac{n}{Q}\frac{\partial E}{\partial n}\right)\frac{\mathrm{d}n}{n} \tag{7.6}$$

其中，$\left[\frac{P}{Q}\left(1-\frac{\partial E}{\partial P}\right)\right]$、$\left(\frac{E_0}{Q}\frac{\partial E}{\partial E_0}\right)$ 和 $\left(\frac{n}{Q}\frac{\partial E}{\partial n}\right)$ 为灵敏度系数。

流域潜在蒸散发的计算利用联合国粮食及农业组织（FAO）推荐的 Penman - Monteith 公式（Allen et al.，1998）

$$ET_0=\frac{0.408\Delta(R_n-G)+\gamma\frac{900}{T_{\mathrm{mean}}+273}U_2(VP_s-VP)}{\Delta+\gamma(1+0.34U_2)} \tag{7.7}$$

式中：ET_0 为潜在蒸散发，mm/d；R_n 为净辐射，MJ/(m^2 · d)；G 为土壤热通量，MJ/(m^2 · d)；γ 为干湿常数，kPa/℃；Δ 为饱和水汽压曲线斜率，kPa/℃；U_2 为 2m 高处的风速，m/s；VP_s 为平均饱和水汽压，kPa；VP 为实际水汽压，kPa；T_{mean} 为平均气温，℃。净辐射为太阳短波辐射与地面长波辐射之和，其中太阳辐射可按下式估算

$$R_s=\left(a_s+b_s\frac{n}{N}\right)R_a \tag{7.8}$$

式中：R_s 为太阳辐射，W/m^2；R_a 为大气顶层的太阳辐射，W/m^2；a_s 和 b_s 为参数，其中 $a_s=0.25$，$b_s=0.5$。

降水径流关系图和距平百分比图可以对降水和径流的相对变化进行分析，可以显示水文气象要素的变化趋势并简单分析各要素间的关系，对造成径流变化的原因定性分析。

双累积曲线对时间序列进行累加计算，累积曲线可以消除水文变量在其随机波动过程中的噪声，有利于观测到随机变量在演变过程中的变化趋势。在水文年际过程中，如果径流量不受外界条件的影响，径流量的累积曲线将会呈现一条近似的直线，仅有个别累积值相对回归直线有小幅度的波动偏离，但不会出现很大的偏移，因此可以用来验证其趋势和变化特点。同时采用变点前后的径流量、降水和潜在蒸散发的累积斜率分析其影响程度。累积变点前后的径流量、降水量和潜在蒸发量累计斜率分别记为：S_{Rb}、S_{Ra}、S_{Pb}、S_{Pa}、S_{ETb}、S_{ETa}，降水、潜在蒸散发和人类活动对径流量的影响分别记为 C_P、C_{ET} 和 C_H。由累积斜率值得到突变点前后的径流量、降水量和潜在蒸散发量的累积斜率变化值分别如下：

$$R_{\mathrm{SR}}=100\%\times(S_{Ra}-S_{Rb})/S_{Rb} \tag{7.9}$$

$$R_{\mathrm{SP}}=100\%\times(S_{Pa}-S_{Pb})/S_{Pb} \tag{7.10}$$

$$R_{\mathrm{SET}}=100\%\times(S_{ETa}-S_{ETb})/S_{ETb} \tag{7.11}$$

则降水量、潜在蒸散发和人类活动造成流域属性改变对径流量的影响可以表示为

$$C_P = 100\% \times R_{SP} / R_{SR} \tag{7.12}$$

$$C_{ET} = -100\% \times R_{SET} / R_{SR} \tag{7.13}$$

$$C_H = 1 - C_P - C_{ET} \tag{7.14}$$

7.2.2 径流变化影响量定量分析方法

为了定量表述影响径流变化的各个因素，以已经分析得到的径流突变年份为分界点，将实测的年径流量序列划分为两个时段，即“基准期”和“变化期”。“基准期”和“变化期”的实测年径流量均值的差值为汾河入黄流量的总减少量，入黄径流的总减少量包含由气候变化引起的减少量和主要人类活动引起的减少量。气候变化和主要人类活动对径流影响的分离评判方法如下（王国庆等，2006）：

$$\Delta W = W_{hc} - W_b \tag{7.15}$$

$$\Delta W = \Delta W_c + \Delta W_{hum} \tag{7.16}$$

$$\Delta W_c = \Delta W_p + \Delta W_{E_0} \tag{7.17}$$

$$\Delta W_{hum} = \Delta W_{wc} + \Delta W_{gw} + \Delta W_{wcp} + \Delta W_{coal} + \Delta W_{LUCC} \tag{7.18}$$

$$\eta_p = \frac{\Delta W_p}{\Delta W} \times 100\% \tag{7.19}$$

$$\eta_{E_0} = \frac{\Delta W_{E_0}}{\Delta W} \times 100\% \tag{7.20}$$

$$\eta_c = \eta_p + \eta_{E_0} \tag{7.21}$$

$$\eta_{wc} = \frac{\Delta W_{wc}}{\Delta W} \times 100\% \tag{7.22}$$

$$\eta_{gw} = \frac{\Delta W_{gw}}{\Delta W} \times 100\% \tag{7.23}$$

$$\eta_{wcp} = \frac{\Delta W_{wcp}}{\Delta W} \times 100\% \tag{7.24}$$

$$\eta_{coal} = \frac{\Delta W_{coal}}{\Delta W} \times 100\% \tag{7.25}$$

$$\eta_{LUCC} = \frac{\Delta W_{LUCC}}{\Delta W} \times 100\% \tag{7.26}$$

$$\eta_{hum} = \eta_{wc} + \eta_{gw} + \eta_{wcp} + \eta_{coal} + \eta_{LUCC} \tag{7.27}$$

式中：ΔW 为汾河入黄径流总减少量，亿 m^3；W_{hc} 为变化期实测年径流量，亿 m^3；W_b 为基准期实测年径流量，亿 m^3；ΔW_c 为气候变化引起的汾河入黄径流减少量，亿 m^3；ΔW_{hum} 为人类活动引起的汾河入黄径流减少量，亿 m^3；ΔW_p 为降水量减少引起汾河入黄径流减少量，亿 m^3；ΔW_{E_0} 为潜在蒸散发量减少引起汾河入黄径流减少量，亿 m^3；ΔW_{wc} 为地表水耗水量的增加引起的汾河入黄径流减少量，亿 m^3；ΔW_{gw} 为地下水开采引起的汾河入黄径流减少量，亿 m^3；ΔW_{wcp} 为水利工程新增蒸发量引起的汾河入黄径流减少量，亿 m^3；ΔW_{coal} 为煤炭开采引起的汾河入黄径流减少量，亿 m^3；ΔW_{LUCC} 为土地利用变化引起的汾河入黄径流减少量，亿 m^3；η_p、η_{E_0}、η_{wc}、η_{gw}、η_{wcp}、η_{coal}、η_{LUCC}、η_c、η_{hum} 分别为降水、潜在蒸散发量、地表水耗水量、地下水开采、水利工程、煤炭开采、土地利用、气候变化和人类活动对汾河入黄径流锐减的贡献率。

7.3 汾河流域水文系统入黄径流影响因素敏感性定量分析

7.3.1 敏感性分析

由收集的数据经计算得到流域1956—2012年、1956—1971年和1972—2012年的P、ET_0、Q和n的均值见表7.1。

表7.1 各时段汾河流域径流和环境因素的平均值

时间	降水量/mm	潜在蒸散发量/mm	径流量/mm	流域属性
1956—2012年	502.75	947.89	24.00	2.722
1956—1971年	541.49	968.56	46.30	2.433
1972—2012年	487.63	939.82	15.30	3.335

分析得到径流对气候变化和流域属性敏感性系数见表7.2，该表给出了1956—1971年和1972—2012年的径流对于降水、潜在蒸散发和流域属性的敏感性系数。总体上，径流与ET_0和n呈负相关关系，但与P呈正相关关系。P、ET_0或n增加1%将分别导致径流增加3.09%～4.11%、减少2.09%～3.11%以及减少2.17%～3.03%。可以看出，在1956—2012年和1972—2012年，汾河流域径流量对于降水量变化最敏感，对于流域属性的敏感性次之，而对于潜在蒸散发的敏感性最小。1956—1971年的基准期内，汾河流域径流量对于降水量的敏感性最大，对于潜在蒸散发的敏感性次之，而对于流域属性的变化敏感性最小。总之，径流对气候变化的敏感性高于对流域属性变化的敏感性，同时，随着流域属性的变化，流域属性对径流的影响也显现出来。

表7.2 径流对气候变化和流域属性的变化敏感性系数

时间	P	ET_0	n
1956—2012年	3.42	−2.43	−2.51
1956—1971年	3.09	−2.09	−2.17
1972—2012年	4.11	−3.11	−3.03

7.3.2 影响比率定量分析

以突变点1971年为界，突变点前后累积降水量回归线、突变点前后累积潜在蒸散发回归线和突变点前后累积径流量的一元线性回归线，如图7.7所示，由一元线性趋势线得到突变点前后的累积径流、降水量和累积潜在蒸发量的斜率。并计算得到降水、潜在蒸散发和流域属性对径流的影响比例分别为16.29%、−4.86%和88.57%。说明1956—2012年间，整体上气候变化和人类活动对径流的影响占据主导地位，而1972—2012年和1956—1971年相比，人类活动大大加剧，造成了流域属性比较大的改变，同时气候条件未发生明显的变化，人类活动在这一时期占据主导地位。

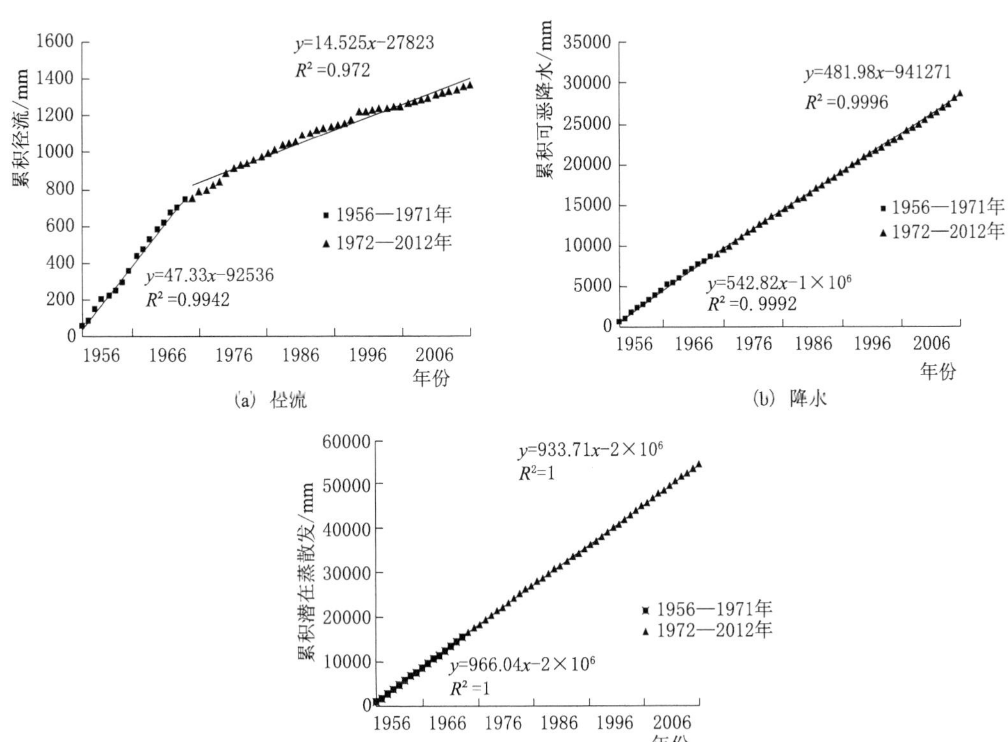

图 7.7　径流、降水及潜在蒸散发双累积曲线图

7.4　汾河流域入黄径流变化影响因素定量分析

7.4.1　入黄径流总减少量

受人类活动和气候变化的双重驱动，流域的产汇流模式是一个由量变到质变的过程，相应的水文序列在不同时期将呈现出阶段性或趋势性的变化特征，以发生突变时间 1971 年为汾河流域天然期和人类活动影响期的分界年份，即 1956—1971 年为天然期，即基准期，1972—2012 年为人类活动影响期。1956—1971 年汾河入黄多年平均年径流量为 17.93 亿 m^3，1972—2012 年汾河入黄多年平均年径流量为 5.92 亿 m^3，和基准期相比，1972—2012 年汾河入黄径流量平均每年减少 12.01 亿 m^3（图 7.8）；结合收集到的供用水资料和其他资料，分析 1980—2012 年汾河入黄径流的减少量的去向，1980—2012 年汾河入黄多年平均年径流量 5.11 亿 m^3，和基准期相比，1980—2012 年汾河入黄径流量平均每年减少 12.83 亿 m^3。

7.4.2　气候变化对入黄径流影响定量分析

Budyko（1974）的研究表明，流域年水量平衡可以采用水量和能量的函数表示，自

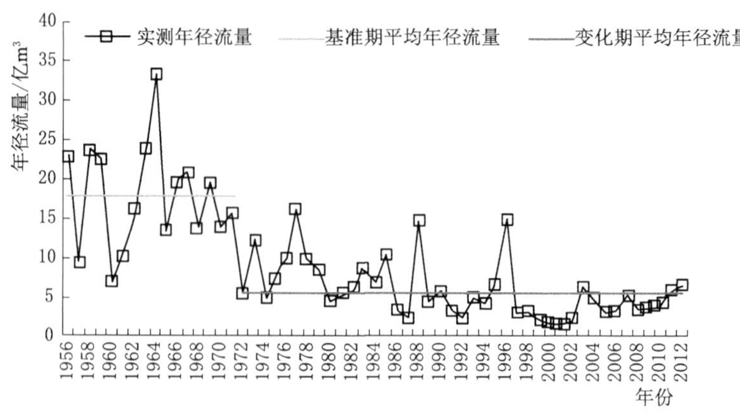

图 7.8 1956—2012 年河津站实测年径流量突变前后年径流量均值

此之后，基于 Budyko 假设，国内外学者开发出很多气候弹性系数计算的经验方程（Li et al.，2012；傅抱璞，1981）。基于 Budyko 假设，在前人成果的基础上，Zhang（2001）给出了实际蒸散发的估算公式，并在全世界范围得到广泛应用并取得很好的效果（Li et al.，2007；Liu et al.，2009），其表达式为

$$\frac{\overline{E}}{\overline{P}}=\frac{1+\omega(\overline{E_0}/\overline{P})}{1+\omega(\overline{E_0}/\overline{P})+(\overline{E_0}/\overline{P})^{-1}} \tag{7.28}$$

式中：$\overline{E}$ 为多年平均年实际蒸发量，mm；$\overline{P}$ 为多年平均年降水量，mm；$\overline{E_0}$ 为多年平均年潜在蒸发量，mm；ω 为反映流域下垫面特征的参数，和流域内的地形、土壤和植被等下垫面及流域属性相关（Yang et al.，2007，2009）。

结合流域多年平均水量平衡方程

$$\overline{R}=\overline{P}-\overline{E} \tag{7.29}$$

式（7.28）可以表达为

$$\frac{\overline{P}-\overline{R}}{\overline{P}}=\frac{1+\omega(\overline{E_0}/\overline{P})}{1+\omega(\overline{E_0}/\overline{P})+(\overline{E_0}/\overline{P})^{-1}} \tag{7.30}$$

式中：$\overline{R}$ 为流域多年平均径流深，mm；其他符号意义同前。

结合汾河流域 1956—1971 年年平均降水量、年平均径流深、年平均潜在蒸发量计算出汾河流域下垫面及属性的参数 $\omega=2.4545$。

年降水量和潜在蒸发量的变化会引起流域水量平衡的改变，Koster（1999）和 Milly（2002）给出了流域年降水量和潜在蒸发量的变化引起的径流量变化的计算公式：

$$\Delta W_c=\varepsilon_P\frac{\overline{R}}{\overline{P}}\Delta P+\varepsilon_{E_0}\frac{\overline{R}}{\overline{E_0}}\Delta E_0 \tag{7.31}$$

$$\Delta W_P=\varepsilon_P\frac{\overline{R}}{\overline{P}}\Delta P \tag{7.32}$$

$$\Delta W_{E_0}=\varepsilon_{E_0}\frac{\overline{R}}{\overline{E_0}}\Delta E_0 \tag{7.33}$$

式中：$\overline{R}$ 为基准期多年平均径流深，mm；$\overline{P}$ 为基准期多年平均降水量，mm；$\overline{E_0}$ 为基准期多年平均潜在蒸发量，mm；ΔP 为基准期和变化期年平均降水量的差值，mm；ΔE_0 为基准期和变化期年平均潜在蒸发量的差值，mm；ε_P 为降水弹性系数；ε_{E_0} 为潜在蒸散发弹性系数。在采用气候弹性系数定量计算气候变化对径流影响时，两个气候弹性系数的计算方法对结果影响很大且需要下垫面参数 ω。Sankarasubramanian（2001）给出了一种非参数方法计算气候弹性系数：

$$\varepsilon_X = \frac{\overline{X}}{\overline{R}} \cdot \frac{(X_i - \overline{X})(R_i - \overline{R})}{\sum (X_i - \overline{X})^2} \tag{7.34}$$

式中：X 为气候因素。Zheng 等（2009）通过比较多种气候弹性系数计算方法的结果发现，气候弹性系数的非参数计算方法的结果比较可靠。

表 7.3 给出了气候变化对汾河入黄径流影响量的计算结果，和基准期相比，1980—2012 年汾河流域降水量的减少引起汾河入黄径流量平均每年减少－6.89mm，即 2.67 亿 m^3；1980—2012 年汾河流域潜在蒸发量的减少引起汾河入黄径流量平均每年增加 0.55mm，即 0.21 亿 m^3；1980—2012 年汾河流域气候变化引起汾河入黄径流量平均每年减少 2.46 亿 m^3。

表 7.3　　汾河流域气候变化对入黄径流影响计算结果

时间	$\overline{R}$/mm	$\overline{P}$/mm	$\overline{E_0}$/mm	ε_P	ε_{E_0}	ΔP/mm	ΔE_0/mm	ΔW_P/mm	ΔW_{E_0}/mm
1956—1971 年	45	541	969	1.491	－0.331	－55	－35	－6.89	0.55
1980—2012 年	13	486	933						

7.4.3 人类活动对汾河入黄径流影响定量分析

在气候变化大背景下，汾河流域内输入气候系统及流域内调蓄系统的植被子系统及土壤等子系统均发生了变化，导致流域内水文系统各个因素及其相互之间的关系发生了变化。在人类活动过程中，地表水的开采通过地表水耗水量的增减影响区域径流量，地下水开采通过地下水耗水量和潜水蒸发量影响径流量，水利工程通过对区域蒸发量的增减影响区域径流量，水土保持措施、植树造林以及退耕还林等通过改变土地覆被面积影响径流量，煤炭开采通过改变下垫面条件及改变水循环路径影响着流域内径流的形成过程。因此，在确定汾河入黄径流量锐减的主要人类活动影响因素下，采用分项计算法计算出各种人类活动对汾河入黄径流的影响量，定量分析人类活动对汾河入黄径流量的影响。

7.4.3.1 地表水开采利用

在汾河流域的水文系统内，随着社会经济的发展，已经形成了除自然循环外的社会水循环，即天然循环的大框架内，形成了取水—输水—用水—排水—回归五个基本环节构成的人工水循环，人类取水后，在输水和用水过程中，一部分水量通过蒸发和消耗不能回到河道内，这部分水量为耗水量。随着时间的推移和地表水开采量的增加，地表水耗水量也在变化，同一区域两个时期内，地表水耗水量的变化可以作为地表水开采对区域径流的影响量。对地表水开采对汾河入黄径流的影响采用以下方法评估：

$$\Delta W_{wc} = \overline{Q_{hcwc}} - \overline{Q_{bwc}} \tag{7.35}$$

式中：$\overline{Q_{hcwc}}$为变化期地表水耗水量，亿 m^3；$\overline{Q_{bwc}}$为基准期地表水耗水量，亿 m^3。

1980—2012 年汾河流域地表水耗水量多年平均值为 7.19 亿 m^3，由于 1972 年前汾河流域的地表水用水资料难以收集，在《中国地下水资源 山西卷》(2005) 中，汾河流域 1956—1979 年地表水的开采量平均为 11.238 亿 m^3。在《山西水资源》(1992) 中，1956—1979 年汾河流域地表水的消耗率平均为 0.433。因此，得出汾河流域 1956—1979 年地表水耗水量平均为 4.87 亿 m^3。和基准期相比，1980—2012 年汾河流域地表水开采导致汾河入黄径流量平均每年减少 2.32 亿 m^3。

7.4.3.2 地下水开采利用

地下水开采通过两个方面影响汾河流域径流量，一方面是地下水耗水量，这一部分水量回不到河道内；另一方面是地下水的开采引起地下水水位下降，其一造成流域潜水蒸发量的减少，另外，也会导致河道与地下水力联系发生变化。搜集整理了地下水开采量和地下水埋深等数据，分析计算汾河流域基准期和变化期地下水耗水量和潜水蒸发量，然后定量计算地下水开采对汾河入黄天然径流减少的影响量，其计算公式如下：

$$\Delta W_{gw} = \Delta Q_{gwc} - \Delta E \tag{7.36}$$

$$\Delta Q_{gwc} = Q_{hcgwc} - Q_{bgwc} \tag{7.37}$$

$$\Delta E = |E_{hc} - E_b| \tag{7.38}$$

$$E = C \times E_{pan} \times F \tag{7.39}$$

式中：ΔW_{gw}为地下水开采对汾河入黄径流的影响量；Q_{hcgwc}为变化期地下水耗水量；Q_{bgwc}为汾河流域基准期地下水耗水量；E 为潜水蒸发量；C 为潜水蒸发系数；E_{pan}为水面蒸发量；F 为有效蒸发面积，一般取地下水埋深小于 4m 的面积。

汾河流域地下埋深从 2001 年开始测量，收集整理了 199 个地下水埋深监测站的地下水埋深数据，本书采用的汾河流域地下水埋深监测站集中分布在太原盆地和临汾盆地。汾河流域地下水埋深比较深，分析地下水埋藏比较浅的太原盆地地区和临汾盆地地区具有较好的代表性。基于 ArcGIS 插值绘制的太原盆地和临汾盆地的地下水埋深等值线，并计算出太原盆地和临汾盆地的潜水有效蒸发面积（小于 4m）。

2001—2012 年太原盆地地下水埋深呈现先减小后增大的趋势，而小于 4m 等值线包围的面积为潜水有效蒸发面积，太原盆地潜水有效蒸发面积计算结果见表 7.4，2001—2012 年太原盆地潜水有效蒸发面积较小，平均在 34.95km^2。临汾盆地地下水埋深等值线和太原盆地地下水埋深的变化情况相似，临汾盆地地下水埋深也呈现先减小后增加的趋势。

表 7.4　2001—2012 年太原盆地潜水有效蒸发面积计算结果　单位：km^2

年份	地下水埋深						合计
	$h \leqslant 1.5m$	$1.5m < h \leqslant 2m$	$2m < h \leqslant 2.5m$	$2.5m < h \leqslant 3m$	$3m < h \leqslant 3.5m$	$3.5m < h \leqslant 4m$	
2001	0.00	0.38	0.96	3.93	8.99	3.75	18.01
2002	0.09	0.83	2.21	4.66	6.56	9.81	24.16

续表

年份	地下水埋深						合计
	h≤1.5m	1.5m<h≤2m	2m<h≤2.5m	2.5m<h≤3m	3m<h≤3.5m	3.5m<h≤4m	
2003	0.34	1.22	3.60	6.02	8.72	11.27	31.17
2004	0.39	1.95	5.35	7.32	10.78	17.61	43.40
2005	0.28	1.00	3.31	5.91	8.78	24.14	43.42
2006	1.60	3.42	4.38	6.87	10.25	13.21	39.73
2007	0.47	1.94	3.75	6.96	8.36	12.89	34.37
2008	0.06	2.56	4.81	7.57	10.50	13.03	38.53
2009	0.10	1.55	3.61	6.11	6.86	16.22	34.45
2010	0.31	2.25	5.00	7.32	11.45	15.93	42.26
2011	0.33	2.02	5.12	7.50	11.67	16.02	42.66
2012	0.29	2.00	5.03	7.33	11.25	15.54	41.44

在插值出临汾盆地地下水埋深等值线的基础上，计算出临汾盆地潜水有效蒸发面积，其结果见表7.5，与太原盆地潜水有效蒸发面积相比，临汾盆地潜水有效蒸发面积较小。

表7.5　2001—2012年临汾盆地潜水有效蒸发面积统计　单位：km^2

年份	地下水埋深						合计
	h≤1.5m	1.5m<h≤2m	2m<h≤2.5m	2.5m<h≤3m	3m<h≤3.5m	3.5m<h≤4m	
2001	5.13	2.54	2.85	3.48	4.79	5.75	24.54
2002	5.39	2.47	2.75	3.09	4.49	5.30	23.49
2003	5.28	2.62	2.93	4.17	4.92	6.71	26.63
2004	5.22	2.82	3.16	3.88	5.38	6.99	27.45
2005	4.67	2.57	2.90	3.41	4.87	6.33	24.75
2006	4.70	2.71	3.07	4.34	5.15	7.28	27.25
2007	4.38	2.65	3.01	3.65	5.00	6.47	25.16
2008	1.64	2.32	2.64	3.17	4.49	6.16	20.42
2009	1.94	2.14	2.42	2.75	3.47	4.74	17.46
2010	1.87	1.97	2.21	2.49	3.27	4.51	16.32
2011	1.75	1.96	2.20	2.47	3.52	4.53	16.43
2012	1.72	1.95	2.14	2.46	3.54	4.55	16.36

在计算出太原盆地和临汾盆地潜水有效蒸发面积的基础上，搜集整理汾河流域水面蒸发资料，采用ArcGIS插值出汾河流域水面蒸发量等值线，计算太原盆地和临汾盆地潜水

蒸发区域的水面蒸发量；搜集的汾河流域水面蒸发量数据是采用 E601 型蒸发皿测得的水面蒸发量，在计算区域水面蒸发量时，需要折算系数，折算系数采用 0.62。潜水蒸发系数采用《山西省水资源评价》（范堆相，2005）中的结果（表 7.6）。

表 7.6　　汾河流域潜水蒸发系数

埋深/m	0.5	1.0	1.5	2.0	2.5	3.0	3.5	4.0
亚砂土	0.887	0.552	0.331	0.198	0.143	0.068	0.05	0.039
亚砂亚黏互层	0.471	0.33	0.228	0.154	0.091	0.044	0.03	0.02

在计算出潜水有效蒸发面积、相应区域水面蒸发量的基础上，计算出 2001—2012 年太原盆地和临汾盆地潜水蒸发量，结果见表 7.7，2001—2012 年汾河流域潜水蒸发量平均为 342.1 万 m^3。

表 7.7　　2001—2012 年太原盆地和临汾盆地潜水蒸发量　　单位：万 m^3

年份	2001	2002	2003	2004	2005	2006
太原盆地	65.9	95.68	134.84	190.05	161.31	212.36
临汾盆地	216.6	217.11	226.66	231.58	208.94	219.18
合计	282.5	312.79	361.50	421.63	370.25	431.54
年份	2007	2008	2009	2010	2011	2012
太原盆地	154.71	173.34	141.00	186.46	190.45	184.32
临汾盆地	205.94	133.11	127.02	119.23	120.34	119.24
合计	360.65	306.45	268.02	305.69	310.79	303.56

从《山西省水资源公报》中整理计算出汾河流域各行业（农田灌溉、林牧渔、工业、城镇公共、居民生活和生态环境）的地下水用水量及耗水量，计算出汾河流域地下水耗水量，1980—2012 年汾河流域地下水耗水量平均为 11.72 亿 m^3。

1956—1971 年汾河流域地下水耗水量和潜水蒸发量采用《山西水资源》中的结果，即 1956—1971 年地下水耗水量为 4.32 亿 m^3，潜水蒸发量为 4.71 亿 m^3。1990—2000 年的潜水蒸发量采用《山西省水资源评价》（范堆相，2005）中的结果，为 2.3923 亿 m^3，1980—2012 年汾河流域地下水开采导致汾河入黄径流量平均每年减少 3.86 亿 m^3。

7.4.3.3　水利工程

这里水利工程对径流的影响是指由于水利工程措施使原来的陆面蒸发改为水面蒸发，蒸发的增加加快了水分垂直运行过程，增加了流域蒸发量，导致流域径流量减少。1979 年后，汾河水库新建大型水库 1 座，小（1）型水库 22 座，常年蓄水骨干坝 13 座。通过计算 1979 年后汾河流域建设的水利工程新增蒸发量定量分析水利工程对入黄径流锐减的影响。

（1）水面面积的确定。由于1979年后汾河流域新建水利工程不多，采用Google Earth软件提取大型水库和蓄水骨干坝水面面积。用Google Earth软件提取若干个小型水库的水面面积，参照《水文调查规范》（SL 196—97）中按库容比法推算小型水库群水面面积，进而推求小型水库蒸损量。

（2）多年平均水面面积的计算。根据有关资料，水库水面面积与当地降水量关系比较大，姚望玲等（2006）人认为，通过卫星遥感资料监测到的湖泊水面面积与降水量基本成正相关关系，因此，将当地降水量作为权重，将某年（月）的水面面积转换为多年平均水面面积，即可按下式转换：

$$\overline{A}=\frac{\overline{P}}{P_i}\times A_i \tag{7.40}$$

式中：$\overline{A}$为水库多年平均水库水面面积，m^2；$\overline{P}$为水库所在地区多年平均降水量，mm；A_i为Google Earth影像拍摄年对应的水面面积，m^2。P_i为Google Earth影像拍摄年对应的年降水量，mm。

（3）蒸发量计算方法。水利工程新增蒸发量按照下式计算：

$$\Delta W_{\mathrm{wcp}}=\overline{A}\times(E_{\mathrm{pan}}-E_{\mathrm{a}}) \tag{7.41}$$

式中：E_{pan}为多年平均水面蒸发量，mm；E_{a}为多年平均实际蒸发量，mm。

采用多年水量平衡方程求多年平均实际蒸发量：

$$E_{\mathrm{a}}=\overline{P}-\overline{R} \tag{7.42}$$

式中：$\overline{P}$为多年平均降水量，mm；$\overline{R}$为多年平均径流深，mm。

（4）新建水利工程新增蒸发量。通过计算，1980—2012年汾河流域水利工程平均每年新增蒸发量929万m^3，即水利工程引起汾河入黄径流平均每年减少929万m^3。

7.4.3.4　土地覆被变化对汾河入黄径流影响定量分析

汾河流域面积39471km^2，采用水文模型定量分析整个流域土地覆被变化对汾河入黄径流量的影响在数据支撑方面有难度，同时存在模型适用性问题。通过分析，汾河流域和静乐站控制流域在气候变化特征、土地覆被变化特征、土地利用类型转移、土地利用类型变化主要驱动因素等方面相关性很好，因此，选取静乐站控制流域为典型区域，采用水文模型定量分析土地覆被变化对径流的影响，在典型区域定量分析结果的基础上，然后采用面积比法估算汾河流域土地利用变化对汾河入黄径流量的影响。

（1）各类土地覆被类型权重计算方法。采用层次分析法（AHP）确定各类土地利用类型的权重，层次分析法是由美国运筹学家T. L. Saaty最先提出来的，此种方法能把复杂系统的决策思维进行层次化，把决策过程中定性和定量的因素有机地结合起来。通过判断矩阵的建立、排序计算和一致性检验得到的最后结果具有说服力。王婧等（2001）通过研究综合评价确定权重向量，并比较了德尔菲法、层次分析法、熵值法和模糊聚类法做出的权重的可信度，发现在缺乏样本数据的情况下，应采用层次分析法来确定权重。常建娥等（2007）认为系统理论工程中的层次分析法是一种比较好的权重确定方法。

层次分析法确定权重的步骤如下：

1）构造判断矩阵。以R表示目标，以r_i和r_j（i，j=1，2，…，n）表示因素。以r_{ij}

表示因素 r_i 对因素 r_j 的相对重要性。有 r_{ij} 构成判断矩阵 $\boldsymbol{R}$。

$$\boldsymbol{R}=\begin{bmatrix} r_{11} & r_{12} & \cdots & r_{1n} \\ r_{21} & r_{22} & \cdots & r_{2n} \\ \vdots & \vdots & \vdots & \vdots \\ r_{n1} & r_{n2} & \cdots & r_{nn} \end{bmatrix} \tag{7.43}$$

2）计算重要性排序。根据判断矩阵，求出其最大特征根 λ_{max} 所对应的特征向量 W。方程如下：

$$RW=\lambda_{max}W \tag{7.44}$$

所求特征向量 W 经归一化，即为各评价因素的重要性排序，也就是权重分配。

3）一致性检验。以上得到的权重分配是否合理，还需要对判断矩阵进行一致性检验。检验使用公式：

$$CR=CI/RI \tag{7.45}$$

式中：CR 为判断矩阵的随机一致性比率；CI 为判断矩阵的一般一致性指标。它由下式给出：

$$CI=(\lambda_{max}-n)/(n-1) \tag{7.46}$$

RI 为判断矩阵的平均随机一致性指标，1～9 阶的判断矩阵的 RI 值参见表 7.8。

表 7.8 平均随机一致性指标 *RI* 的值

N	1	2	3	4	5	6	7	8	9
RI	0	0	0.58	0.96	1.12	1.24	1.32	1.41	1.45

当判断矩阵 $\boldsymbol{R}$ 的 $CR<0.1$ 时或 $\lambda_{max}=n$，$CI=0$ 时，认为 $\boldsymbol{R}$ 具有满意的一致性，否则需调整 $\boldsymbol{R}$ 的元素以使其具有满意的一致性。

（2）各类土地对汾河入黄径流量变化的影响分析。罗巧等（2011）应用 SWAT 模型，研究不同土地利用方式对径流的影响程度，发现增加林地和草地面积将减少径流，而耕地和建设用地的增加导致径流的增加。黄河水利委员会绥德水土保持试验站观测资料表明（晏清洪等，2014），林地覆盖度为 30%、50%、70%，分别减少地表径流 53%、86%、94%；在同样的覆盖度下，草地分别减少地表径流 45%、75%、89%；可见林地保水能力普遍高于草地。郑璟等（2005）应用 CSC 水文模型对深圳地区进行了研究，认为总体上城镇化会导致地表径流的增加。Carla S. S. Ferreira 等（2012）通过模拟降水实验认为城镇用地更容易产生地表径流，其次是林地，最后是耕地。在以前对土地利用对径流的影响的基础上，结合汾河流域各类土地利用的面积，确定出汾河流域各类土地利用对汾河入黄径流量锐减影响的贡献大小，其贡献由大到小的排序为林地、草地、水域、耕地、城镇用地。

（3）各种土地利用类型权重的计算。表 7.9 给出了指标重要程度的判断值，用 r_1、r_2、r_3、r_4、r_5 分别表示因素城镇用地、耕地、水域、草地、林地。结合指标重要程度的判断值构造判断矩阵 $\boldsymbol{R}$。

表 7.9 指标重要程度的判断值

标度	含义
1	两因素相比，具有同样重要性
3	两因素相比，前者比后者稍重要
5	两因素相比，前者比后者明显重要
7	两因素相比，前者比后者强烈重要
9	两因素相比，前者比后者极端重要
2，4，6，8	表示上述相邻判断的中间值
倒数	若因素 i 与 j 的重要性之比为 t_{ij}，那么因素 j 与 i 的重要性之比为 $1/t_{ij}$。

$$\boldsymbol{R}=\begin{bmatrix} R & r_1 & r_2 & r_3 & r_4 & r_5 \\ r_1 & 1 & 5 & 4 & 7 & 8 \\ r_2 & \frac{1}{5} & 1 & 2 & 3 & 4 \\ r_3 & \frac{1}{4} & \frac{1}{2} & 1 & 8 & 9 \\ r_4 & \frac{1}{7} & \frac{1}{3} & \frac{1}{2} & 1 & 3 \\ r_5 & \frac{1}{8} & \frac{1}{4} & \frac{1}{9} & \frac{1}{3} & 1 \end{bmatrix} \tag{7.47}$$

按照层次分析法的计算步骤计算出特征向量 $\boldsymbol{W}$，归一化得到 $\boldsymbol{W}=$（0.5116，0.1719，0.1950，0.0890，0.0325），求得矩阵 $\boldsymbol{R}$ 的最大特征根 $\lambda_{max}=5.3114$。对判断矩阵进行一致性检验，$CR=0.065<0.1$，说明判断矩阵式 $\boldsymbol{R}$ 具有满意的一致性，所以向量 $\boldsymbol{W}$ 的各个分量可以作为权重系数，即林地权重系数为 0.5116，草地权重系数为 0.1719，水域权重系数为 0.195，耕地权重系数为 0.089，城镇用地权重系数为 0.0325。

（4）汾河流域土地覆被面积变化对汾河入黄径流量影响量估算。采用面积比法估算汾河流域土地利用变化对汾河入黄径流的影响量，比拟计算结果见表 7.10，1980—2012 年汾河流域土地利用变化致使汾河入黄径流量平均每年减少 1.05 亿 m^3。

表 7.10 1980—2012 年汾河流域土地覆被面积变化对入黄径流锐减影响量计算结果

时段	典型区计算结果/万 m^3	权重	1980—2012 年均值/万 m^3
1980—1998 年	597	16.62	1048
1999—2012 年	599	18.75	

7.4.3.5 煤炭开采对汾河入黄径流影响定量分析

分析汾河流域煤炭开采对汾河流域入黄径流的影响是一个十分繁杂的工作，依据前人研究和模拟分析的结果来综合分析汾河流域煤炭开采对汾河入黄径流的影响。在第 5 章中，以古交矿区为研究对象，采用 MIKE 11 耦合 MIKE SHE 定量分析煤炭开采对径流的影响，计算得到吨煤开采引起河川径流量减少 2.87m^3。同时，对 1980 年以后汾河流域煤炭开采层的分析发现，1980 年以后汾河流域煤炭开采层的地下深度都在汾河河底高程以下。参考中国煤炭工业协会（2011）编写的《中国煤炭工业统计资料汇编（1949—2009）》，山西省统计局编写的《山西能源经济 60 年（1949—2009）》和《山西省统计年鉴》（2011），采用国有煤矿统计法，推求汾河流域历年的原煤产量，然后根据之前对古交市典型采煤对河川径流的影响结果，推求出 1980—2012 年汾河流域多年采煤对汾河入黄径流的影响量。

根据对古交矿区的分析计算，吨煤开采引起河川径流减少量为 2.87m^3。按照山西省二次评价结果（范堆相，2005），2000 年原煤产量 24611 万 m^3，相当于该年份每生产 1t 煤破坏 2.54m^3 的水资源量。姚文艺等（2011）的研究认为窟野河及沁河流域开采吨煤对径流的影响大约为 5m^3。

两种方法估算得到 1980—2012 年汾河流域原煤产量为 1.3015 亿 t 和 1.2440 亿 t，计算中按照 1.2440 亿 t 煤计算，汾河流域 1980—2012 年间使入黄径流年均减少 3.15 亿 m^3。

7.5　汾河流域水文系统特征

7.5.1　输出径流量变化锐减主要影响因素相对贡献的定量分析

在气候变化环境条件下，随着我国经济的不断发展，作为山西省主要的发展区域，水土保持措施、水利工程建设、煤矿开采等致使流域内土地利用（植被覆盖）子系统、土壤子系统等发生变化，也使流域内水文系统的各个因素及形成环节发生了变化，汾河流域水文系统发生演变的过程如图 7.9 所示。可见，汾河流域水文系统的组成元素发生了很大的变化，由原来的自然过程中的降水、蒸散发、下渗及径流变成了自然与社会一体的水文系统，即降水—蒸发—下渗—径流—取水—用水—耗水—排水等环节。

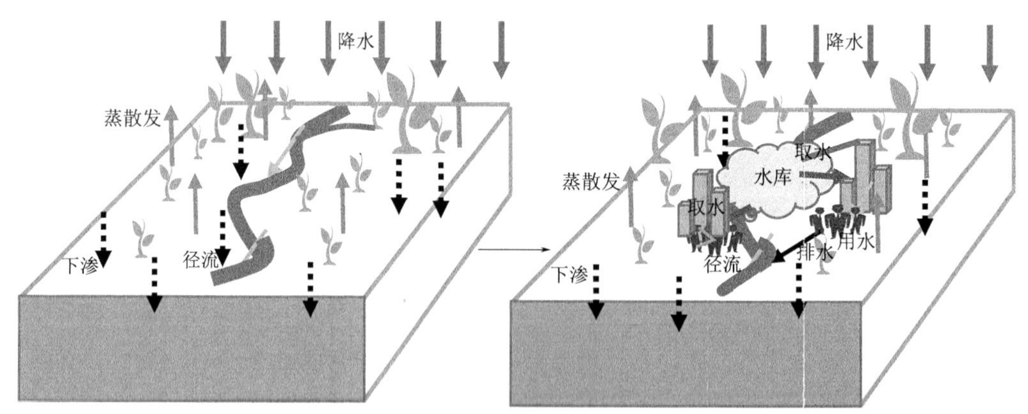

图 7.9　汾河流域水文系统变化图

分析计算得到的各个因素贡献量见表 7.11 和图 7.10，1980—2012 年汾河流域入黄径流量平均每年减少 12.83 亿 m^3。可见，气候变化致使汾河入黄径流量平均每年减少 2.46

亿 m³，贡献率为 19.17%，其中，降水量的减少致使汾河入黄径流量平均每年减少 2.67 亿 m³，贡献率为 20.81%；为气温、风速等气象因子的变化引起汾河流域潜在蒸散发的减少，致使汾河流域入黄径流量平均每年增加 0.21 亿 m³，贡献率为 1.64%。人类活动致使汾河入黄径流量平均每年减少 12.83 亿 m³，贡献率为 81.61%，其中地下水开采对汾河入黄径流锐减的贡献最大，致使汾河入黄径流量平均每年减少 3.86 亿 m³，贡献率为 30.09%；其次为煤炭开采，致使汾河入黄径流量平均每年减少 3.15 亿 m³，贡献率为 24.55%；地表水开采引起汾河入黄径流量平均每年减少 2.32 亿 m³，贡献率为 18.08%；土地覆被变化致使汾河入黄径流量平均每年减少 1.05 亿 m³，贡献率为 8.18%；1980 年后汾河流域新建水利工程引起的新增蒸发量致使汾河入黄径流量平均每年减少 0.09 亿 m³，贡献率为 0.07%。人类活动是汾河入黄径流量锐减的主要因素。

表 7.11　　1980—2012 年汾河流域天然径流量锐减各影响因素相对贡献

影响因素		影响量/亿 m³	贡献率/%
气候	降水	−2.67	−20.81
	气温、风速等	0.21	1.64
小计		−2.46	−19.17
人类活动	地表水开采	−2.32	−18.08
	地下水开采	−3.86	−30.09
	水利工程	−0.09	−0.07
	土地利用	−1.05	−8.18
	煤炭开采	−3.15	−24.55
小计		−10.47	−81.61

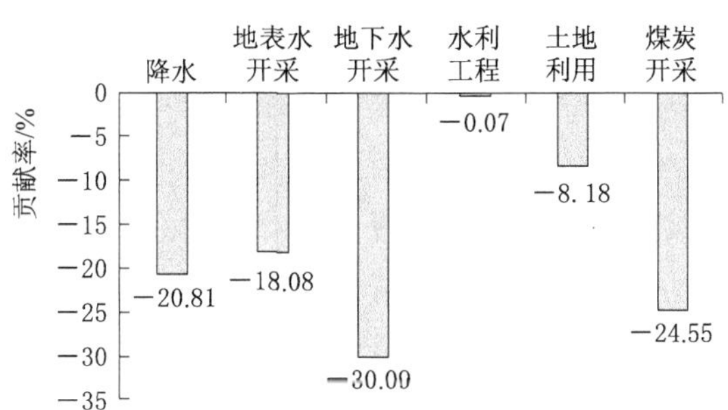

图 7.10　入黄径流减少因素贡献率

7.5.2　汾河流域水文系统演变特征

汾河流域是黄河的一级支流，也是山西省最大的河流，也是山西省天然径流量最大的河流。据史书记载，汾河水量曾经十分丰富，战国时有秦穆公“泛舟之役”，运送粮食的船队经渭河、汾河抵达晋国的绛都，公元前 113 年，汉武帝刘彻乘坐泛舟汾河，饮宴中流，触景生情，感慨万千，写下了千古绝调《秋风辞》："泛楼船兮济汾河，横中流兮扬素波"。从隋到唐、宋、金、辽，山西的粮食和管涔山上的奇松古木经汾河入黄河、渭河，漕运至长安等地，史书称"万筏下汾河"。1963年河津缺粮，政府调集20艘船只经汾河运送粮食，成为汾河历史上的最后一次船运。由于汾河流域是山西经济最发达、人口密度最高、城镇最集中的区域，迅速增长的工农业和城市取水量使得汾河水量大部分被引用消耗，河道实际流量迅速减少，"汾河流水哗啦啦"的景象已很难见到，汾河流域水文系统自20世纪50—60年代以来的演变特征表现如下：

(1) 流域内降水时空分布不均匀，东部、东南部较多，自下游向上游递减，多年平均降水量为375～500mm，自20世纪50年代以来年降水量及汛期降水量有一定的减少趋势，但减少趋势微弱，不存在突变，同时表现出了局部的流域特征。且本流域20世纪50—60年代降水丰沛，气候偏湿，80—90年代降水趋于偏少，多干旱异常，流域趋于干旱。汾河流域年降水量呈现稳定的持续减少，而2002年之后年降水量有所增大。1956—2012年汾河流域年降水量每年减少3.88万m^3。同时年降水量M-K检验的Z值为-1.466，年降水量的减少趋势不显著。

(2) 流域内水面蒸发量为900～1200mm，高值在太原及运城地区。采用FAO潜在蒸散发量计算方法计算得到的结果表明，潜在蒸散发量呈现下降趋势，且减少明显，同时流域内气温升高，风速和日照时数减少趋势明显。

(3) 汾河流域干流5个站实测径流量减少趋势明显，且从上游到下游减少趋势增加，河津站减少趋势明显表现在20世纪70年代后，每年以0.158亿m^3的速度减少，且由于气候变化和流域属性共同作用，寨上站、兰村站、义棠站和河津站实测年径流量在1971年前后发生突变，1956—1971年人类活动相对较弱，径流对降水量变化的敏感性较强，而流域属性的敏感性相对较弱，1972—2012年间，径流对降水量的敏感性最强，其次为流域属性，对蒸发量的敏感性最弱。

(4) 20世纪70年代以来，汾河流域实施水土保持措施、退耕还林及退耕还草等活动致使流域内土地覆盖面积等发生了变化，多来源的遥感数据解译结果表明，耕地面积从1980年的46.1%减少到2015年的35.5%，林地、草地分别从1980年的23.64%和25.77%增加到2015年的26.49%和32.51%，耕地向城市的演变随高程和海拔的增大明显递减，主要在海拔低、坡度较小的平川缓丘地带，耕地向草地的演变一半以上在1200～1600m的地区，其次在800～1200m的地区，而耕地向林地的演变主要发生在800～1200m的地区，其次是1200～1600m的地区。且2000—2012年流域中高盖度面积在增加。

(5) 汾河流域内现建有大型水库3座，中型水库13座，小型水库156座，同时现有30万亩以上大型自流灌区4处，万亩以上自流灌区25处，大型提水泵站2座，中型提水泵站26座。由于水利工程的增加，致使蓄水面积增大，导致每年新增蒸发量0.0924亿m^3。1984年汾河流域内生活生产生态总用水量为25.73亿m^3，2010年汾河流域内总用水量达到29.4326亿m^3。2015年汾河流域总用水量29.4117亿m^3，其中农田灌溉16.5031亿m^3，林牧渔畜用水量为0.8241亿m^3，城镇工业用水量为5.6591亿m^3，居民生活用水量为4.4349亿m^3，生态环境用水量为0.9399亿m^3。

(6) 汾河流域内主要的煤田包括宁武煤田、西山煤田、沁水煤田和霍西煤田，20世纪70年代来，大量的煤矿开采给流域内的下垫面及水资源形成条件等带来了很大的变化。山西省煤矿开采历史悠久，一方面新的矿井不断开工建设，另一方面许多矿井由于资源枯竭等原因而关闭。20世纪90年代以来，山西省煤矿数量逐渐增多，煤炭产量也迅猛增长。煤矿大规模开采，造成大量的采空塌陷、地表开裂，原有地层含水、隔水系统被破坏，另外采空塌陷及新增地下储水空间使得地下水含水系统的补径排特征发生改变。在统计山西省原煤产量的基础上，基于流域煤田面积比法和国有重点煤矿统计法，推算了汾河流域的原煤产量，根据推算，1980—2012年间汾河流域原煤产量年均产煤量接近1.3亿t，且2000年前原煤产量增加缓慢，2000年后增加趋势明显快于2000年前。

(7) 汾河流域内土地覆被面积的变化以及中高盖度面积的增加，致使流域内水循环过程发生变化，由于流域内林地、草地的增加和耕地的减少，导致流域内土壤蓄水能力和下渗能力增加，在降水强度较小的时候，造成峰现时间靠后、洪峰流量减小，同时退水量增大，洪量减小；在降水强度较大的时候，超渗产流明显，导致洪峰流量和洪量增加，这时林草植被对减水起着负面作用。汾河流域由于土地利用面积发生变化，致使流域的地下径流量和土壤侧流量增加大，同时，1998年和2010年土地利用减少静乐站的汛期流量，增加枯水期的流量，使年径流的年内分配更加均匀；静乐站控制流域土地利用变化使流域的调蓄能力增加。

(8) 流域内大量煤矿的开采导致水循环过程及水量变化，形成了新的裂隙和塌陷，导致“三带”涉及地面，使地表水及孔隙水渗入井中，导致水重新分布；采煤过程中排水破坏了原先的平衡状态和规律，导致形成新的降落漏斗，而煤系开采中各含水层中地下水的疏干，人工干预导致水再次进行重新分配，开采过程中，同时也破坏了流域的地表形态。所研究的典型区域古交矿区由于煤矿开采对地表径流的影响主要表现在对地表形态的破坏、河川基流大幅度减少、地表径流减少以及径流系数变小。以古交市为例，采煤前(1961—1980年)多年平均水资源量为1.19136亿m^3，采煤后(1981—2008年)多年平均水资源量为0.97385亿m^3。同时，模拟结果表明，由于煤矿开采形成的“上三带”及裂缝和塌陷导致降水入渗增加了12.9mm、河道测渗增加了2.2mm，致使地表径流减少了1.4mm，其中河川基流减少了15.3mm。而在采煤不同时期，对径流的影响表现也不同，以1981—1990年、1991—1999年和2000—2008年三个时期进行分析，1981—1990年期间由于采煤造成的河川径流量平均减少0.1113亿m^3，1991—1999年由于采煤造成的河川径流量平均减少0.2182亿m^3，2000—2008年由于采煤造成的河川径流量平均减少0.3806亿m^3，各时期采煤对河川径流量的影响逐渐变大。

(9) 汾河流域从上游到下游分布有8个岩溶大泉，岩溶泉域丰富，且是流域内主要的供水水源地，现状开采量为4.99亿m^3，其中晋祠泉、兰村泉和古堆泉处于严重超采状态，均已断流。流域内泉水流量衰减的主要因素为大气降水量、汾河渗漏量、人工开采量以及泉域内煤矿开采等的影响，流域内著名的晋祠泉中，人类活动是影响泉水衰减的主要因素，其贡献率为79.34%，而大气降水的影响贡献率为20.66%。

(10) 根据对古交矿区的水文地质条件、补给、径流和排泄条件及地下水资源系统的分析表明，煤矿开采对岩溶水的影响主要表现在采煤引起的导水裂隙及矿坑排水。煤矿开采一方面导致含水层间被导水裂隙穿透，改变地下水含水层的运移方式和路径；另一方面改变原有的地下水循环路径，使地下水的运动方向由原始的以“水平方向运动”为主变为“水平和垂直方向运动”的模式；另外，对于汇入矿坑的各个含水层的地下水，集中以矿坑排水的方式排出，加快了地下水循环过程，改变了地下水资源量，也使得地下水在空间循环路径上和时间上都发生了改变。模拟结果表明，在采煤影响下，古交岩溶水位在1980—1985 年平均下降 7.42m、平均吨煤影响量为 4.65m^3/t，1980—2000 年岩溶水位下降 20.65m、平均吨煤影响量为 3.32m^3/t，1980—2009 年岩溶水位下降 29.71m，平均吨煤影响量为 2.51m^3/t，表明在模拟期内，随着时间推移，采煤规模逐渐变大，采煤对古交岩溶水位的影响量逐渐变大，但吨煤岩溶水影响率在减少。

（11）由于气候变化及人类活动的影响，使汾河流域内的水文系统发生了一定的变化，流域内的水文属性不再是单一的自然属性，成为自然-社会共同作用的复合系统，且人类活动在加剧的同时，社会属性对流域的水文效应影响越来越大。1980—2012 年汾河流域入黄径流量平均每年减少 12.83 亿 m^3。根据分析得到气候变化致使汾河入黄径流量平均每年减少 2.46 亿 m^3，贡献率为 19.17%，人类活动致使汾河入黄径流量平均每年减少10.47 亿 m^3，贡献率为 81.61%，其中，地下水开采对汾河入黄径流锐减的贡献最大，贡献率为 30.09%；其次为煤炭开采，贡献率为 24.55%；地表水开采的贡献率为 18.08%；土地覆被面积变化致使汾河入黄径流量减少的贡献率为 8.18%。人类活动是汾河入黄径流量锐减的主要因素。

7.6 应用前景及建议

本书紧密结合黄河治理开发与管理的需求，以汾河流域为研究对象，在野外考察与收集整理汾河流域 1956—2012 年降水径流等气候水文数据、土地覆被遥感数据、煤矿开采、水利工程以及社会经济等数据的基础上，采用统计学及数学模型模拟方法分析了汾河流域内水文系统主要因素及其影响因素的变化特点及规律，并基于水量平衡原理分析了汾河流域入黄径流锐减的影响因素。本书是对黄河流域径流变化分析内容的进一步丰富，该研究成果对于汾河流域治理、水资源开发利用与管理提供了科学依据，并为黄河流域其他支流的分析提供了参考。

然而，汾河流域内水文系统是一个复杂的径流变化过程及其对降水气候等因素、下垫面和人类活动的干预等多种因素综合作用的高度非线性响应，影响过程复杂，分析评价难度大，尽管做了大量的分析工作，然而目前的分析手段和方法，也很难达到较高精度的评估分析结果，因此，还有很多需进一步研究的内容。

（1）数据资料。径流变化过程受多种复杂的因素影响，需要大量的数据，尽管在现有研究中有许多研究结果，但是由于所采用的数据系列不一致，也出现了结果不一致的情况，尽管本书收集整理了大量的数据，也对所获得的数据进行了相对客观的分析和表述，随着现代化信息技术的不断发展，抓住这样的机遇，不断积累形成全面、密集、精确的观测数据，加深对其机理及规律的研究，以揭示其形成机理和时空变化特点。

（2）径流分析方法。现阶段黄河流域分析径流变化的方法大多采用“水文法”“水保法”及数学模型模拟方法。“水文法”及“水保法”作为分析径流变化及其原因的手段，方法简单概念明确，且计算简单，在水沙变化分析中得到了广泛的应用，但是在理论上应用具有一定的假设条件，在实际应用中会使分析结果出现一定的偏差。尽管本书采用了数学模型模拟方法，然而数学模型方法是通过对径流形成机理的认识，采用数学手段基于结构与参数的耦合来达到径流形成的物理目的，因此，模型参数、结构及输入的不确定性，也使模拟结果存在一定的不确定性，对径流变化机理及其理论的研究需要进一步深入。

（3）水土保持生态建设及人类活动对径流变化的影响作用。黄河流域水土保持生态建设及人类活动加强，致使流域内植被覆盖度、土壤结构、土壤含水量、地表水及地下水循环等均发生了变化，下垫面变化在引起径流变化的基础上，是否会对产汇流机制产生影响、有什么影响还需要进一步加强和加深研究。大量的研究对退耕还林还草等对径流的变化进行了大量的研究，然而，淤地坝及梯田等建设对流域的径流形成产生什么样的影响还需要加强研究。

（4）煤矿开采对流域内水文过程的影响过程。尽管采用了数学模型模拟了煤矿开采对径流的影响，但是在模拟过程中，由于所需要的资料比较多，特别是土壤和地下含水层等水文地质方面，致使在模拟过程中采用了简化的方法，因此，模拟结果只能反映采煤对基流及岩溶水的影响，而不能区分孔隙水和裂隙水及其影响过程，今后还需展开更深入的研究，以明确煤矿对径流形成及其过程的影响机理。

（5）暴雨洪水关系的变化规律及机制研究。黄河流域水沙情势及过程发生变化的同时，黄河流域暴雨洪水的关系也发生了变化，本书以汾河流域典型流域静乐站控制站以上流域的研究表明，暴雨洪水关系发生了一定的变化。然而本次研究并没有对产流机制及降水径流关系及水循环过程进行深入分析，以弄清楚暴雨洪水的产流机制及模式发生了什么样的变化。未来，不仅是对汾河流域，尤其是黄河中游，仍需要深入进行分析，为分析黄河中游水沙变化原因及洪水预报提供理论支持。

参 考 文 献

[1] Sankarasubramanian A, Vogel R M, Limbrunner J F. Climate elasticity of streamflow in the United States [J]. Water Resources Research, 2001, 37 (6): 1771-1781.

[2] Allen R G. Crop evapotranspiration: guidelines for computing crop water requirements [R]. FAO Irrigation and Drainage Paper NO. 56, Rome, 1998.

[3] Arabi M, Govindaraju R S, Hantush M M, et al. Role of watershed subdivision on modeling the effectiveness of best management practices with SWAT [J]. Journal of the American Water Resources Association, 2007, 42 (2): 513-528.

[4] Budyko M I. Climate and Life [J]. Academic Press, INC. 1974, 27 (1): 181.

[5] Lin B Q, Chen X W, Yao H X, et al. Analyses of landuse change impacts on catchment runoff using different time indicators based on SWAT model [J]. Ecological Indicators, 2015, 58, 55-63.

[6] Bracmort K S, Arabi M, Frankenberger J R, et al. Modeling long-term water quality impact of structural BMPs [J]. Transactions of the ASAE, 2006, 49 (2): 367-374.

[7] Bahaa-eldin E A R, Ismail Y, Azmi M J, et al. Application of MIKE SHE modelling system to set up a detailed water balance computation [J]. Water and Environment Journal, 2012, 26 (4): 490-503.

[8] Chen X, Wang D B, Tian F Q, et al. From channelization to restoration: Sociohydrologic modeling with changing community preferences in the Kissimmee River Basin, Florida [J]. Water Resources Research, 2016, 52 (2): 1227-1244.

[9] Carla S S, Ferreira A J D, Pato R L, et al, Rainfall-runoff-erosion relationships study for different land uses in a sub-urban area [J]. Zeitschrift fur Geomorphologie, 2012, 56 (3): 5-20.

[10] Donohue R J, McVicar T R, and Roderick M L. Assessing the ability of potential evaporation formulations to capture the dynamics in evaporative demand within a changing climate [J]. Journal of Hydrology, 2010, 386 (1-4): 186-197.

[11] Ficklin D L, Luo Y Z, Luedeling E, et al. Climate change sensitivity assessment of a highly agricultural watershed using SWAT [J]. Journal of Hydrology, 2009, 374 (1-2): 16-29.

[12] Elshafei Y, Coletti J Z, Sivapalan M, et al. A model of the socio-hydrologic dynamics in a semiarid catchment isolating feedbacks in the coupled human-hydrology system [J]. Water Resources Research, 2015, 51 (8): 6442-6471.

[13] Li H Y, Zhang Y Q, Vaze J, et al. Separating effects of vegetation change and climate variability using hydrological modelling and sensitivity-based approaches [J]. Journal of Hydrology, 2012, 420-421: 403-418.

[14] Zheng H X, Zhang L, Zhu R R, et al. Responses of streamflow to climate and land surface change in the headwaters of the Yellow River Basin [J]. Water Resources Research, 2009, 45 (7).

[15] Wang J, Ishidaira H, Xu Z X. Effects of climate change and human activities on inflow into the Hoabinh Reservoir in the Red River basin [J]. Procedia Environmental Sciences, 2012, 13: 1688-1698.

[16] Kandasamy J, Sounthararajah D, Sivabalan P, et al. Socio-hydrologic drivers of the pendulum swing between agricultural development and environmental health: A case study from Murrumbidg-

ee River basin, Australia [J]. Hydrology and Earth System Science, 2014, 18 (3): 1027 - 1041.

[17] Koster R D, Suarez M J. A simple framework for examining interannual variability of land surface moisture fluxes [J]. Journal of Climate, 1999, 12 (7): 1911 - 1917.

[18] Krause P. Quantifying the impact of land use change on the water balance of large catchment using the J2000 model [J]. Physics and Chemistry of the Earth, 2002, 27 (9): 663 - 673.

[19] Liu Y, Tian F Q, Hu H, et al. Socio - hydrologic perspectives of the co - evolution of humans and water in the Tarim River basin, Western China: the Taiji - Tire model [J]. Hydrology and Earth System Sciences, 2013, 10 (10): 12753 - 12792.

[20] Loucks, D P. Debates - Perspectives on socio - hydrology: Simulating hydrologic - human interactions [J]. Water Resources Research, 2015, 51 (6): 4789 - 4794.

[21] Liu, J G, Dietz T, Carpenter S R, et al. Complexity of coupled human and natural systems [J]. Science, 2007, 317 (5844): 1513 - 1516.

[22] Irmak S, Kabenge I, Skaggs K E, et al. Trend and magnitude of changes in climate variables and reference evapotranspiration over 116 - yr period in the Platte River basin, central Nebraska - USA [J]. Journal of Hydrology, 2012, 420: 228 - 244.

[23] Li L J, Zhang L, Wang H, et al. Assessing the impact of climate variability and human activities on streamflow from the Wuding River basin in China [J]. Hydrological Processes, 2007, 21 (25): 3485 - 3491.

[24] Liu Q, Yang Z F, Cui B S, et al. Temporal trends of hydro - climatic variables and runoff response to climatic variability and vegetation changes in the Yiluo River basin, China [J]. Hydrological Processes, 2009, 23 (21): 3030 - 3039.

[25] Xu L, Xie Z H. A new surface runoff parameterization with subgrid - scale soil heterogeneity for land surface models [J]. Advances in Water Resources, 2001, 24 (9 - 10): 1173 - 1193.

[26] Xu L, Xie Z H. Important factor in land - atmosphere interactions: surface runoff generations and interactions between surface and groundwater [J]. Global and Planetary Change, 2003, 38 (1 - 2): 101 - 114.

[27] Liu S, Liu W, Shen J. Stress evolution law and failure characteristics of mining floor rock mass above confined water [J]. KSCE Journal of Civil Engineering, 2017, 21 (7): 2665 - 2672.

[28] Mamillapalli S, Srinivasan R, Arnold J G, et al. Effect of spatial variability on basin scale modeling [M]. Third International Conference/Workshop on Integrating GIS and Environmental Modeling, Santa Fe, New Mexico, January 21 - 26, 1996.

[29] Milly P C D, Betancourt J, Falkenmark M, et al. Stationarity is dead: Whither water management [J]. Science, 2008, 319 (5863): 573 - 574.

[30] Montanari A, Young G, Savenije H H G, et al. "Panta Rhei—Everything Flows": Change in hydrology and society—The IAHS Scientific Decade 2013 - 2022 [J]. Hydrological Science Journal, 2013, 58 (6): 1256 - 1275.

[31] Montanari A. Debates—Perspectives on socio - hydrology: Introduction [J]. Water Resources Research, 2015, 51 (6): 4768 - 4769.

[32] Milly P C D, Dunne K A. Macroscale water fluxes: 2. Water and energy supply control of their interannual variability [J]. Water Resources Research, 2002, 38 (10): 241 - 249.

[33] Motovilov Y G, Gottschalk L, Engeland K, et al. Validation of a distributed hydrological model against spatial observations [J]. Agricultural and Forest Meteorology, 1999 (98): 257 - 277.

[34] MIKE SHE User Guide [M]. DHI, 2010.

[35] MIKE SHE Integrated Hydrological Modelling (One Water - One Resource - One Model) [R].

DHI, 2009.

[36] Ma D, Bai H B. Groundwater inflow prediction model of karst collapse pillar: a case study for mining - induced groundwater inrush risk [J]. Natural Hazards, 2015, 76 (2): 1319 - 1334.

[37] Puente C, Atkins J T. Simulation of rainfall - runoff response in mined and unmined watersheds in coal areas of West Virginia [M], 1989.

[38] Romanowicz A A, Vanclooster M, Rounsevell M, et al. Sensitivity of the SWAT model to the soil and land use date parametrisation: a case study in the Thyle catchment, Belgium [J]. Ecological Modelling, 2005, 187 (1): 27 - 39.

[39] Sivapalan M, Savenije H H G, Blöschl G. Socio - hydrology: A new science of people and water [J]. Hydrological Processes, 2012, 26 (8): 1270 - 1276.

[40] Sivapalan M, Konar M, Srinivasan V, et al. Socio - hydrology: Use - inspired water sustainability science for the Anthropocene [J]. Earth's Future, 2014, 2 (4): 225 - 230.

[41] Vijay P S. 水文系统流域模拟 [M]. 郑州：黄河水利出版社，2000.

[42] Emmerik T H M, Li Z, Sivapalan M, et al. Socio - hydrologic modeling to understand and mediate the competition for water between agriculture development and environmental health: Murrumbidgee River basin, Australia [J]. Hydrology and Earth System Sciences, 2014, 18 (10): 4239 - 4259.

[43] Qian D Y, Xiong Z Q, Han Y F, et al. Experiment research on overburden mining - induced fracture evolution and its fractal characteristics in ascending mining [J]. Arabian Journal of Geosciences, 2015, 8 (1): 13 - 21.

[44] Yang D W, Sun F B, Liu Z Y, et al. Analyzing spatial and temporal variability of annual water - energy balance in nonhumid regions of China using the Budyko hypothesis [J]. Water Resources Research, 2007, 43 (4): 436 - 451.

[45] Yang D W, Shao W W, Yang H B, et al. Impact of vegetation coverage on regional water balance in the nonhumid regions of China [J]. Water Resources Research, 2009, 45 (7): 507 - 519.

[46] Yin S X, Zhang J C, Liu D M. A study of mine water inrushes by measurements of in situ stress and rock failures [J]. Natural Hazards, 2015, 79 (3): 1961 - 1979.

[47] Zhou S, Huang Y, Wei Y, et al. Socio - hydrological water balance for water allocation between human and environmental purposes in catchments [J]. Hydrology and Earth System Sciences, 2015, 19 (8): 3715 - 3726.

[48] Zhang L, Dawes W R, Walker G R. Response of mean annual evapotranspiration to vegetation changes at catchment scale [J]. Water Resources Research, 2001, 37 (3): 701 - 708.

[49] Zhang J, Standifird W B, Roegiers J C, et al. Stress - Dependent Fluid Flow and Permeability in Fractured Media: from Lab Experiments to Engineering Applications [J]. Rock Mechanics and Rock Engineering, 2007, 40 (1): 3 - 21.

[50] Zhang R, Ai T, Zhou H, et al. Fractal and volume characteristics of 3D mining - induced fractures under typical mining layouts [J]. Environmental Earth Sciences, 2015, 73 (10): 6069 - 6080.

[51] Zhu S Y, Jiang Z Q, Cao D T, et al. Restriction function of lithology and its composite structure to deformation and failure of mining coal seam floor [J]. Natural Hazards, 2013, 68 (2): 483 - 495.

[52] 包为民. 水文预报 [M]. 北京：中国水利水电出版社，2009.

[53] 白乐，李怀恩，等. 窟野河径流变化检测及归因研究 [J]. 水力发电学报，2015，34 (2): 15 - 22.

[54] 陈旭. 汾河上游径流演变特性分析及其预测方法研究 [D]. 太原：太原理工大学，2015: 1 - 115.

[55] 陈利群，刘昌明. 黄河源区气候和土地覆被变化对径流的影响 [J]. 中国环境科学，2007，27 (4): 559 - 565.

[56] 常建娥，蒋太立. 层次分析法确定权重的研究 [J]. 武汉理工大学学报，2007，29 (1): 153 - 155.

[57] 陈烈庭. 华北各区夏季降水年际和年代际变化的地域性特征 [J]. 高原气象, 1999, 18 (4): 477 - 485.

[58] 程东, 赵志怀. 山西煤矿开采对水环境的影响 [J]. 华北地质矿产杂志, 1998, 11 (2): 182 - 188.

[59] 迟久鑑, 畅绍琦. 采煤对流域水循环规律及地下水的影响 [J]. 中国地质灾害与防治学报, 1992, 3 (3): 77 - 82.

[60] 常毅军. 山西煤炭资源及其开发战略评价 [M]. 北京: 煤炭工业出版社, 2007.

[61] 党跃军. 汾河上游径流变化特征分析 [J]. 中国农村水利水电, 2015 (9): 31 - 33.

[62] 杜军, 马玉才. 西藏高原降水变化趋势的气候分析 [J]. 地理学报, 2004, 59 (3): 375 - 382.

[63] 段鹏. 山西省古交市地质灾害特征分析 [J]. 华北国土资源, 2015, 69 (6): 109 - 110.

[64] 范堆相. 山西省水资源评价 [M]. 北京: 中国水利水电出版社, 2005.

[65] 冯小明. 汾河流域生态植被恢复与水土保持问题探讨 [J]. 山西水土保持科技, 2016 (2): 1 - 3.

[66] 傅抱璞. 论陆面蒸发的计算 [J]. 大气科学, 1981, 5 (1): 23 - 31.

[67] 冯平, 付军, 李建柱. 下垫面变化对洪水影响的水文模型分析 [J]. 天津大学学报, 2015, 48 (3): 189 - 195.

[68] 郭生练, 许崇育, 陈华, 等. 流域水文水资源与社会耦合系统研究进展与评价 [J]. 水资源研究, 2016, 5 (1): 1 - 15.

[69] 顾盼. 山西古交煤矿开采对河川径流影响机理及量化模型研究 [D]. 郑州: 郑州大学, 2015: 1 - 109.

[70] 高波, 陈乾金, 任殿东. 江南南部——华南北部前汛期严重旱涝诊断分析 [J]. 应用气象学报, 1999, 10 (2): 219 - 226.

[71] 高歌, 陈德亮, 任国玉, 等. 1956—2000 年中国潜在蒸散量变化趋势 [J]. 地理研究, 2006, 25 (3): 378 - 387.

[72] 高鹏, 穆兴民, 等. 黄河支流无定河水沙变化趋势及驱动因素 [J]. 泥沙研究, 2009 (5): 22 - 28.

[73] 古交市地下水资源评价报告 [R]. 古交市水务局, 2004.

[74] 葛民荣, 刘鸿福, 吕义清. 西山煤田古交矿区地质灾害分析 [J]. 太原理工大学学报, 2005, 4 (36): 466 - 469.

[75] 古交矿区奥灰水文地质补勘报告 [R]. 西山煤电 (集团) 有限责任公司地质处, 中国矿业大学资源与地球科学学院, 2010.

[76] 翟润元, 邓志存, 康介荣, 等. 古交志 [M]. 太原: 山西人民出版社, 1996.

[77] 葛信立. 岩溶水充水矿区水文地质条件探查技术研究 [M]. 徐州: 中国矿业大学出版社, 2011.

[78] 郭晓东, 田辉, 张梅桂, 等. 我国地下水数值模拟软件应用进展 [J]. 地下水, 2010, 32 (4): 5 - 7.

[79] 贺瑞敏, 张建云, 鲍振鑫, 等. 海河流域河川径流对气候变化的响应机理 [J]. 水科学进展, 2015, 26 (1): 1 - 9.

[80] 侯志华, 马义娟, 葛虹. 基于 RS 的汾河流域植被覆盖变化研究 [J]. 干旱区资源与环境, 2013, 27 (2): 162 - 166.

[81] 郝林茹. 汾河流域岩溶泉水资源保护措施浅析 [J]. 山西水利, 2016, 32 (10): 16 - 17.

[82] 黄荣辉, 徐予红, 周连童. 我国夏季降水的年代际变化及华北干旱化趋势 [J]. 高原气象, 1999, 18 (4): 465 - 476.

[83] 郝芳华, 程红光, 杨胜天. 非点源污染模型: 理论方法与应用 [M]. 北京: 中国环境科学出版社, 2006.

[84] 韩瑞光. 大清河山丘区下垫面变化对洪水径流影响问题的研究 [D]. 天津: 天津大学, 2009.

[85] 胡彩虹, 郭生练, 彭定志, 等. 半干旱半湿润地区流域水文模型分析比较研究 [J]. 武汉大学学报 (工学版), 2003 (5): 38 - 42.

[86] 黄河水利委员会. 黄河近期重点治理开发规划 [R]. 郑州: 黄河水利出版社, 2002.

[87] 吴瑞芳．突水系数计算公式参数选取及实例分析 [J]．内蒙古煤炭经济，2015 (7)：150-151.

[88] 黄新迎．GMS软件在三维地质建模的测量应用 [J]．现代测量与实验室管理，2011，19 (4)：10-12.

[89] 侯龙君，赵刘会，姜本．煤层底板阻水抗压强度及矿压破坏损伤程度的深度影响与分析 [J]．地下水，2016，38 (4)：209-210.

[90] 鞠笑生，杨贤为，陈丽娟，等．我国单站旱涝指标确定和区域旱涝级别划分的研究 [J]．应用气象学报，1997，8 (1)：26-33.

[91] 蒋晓辉，古晓伟，何宏谋．窟野河流域煤矿开采对水循环的影响研究 [J]．自然资源学报，2010，25 (2)：300-307.

[92] 马向东．锦界煤矿开采对地下水系统影响研究 [D]．合肥：合肥工业大学，2014.

[93] 刘宇峰，孙虎，原志华，等．汾河流域汛期降水序列的多时间尺度分析 [J]．水土保持通报，2011，31 (6)：121-125.

[94] 李文红．汾河流域58年降水量变化特征分析 [J]．山西水利科技，2015 (1)：58-62.

[95] 兰跃东，康玲玲，董飞飞，等．汾河流域气候变化及其对径流影响探讨 [J]．水资源与水工程学报，2012，23 (2)：73-75，79.

[96] 李勇．汾河水库流域土地利用变化对径流影响研究 [D]．郑州：郑州大学，2014.

[97] 李京京，吕哲敏，石小平，等．基于地形梯度的汾河流域土地利用时空变化分析 [J]．农业工程学报，2016，34 (7)：230-236.

[98] 刘耀宗．山西土壤 [M]．北京：科学出版社，1992.

[99] 李慧赟，张弛，王本德，等．基于模糊聚类的丰满上游流域降雨径流变化趋势分析 [J]．水文，2009，29 (3)：28-31.

[100] 李二辉，穆兴民，赵广举．1919—2010年黄河上中游区径流量变化分析 [J]．水科学进展，2014，25 (2)：155-163.

[101] 李雪松，伍新木．水资源可持续利用的制度分析与制度创新 [J]．经济评论，2007，143 (1)：72-77.

[102] 陆志翔，Yongping Wei，冯起，等．社会水文学研究进展 [J]．水科学进展，2016，27 (5)：772-783.

[103] 李万志，刘玮，张调风，等．气候和人类活动对黄河源区径流量变化的贡献率研究 [J]．冰川冻土，2018，40 (5)：985-992.

[104] 刘宇峰，孙虎，原志华．近60年来汾河入黄水沙演变特征及驱动因素 [J]．山地学报，2010，28 (6)：30-35.

[105] 罗巧，王克林，王勤学．基于SWAT模型的湘江流域土地利用变化情景的径流模拟研究 [J]．中国生态农业学报，2011，19 (6)：1431-1436.

[106] 卢建明．山西能源经济60年 (1949—2009) [M]．北京：中国统计出版社，2010.

[107] 李春晖，杨志峰．黄河流域分区天然径流量趋势性与持续性特征 [J]．水文，2005，25 (1)：13-17.

[108] 刘宇峰，孙虎，原志华．1960年至2007年汾河流域气温年际和季节性变化特征分析 [J]．资源科学，2011，33 (3)：489-496.

[109] 梁丽霞，任志远，王丽霞，等．汾河流域气温变化时空特征分析 [J]．干旱区资源与环境，2010，24 (1)：52-57.

[110] 刘晓燕，杨胜天，李晓宇，等．黄河主要来沙区林草植被变化及对产流产沙的影响机制 [J]．中国科学：技术科学，2015，45 (10)：1052-1059.

[111] 刘晓燕，马思远，党素珍．黄河流域近百年水沙情势变化 [J]．泥沙研究，2017，42 (5)：1-6.

[112] 刘晓燕，刘昌明，杨胜天，等．基于遥感的黄土高原林草植被变化对河川径流的影响分析 [J]．

地理学报. 2014, 11 (69): 1595-1603.
[113] 刘晓燕, 等. 黄河近年水沙锐减成因 [M]. 北京: 科学出版社, 2016: 45-69.
[114] 李艳忠, 刘昌明, 刘小莽, 等. 植被恢复工程对黄河中游土地利用/覆被变化的影响 [J]. 自然资源学报, 2016, 31 (12): 2005-2020.
[115] 李英明, 潘军峰. 山西河流 [M]. 北京: 科学出版社, 2004.
[116] 刘昌明, 张学成. 黄河干流实际来水量不断减少的成因分析 [J]. 地理学报, 2004, 59 (3): 323-330.
[117] 李建柱, 冯平. 紫荆关流域下垫面变化对洪水的影响 [J]. 地理研究, 2011, 30 (5): 921-930.
[118] 李致家, 姚玉梅, 戴健男, 等. 利用水文模型研究下垫面变化对洪水的影响 [J]. 水力发电学报, 2013, 31 (3): 5-10.
[119] 李致家, 于莎莎, 戴健男, 等. 利用水文模型研究下垫面变化对洪水的影响 [J]. 人民黄河, 2012, 34 (7): 17-19.
[120] 刘海涛. 太原西山矿区煤矿开采对地下水流场影响的数值模拟 [D]. 太原: 太原理工大学, 2005.
[121] 李莹. 陕北煤矿分布区地下水资源与煤矿开采引起的水文生态效应 [D]. 西安: 长安大学, 2008.
[122] 李振栓, 杨展. 山西省煤矿开采对水资源的影响研究 [R]. 太原, 2003.
[123] 李世峰, 金瞰昆, 刘素娟. 矿井地质与矿井水文地质 [M]. 徐州: 中国矿业大学出版社, 2009.
[124] 刘黎. 浅谈黔西南地区采煤工作面顶板三带分布规律——以新田煤矿为例 [J]. 技术与市场, 2015, 22 (10): 54-55.
[125] 李振拴. 山西省煤炭开采对上覆裂隙水破坏及其利用的研究 [J]. 中国煤炭地质, 2007, 19 (5): 35-37.
[126] 廖进德, 张连三. 浅谈山西煤矿区的环境工程地质问题 [J]. 水文地质工程地质, 1991 (2): 40-42.
[127] 孟凡生, 王业耀. 煤矿开采环境影响评价中地下水问题探析 [J]. 地下水, 2007, 29 (1): 81-85.
[128] 牛军宜, 吴泽宁, 贾虎. 降水丰枯变化和产流条件改变对汾河径流影响的定量研究 [J]. 吉林大学学报 (地球科学版), 2016, 46 (3): 814-823.
[129] 宁维亮, 刘桂春, 赵佳彬. 煤矿开采对水资源的影响分析 [J]. 水资源保护, 1997 (2): 15-19.
[130] 彭涛, 田慧, 秦振雄, 等. 气候变化和人类活动对长江径流泥沙的影响研究 [J]. 泥沙研究, 2018, 43 (6): 54-60.
[131] 裴群. 汾河志 [M]. 太原: 山西人民出版社, 2006.
[132] 彭飞. 古交矿区采空塌陷机理的探讨 [J]. 华北国土资源, 2007 (2): 42-47.
[133] 潘桂花. 山西省煤矿开采对地下水资源保护对策 [J]. 地下水, 2010, 32 (1): 61-62.
[134] 权全, 罗纨, 沈冰, 等. 城市化土地利用对降雨径流的影响与调控 [J]. 水土保持学报, 2013, 27 (1): 46-50.
[135] 秦大庸, 陆垂裕, 刘家宏, 等. 流域"自然-社会"二元水循环理论框架 [J]. 科学通报, 2014, 59 (4-5): 419-427.
[136] 任立良, 张炜, 李春红, 等. 中国北方地区人类活动对地表水资源的影响研究 [J]. 河海大学学报 (自然科学版), 2001, 29 (4): 13-18.
[137] 任建美. 汾河流域近 50 年极端气温研究 [C] //中国地理学会 2012 年学术年会论文集, 2012: 139.
[138] 任立良. 变化环境下渭河流域水文干旱演变特征剖析 [J]. 水科学进展, 2016, 27 (4): 492-500.

[139] 任增平，余国光，妍俊萍. 煤矿水源地开采对延河泉泉水流量影响的预报 [J]. 中国煤田地质，2000，12 (1)：44 - 46.

[140] 邵鹏飞. 汾河下游河川径流变化特性分析 [J]. 山西水利科技，2012 (2)：90 - 91.

[141] 山西省水资源管理委员会. 山西水资源 [M]. 太原：山西人民出版社，1992.

[142] 山西省水利. 山西省水文计算手册《选用站水文站下垫面产流地类图册》[M]. 郑州：黄河水利出版社，2011.

[143] 山西省水利厅. 山西省水文计算手册 [M]. 郑州：黄河水利出版社，2011.

[144] 山西省水利厅. 山西洪水研究 [M]. 郑州：黄河水利出版社，2014.

[145] 太原经济中心解决水资源紧缺战略对策研究 [R]. 山西省水文总站，太原市水利局. 1990.

[146] 山西华润鸿福煤业有限公司矿山地质环境保护与恢复治理方案 [R]. 山西华润鸿福煤业有限公司，山西省煤矿地质水文勘察研究院，2011，9.

[147] 山西省太原市晋祠泉域水资源开发利用现状调查研究 [R]. 太原理工大学水资源与环境地质研究所，太原市晋祠泉域水资源管理处，2012.

[148] 孙福宝，杨大文，刘志雨，等. 基于Budyko假设的黄河流域水热耦合平衡规律研究 [J]. 水利学报，2007，38 (4)：409 - 416.

[149] 施能. 气象科研与预报中的多元分析方法 [M]. 北京：气象出版社，2002.

[150] 宋星原，管怀民，苏志诚，等. 半湿润地区洪水预报模型研究及应用 [J]. 水文，2005，25 (2)：24 - 28.

[151] 邵改群. 山西煤矿开采对地下水资源影响评价 [J]. 中国煤炭地质，2001，13 (1)：41 - 43.

[152] 谭炳卿. 水文模型参数自动优选方法的比较分析 [J]. 水文，1996，16 (5)：9 - 12.

[153] 太原市水务局. 太原市水资源综合规划报告 [R]. 2006，12.

[154] 太原市西山煤矿开采对晋祠泉的影响研究 [R]. 太原市晋祠泉域保护管理办公室，2008，2.

[155] 王登，荐圣淇，胡彩虹. 气候变化和人类活动对汾河流域径流情势影响分析 [J]. 干旱区地理，2018，41 (1)：25 - 31.

[156] 王忠静，杨芬，赵建世，等. 基于分布式水文模型的水资源评价新方法 [J]. 水利学报，2008，39 (12)：1279 - 1285.

[157] 王浩，严登华，贾仰文，等. 现代水文水资源学科体系及研究前沿和热点问题 [J]. 水科学进展，2010，21 (4)：479 - 489.

[158] 吴季松. 创建资源系统工程管理新学科——兼谈“首都水资源规划”新型工程管理 [J]. 中国工程科学，2004，6 (8)：5 - 11.

[159] 王秋霞. 汾河流域生态环境现状初步调查及评价 [J]. 山西水利，2017 (1)：18 - 29.

[160] 王国庆，张建云，贺瑞敏. 环境变化对黄河中游汾河径流情势的影响研究 [J]. 水科学进展，2006，17 (6)：853 - 858.

[161] 王婧，张金锁. 综合评价中确定权重向量的几种方法比较 [J]. 河北工业大学学报，2001，30 (2)：52 - 57.

[162] 王炳亮，李国胜. 1961—2010年辽河三角洲参考蒸散发变化特征及主导因子分析 [J]. 地理科学，2014，34 (10)：1233 - 1238.

[163] 魏凤英. 现代气候统计诊断与预测技术 [M]. 北京：气象出版社，2007.

[164] 王怀柏，赵淑饶，张家军，等. 1950—2010年黄河径流情势变化特点 [J]. 人民黄河，2011，33 (12)：16 - 18.

[165] 魏兆珍. 海河流域下垫面要素变化及其对洪水的影响研究 [D]. 天津：天津大学建筑工程学院，2013.

[166] 王启亮，程东. 山西省煤炭开采对水资源的影响 [J]. 人民黄河，2009，31 (12)：56 - 57.

[167] 王国卿. 柳林泉域降水补给的时滞研究 [J]. 地下水，2008 (2)：279 - 282.

[168] 王志强，李鹏飞，王磊，等. 再论采场“三带”的划分方法及工程应用［J］. 煤炭学报，2013，38（S2）：287－293.

[169] 武雄，杨健，段庆伟，等. 煤层开采对岳城水库安全运行的影响［J］. 水利学报，2004，35（9）：100－104.

[170] 王国际，杨腾飞，王公忠，等. 基于“下三带”理论的底板隔水层破坏机理研究［J］. 中州煤炭，2011（11）：4－5.

[171] 王浩，贾仰文，王建华，等. 黄河流域水资源及其演变规律研究［M］. 北京：科学出版社，2010.

[172] 谢平，陈广才，雷红富，等. 变化环境下地表水资源评价方法［M］. 北京：科学出版社，2009.

[173] 许炯心，孙季. 近 50 年来降水变化和人类活动对黄河入海径流通量的影响［J］. 水科学进展，2003，14（6）：690－695.

[174] 徐宗学. 水文模型［M］. 北京：科学出版社，2012.

[175] 薛晓飞. 三百子煤业有限公司煤矿开采对地下水影响的数值模拟研究［D］. 太原：太原理工大学，2014.

[176] 杨萍果，郑峰燕. 汾河流域降水量时空变化特征［J］. 干旱区资源与环境，2008，22（12）：108－111.

[177] 颜时延，平建华，吴泽宁，等. 汾河水库控制流域径流突变及其驱动因素［J］. 南水北调与水利科技，2017，15（6）：45－50.

[178] 原志华，延军平，刘宇峰. 1950 年以来汾河水沙演变规律及影响因素分析［J］. 地理科学进展，2008，25（5）：57－63.

[179] 杨大文，张树磊，徐翔宇. 基于水热耦合平衡方程的黄河流域径流变化归因分析［J］. 中国科学：技术科学，2015，45（10）：1024－1034.

[180] 晏清洪，原翠萍，雷廷武，等. 降雨类型和水土保持对黄土区小流域水土流失的影响［J］. 农业机械学报，2014，45（2）：169－175.

[181] 姚望玲，柳戊弼，黄治勇. 应用遥感资料监测水体面积变化及其与降水量的关系［J］. 湖北气象，2006，25（1）：20－23.

[182] 姚光华，陈正华，向喜琼. 采煤条件下地表水入渗特征研究［J］. 矿业安全与环保，2012，39（3）：12－15.

[183] 杨策，钟宁宁，陈党义. 煤矿开发影响地下水资源环境研究一例［J］. 能源环境保护，2006，20（1）：50－52.

[184] 颜文珠. 煤矿开采对地下水影响的数值模拟研究［D］. 青岛：山东科技大学，2011：1－63.

[185] 姚文艺，徐建华，冉大川，等. 黄河流域水沙变化情势分析与评价［M］. 郑州：黄河水利出版社，2011.

[186] 张晨，王翠红，严俊霞，等. 1971—2011 年汾河流域降水时空特征［J］. 干旱区研究，2018，35（1）：57－67.

[187] 张宇. 汾河流域地表径流变化分析［J］. 山西水利，2016，32（10）：22－23.

[188] 赵云，胡彩虹，胡珊. 汾河和沁河流域入黄径流锐减事实分析［J］. 水电能源科学，2012，30（3）：31－34.

[189] 张照玺. 气候变化和人类活动对汾河流域入黄径流影响分析［D］. 郑州：郑州大学，2016：1－88.

[190] 张建云，章四龙，王金星，等. 近 50 年来中国六大流域年际径流变化趋势研究［J］. 水科学进展，2007，18（2）：230－234.

[191] 周帅，王义民，郭爱军，等. 气候变化和人类活动对黄河源区径流影响的评估［J］. 西安理工大学学报，2018，34（2）：205－210.

[192] 张振兴. 明清时代汾河流域的植被变迁［D］. 太原：山西大学硕士论文，2012.

[193] 张宗祜，李烈荣. 中国地下水资源（山西卷）[M]. 北京：中国地图出版社，2005.

[194] 中国煤矿工业统计资料汇编 1949—2009 [M]. 北京：煤矿工业出版社，2011.

[195] 赵学敏，胡彩虹，张丽娟，等. 汾河流域降水量变化趋势的气候分析 [J]. 干旱区地理，2007，40 (1)：53-59.

[196] 赵学敏，胡彩虹，吴泽宁，等. 汾河流域降水及旱涝时空结构特征 [J]. 干旱区研究，2007，24 (3)：349-355.

[197] 赵玲玲，夏军，王中根，等. 北京潜在蒸散发量年内-年际的气候变化特征及成因辨识 [J]. 自然资源学报，2013，28 (11)：1911-1921.

[198] 郑璟，袁艺，冯文利，等. 土地利用变化对地表径流深度影响的模拟研究——以深圳地区为例 [J]. 自然灾害学报，2005，14 (6)：77-82.

[199] 邹松兵，尹振良，汪党献，等. SWAT 2009 输入输出手册 [M]. 郑州：黄河水利出版社，2012.

[200] 张洪刚，郭生练，刘攀，等. 概念性水文模型多目标参数自动优选方法研究 [J]. 水文，2002，22 (1)：12-16.

[201] 张宗祜，李烈荣. 中国地下水资源（山西卷）[M]. 北京：中国地图出版社，2005.

[202] 张凤娥，刘文生. 煤矿开采对地下水流场影响的数值模拟——以神府矿区大柳塔井田为例 [J]. 安全与环境学报，2002，2 (4)：30-33.

[203] 赵庆奎. 浅谈采煤对岩溶水环境的影响及保护措施 [J]. 地下水，2010，32 (1)：167-168.

[204] 张发旺，侯新伟，韩占涛，等. 采煤条件下煤层顶板"含水层再造"及其变化规律研究 [C] // 第六届世界华人地质科学研讨会和中国地质学会二零零五年学术年会论文摘要集，2005：346-351.

[205] 左海凤，武淑林，邵景力，等. 山丘区河川基流 BFI 程序分割方法的运用与分析 [J]. 水文，2007，27 (1)：69-71.

[206] 赵娇娟. 人类活动对晋祠泉泉水流量的影响分析 [D]. 天津：天津大学，2013.

[207] 赵正国. 基于单位涌水量的突水系数评价研究 [J]. 煤炭与化工，2016，39 (11)：87-89.

[208] 钟媛媛. 汾河上游河道渗漏对晋祠泉域岩溶地下水影响的数值模拟研究 [D]. 太原：太原理工大学，2017.

[209] 张宏刚，邹叶锋. 地下水动力分区的分析和研究 [J]. 水利科技与经济，2006，12 (9)：629-631.

[210] 张康顺，姚建明，李文平. 神南大型矿区煤矿开采水资源动态及保水技术研究 [R]. 榆林：陕西煤业化工集团神南矿业公司，2010.

[211] 张保良，郭惟嘉，张新国，等. 煤层开采底板承压水导升模拟试验系统研制与应用 [J]. 煤炭学报，2016，41 (8)：2057-2062.